华为ICT学院指定教材

新一代信息技术系列

工信知识赋能工程

Ascend C 异构并行程序设计

——昇腾算子编程指南

苏统华　杜　鹏　闫长江　编著

人 民 邮 电 出 版 社

北　京

图书在版编目（CIP）数据

Ascend C异构并行程序设计 ： 昇腾算子编程指南 / 苏统华， 杜鹏， 闫长江编著. -- 北京 ： 人民邮电出版社， 2024. --（新一代信息技术系列）. -- ISBN 978-7-115-64972-0

Ⅰ. TN929.53

中国国家版本馆CIP数据核字第2024RB2213号

内容提要

本书以昇腾算子编程语言Ascend C的高效开发为核心，系统介绍华为面向人工智能的昇腾AI处理器架构、硬件抽象及其软件栈。本书由浅入深，通过案例讲解知识点，理论与实践并重。全书分为6章，分别介绍了昇腾AI处理器软硬件架构、Ascend C 快速入门、Ascend C编程模型与编程范式、Ascend C算子开发流程、Ascend C算子调试调优和Ascend C大模型算子优化。

本书适合人工智能产业的研发人员阅读，也适合软件工程、人工智能、信息安全、大数据、物联网等专业的本科生学习。

◆ 编　　著　苏统华　杜　鹏　闫长江
　责任编辑　邓昱洲
　责任印制　马振武

◆ 人民邮电出版社出版发行　　北京市丰台区成寿寺路11号
　邮编　100164　　电子邮件　315@ptpress.com.cn
　网址　https://www.ptpress.com.cn
　固安县铭成印刷有限公司印刷

◆ 开本：787×1092　1/16
　印张：12.75　　　　　2024年12月第1版
　字数：269千字　　　　2024年12月河北第1次印刷

定价：59.80元

读者服务热线：(010)81055410　印装质量热线：(010)81055316
反盗版热线：(010)81055315
广告经营许可证：京东市监广登字20170147号

“新一代信息技术系列”
专家委员会

王　菡　北京邮电大学叶培大创新创业学院副院长

王景全　华为基础软件人才发展总监

王　新　华为中国区产业发展与生态部总工

魏　彪　华为 ICT 学院合作总监

周　烜　华东师范大学数据科学与工程学院副院长

丛书序

当下，信息技术的浪潮正以惊人的速度重塑着全球社会经济的版图。云计算、大数据、人工智能、物联网等新一代信息技术不断涌现，推动产业结构经历深刻的变革。在这场技术革命中，基础软件扮演着至关重要的角色，它不仅是信息系统的基石，更是技术创新的源泉和信息安全的守护者。

回首数十年来我国基础软件的发展历程，国家在这一领域倾注了大量资源。得益于国家科技重大专项和政策的有力支持，我国的基础软件实现了迅猛发展，步入了快车道。国产软件阵营蔚为壮观，操作系统、数据库管理系统、中间件等核心领域硕果累累，不仅在国内市场占据了一席之地，更在多个关键领域跻身国际先进行列。随着开源生态的逐步繁荣，我国也积极响应，拥抱开源生态建设。我们目睹了 openEuler、OpenHarmony 等国产操作系统的蓬勃发展，见证了 MindSpore 人工智能框架的突破性创新，以及 Ascend C 编程语言的闪亮登场。在华为等科技企业和广大开发者的共同努力下，基础软件在开源生态蓬勃发展的推动下取得了更大的成就。这些成就是我国基础软件实力的有力证明，也是自主创新能力的生动展示。它们不仅彰显了我国在全球化技术竞争中的坚定立场，更体现了对技术自主权的坚守与对自主创新的决心。

在全球化的技术竞争中，自主创新是我们的必由之路，开源生态建设是关键一环。开源生态支持多元化的技术体系和发展路径，有助于形成多样化的产业生态系统，满足不同行业和领域的需求；推动了技术和接口的标准化，使得不同软件之间能够更容易地实现互操作和集成；促使资源共享，减少了重复开发和资源浪费，提高了资源的利用效率。因此，未来基础软件的发展离不开开源生态的建设。

当前，在核心技术、产业生态和国际标准制定上，我国的基础软件与国际先进水平仍有一定的差距。我们必须深化对基础软件的认识，加大研发投入，更加积极地拥抱开源生态建设，培育卓越人才，以确保在科技革命和产业变革中占据有利地位。当下，各大高校正在构建相关课程体系，强化理论与实践结合，建立先进的基础软件实验室，通过校企合作，推动学术与产业的融合，致力于培养具有国际视野的高水平基础软件人才。

由此，我们精心编撰了这一丛书，以响应国家对基础软件国产化替代的战略需求，为信息技术行业的人才培养提供有力的知识支持。本丛书以国产基础软件为核心，全面覆盖操作系统、数据库、编程语言、人工智能等关键技术领域，深入剖析基础软件的发展历程、核心技术、应用案例及未来趋势，力图构建多维度、立体化的知识架构，为读者提供全方位的视角。

本丛书在内容布局上，注重系统性与实用性的结合，侧重于培养读者的实践能力和创新思维。我们不仅深入探讨基础软件的理论基础与技术原理，更通过丰富的实际案例与应用场景，展示华为等企业在该领域的最新成果与创新实践，引导读者将理论知识转化为解决实际问题的能力。本丛书的编撰团队由国内一流院校的教师和业界资深专家组成，他们深厚的学术背景和丰富的实践经验，为丛书内容的权威性和实用性提供了坚实保障。

我们期望通过这套丛书，传播国产基础软件的先进理念与优秀成果，激发广大师生与从业人员的使命感，鼓励他们投身于我国基础软件国产化的创新征程。我们坚信，唯有汇聚全社会的智慧与力量，持续推动创新，才能实现我国基础软件的自主可控与高质量发展。让我们携手并进，共同推动新一代信息技术的繁荣发展，助力我国从信息技术大国迈向信息技术强国。

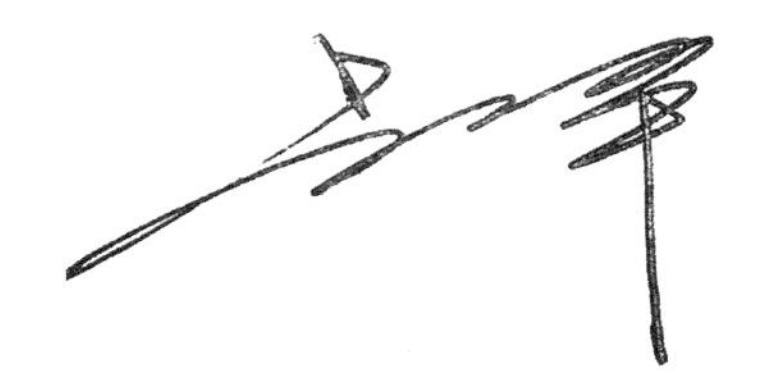

北京航空航天大学副校长　吕卫锋

培养基础软件人才 助力软件行业根深叶茂

当下，AI 创新风起云涌，大模型“百花齐放”，云计算步入“黄金时代”……我们看到，以人工智能、云计算、大数据等为代表的新一代信息技术加速突破应用，推动社会生产方式变革、创造人类生活新空间。基础软件作为新一代信息技术的底座，为信息产业和数字经济的发展提供了强有力的支撑，它不仅是各种应用软件运行的平台，还承载着数据处理、网络通信、系统安全等核心功能。一个强大、稳定、高效的基础软件体系，能够确保整个信息产业和数字经济的顺畅运行，为各种创新应用提供坚实的土壤。因此，基础软件技术也被称为“根技术”。

为构筑软件行业的根基，华为与全球伙伴一起，围绕鲲鹏、昇腾、欧拉、CANN、昇思等产品，构建数字基础设施生态，打造数字世界的算力底座。同时，华为秉持包容、公平、开放、团结和可持续的理念，与开发者共建世界级开源社区，加速软件创新和共享生态繁荣。

人才是高科技产业的关键资源。基础软件作为底层技术，通用性和专业性更强，因此需要更多对操作系统领域有深入研究、有自主创新能力的人才。

在 ICT 人才培养方面，华为已沉淀了 30 多年的丰富经验。华为将这些在 ICT 行业中摸爬滚打积累而来的经验、技术、人才培养标准贡献出来，联合教育主管部门、高等院校、培训机构和合作伙伴等各方生态角色，通过建设人才联盟、融入人才标准、提升人才能力、传播人才价值，构建良性 ICT 人才生态，从而促进科技进步、产业繁荣，助推社会可持续发展。

为培养高校 ICT 人才，从 2013 年起，华为携手全球高校共建华为 ICT 学院。这一校企合作项目通过提供完善的课程体系，搭建线上学习和实验平台，培养师资力量，携手高校培养创新型和应用型人才；同时通过例行发布 ICT 人才白皮书，举办华为 ICT 大赛、华为 ICT 人才双选会等，营造人才成长的良好环境和通路，促进人才培养良性循环。

教材是知识传递、人才培养的重要载体，华为通过校企合作模式出版教材，助力高校人才培养模式改革，推动 ICT 人才快速成长。为培养基础软件人才，华为聚合技术专家、高校教师等，倾心打造华为 ICT 学院教材。本丛书聚焦华为基础软件，内容覆盖 OpenHarmony、openEuler、MindSpore、Ascend C 等基础软件技术方向，系统梳理和融合前沿基础软件技术；包含大量基于真实工作场景编写的行业实际案例，理实结合；将知识条理清晰、由浅入深地拆解分析，逻辑严谨；配套丰富的学习资源，包括源代码、实验手册、在线课程、测试题等，利于学习。本丛书既适合作为高等院校相关课程的教材，也适合作为参与相关技术方向华为认证考试的参考书，还适合计算机爱好者用以学习和探索基础软件的开发和应用。

智能化的大潮正在奔涌而来，未来智能世界充满机遇和挑战。同学们，请在基础软件的知识海洋中遨游，完成知识积累，拓展实践能力，提升软件技能，为未来职场蓄力。华为也期待与你们携手，共同打造根深叶茂的操作系统基座和开源生态系统，为促进基础软件根技术生态发展、实现科技创新、促进数字经济高速增长贡献力量。

华为 ICT 战略与业务发展部总裁　彭红华

前　言

人工智能是一门研究、制造智能机器或智能系统，并实现模拟、延伸和扩展人类智能的学科。“人工智能”这一术语是在1956年举办的为期2个月的达特茅斯会议上提出的。会上，约翰·麦卡锡（John McCarthy）、马文·明斯基（Marvin Minsky）、克劳德·香农（Claude Shannon）和纳撒尼尔·罗切斯特（Nathaniel Rochester）等10位倡导者不遗余力地推进“从理论上精确描述学习的内涵或者智能的其他特性，达到制造一台机器来模拟它”的提议，这被誉为人工智能学科的开端。人工智能从此带着使命和活力步入人类世界，开辟了一片崭新的科学天地。

虽然人工智能的发展并非一帆风顺，甚至几经跌宕，但不曾中断。进入21世纪，随着异构计算芯片的成熟，基于大数据的深度学习方法在计算机视觉领域中屡创佳绩，明显超越人类专家。2016年，AlphaGo战胜围棋世界冠军李世石，进一步推动了强化学习在游戏、具身智能等领域的发展。2020年，AlphaFold 2在第14届蛋白质结构预测大赛（CASP14）中，展示了前所未有的预测精度，远超其他方法，掀起了AI for Science热潮。2023年，以ChatGPT为代表的大语言模型，在自然语言理解与生成、知识整合与检索、文本翻译、创意写作等领域达到了令人惊叹的水平，标志着人工智能技术的发展到达了一个高峰。

华为公司为深度学习量身打造了“达·芬奇（Da Vinci）架构”，并基于该架构在2018年推出了昇腾（Ascend）AI 处理器，开启了人工智能之旅。面向计算机视觉、自然语言处理、推荐系统、类机器人等领域，昇腾 AI 处理器致力于打造云端一体化的全栈式、全场景解决方案。2023年5月，为了释放昇腾AI处理器的性能，华为继推出昇腾异构计算架构（Compute Architecture for Neural Networks，CANN）后，又发布了面向算子开发场景的昇腾编程语言（Ascend C）。Ascend C原生支持C和C++语言的标准规范，匹配用户开发习惯，并提供了一组高度封装的高性能类库接口供开发者拼装算子核心逻辑。Ascend C将核函数编程模型结构化为搬入、计算、搬出3个阶段，并通过极简的开发逻辑，实现自动的流水线任务并行调度，将算子执行性能最大化。另外，Ascend C支持Host与Device混合编程，让开发者可以在Host应用程序中轻松实现分别在CPU与NPU上运行算子代码；提供了算子孪生调试能力，让开发者既可以在CPU上通过业界标准C++工具GDB单步调试，也可以在NPU上通过上板调试。CPU和NPU相结合的调试方式大大提升了Ascend C算子调试和调优的效率。

本书围绕 Ascend C 展开论述。第 1 章介绍华为面向人工智能的昇腾 AI 处理器软硬件架构，包括 Atlas 硬件计算平台、达・芬奇架构、昇腾异构计算架构等。第 2 章是 Ascend C 快速入门，包括并行计算的基本原理、Ascend C 开发环境准备、Ascend C 算子的开发调用等。第 3 章详细介绍 Ascend C 编程模型与编程范式，并展示几个使用 Ascend C 完成的深度学习实用算子样例。第 4 章介绍 Ascend C 算子开发流程，此外还包括算子工程的编译部署、PyTorch 算子调用以及如何在整网中替换 Ascend C 算子等。第 5 章介绍 Ascend C 算子调试调优。第 6 章面向 Ascend C 大模型算子优化，介绍目前业界流行的自注意力算子和基于 Ascend C 的实现方法。

本书在编写过程中得到了多方面的帮助，在此表示感谢！本书编写团队成员还包括哈尔滨工业大学的李行、陈潇凯、陈庚天、李松泽等，他们在内容选材、制作实践案例上做出了重要贡献。本书的出版得到华为公司的大力支持，王海彬组织了 Ascend C 技术专家团队全程支持，傅涛作为技术对接人提供了丰富的素材，董雪峰、李晨吉、黄金华、李东峰、王凯等技术专家提出了很多宝贵的修改意见。本书在外审及试读阶段得到西安交通大学李阳老师，浙江大学唐敏老师，浙江大学吴月锋、俞子轩、陈威 3 位同学，哈尔滨工业大学谭济卓等同学的宝贵意见。本书得到国家自然科学基金项目（62277011）、黑龙江省高等教育教学改革研究重点委托项目（SJGZ20220011）及哈尔滨工业大学新形态教材项目等科研、教学项目的资助。

由于水平和时间所限，书中难免存在疏漏和不足之处，恳请读者指正，可发送邮件至 dengyuzhou@ptpress.com.cn。

扫码观看视频

本书配套 PPT 和代码资源请用 PC 浏览器登录 https://box.lenovo.com/l/8uf9SX 下载。读者请发邮件至 thsu@hit.edu.cn 索取测验题答案。

目录

第 1 章 昇腾AI处理器软硬件架构

01

本章介绍昇腾 AI 处理器软硬件架构，为读者学习昇腾 AI 程序设计建立必要的基础。首先介绍 Atlas 硬件计算平台，其次分析昇腾 AI 处理器的组成结构，随后进一步介绍昇腾 AI 处理器达 • 芬奇架构的 AI Core（昇腾 AI 处理器的核心算力部件），包括计算单元、存储系统、控制单元和指令集设计，接着介绍如何使用硬件感知功能了解自己的硬件配置，最后简要介绍昇腾异构计算架构，为进一步学习 Ascend C 做好铺垫。

1.1 Atlas 硬件计算平台

昇腾 AI 处理器面向云—边—端全场景，可以提供强大的算力支持，不仅能满足加速海量目标推理过程的需求，也能提供大规模、复杂模型在海量数据上训练所需要的计算密集型算力。昇腾 AI 处理器包括集群、服务器、加速卡、智能小站、加速模块等形态各异的产品，一起构成了 Atlas 系列硬件产品，它们是华为面向云—边—端全场景布局的 AI 基础设施方案，如图 1-1 所示。用户可以在硬件产品上搭建特定的 Atlas 硬件计算平台。

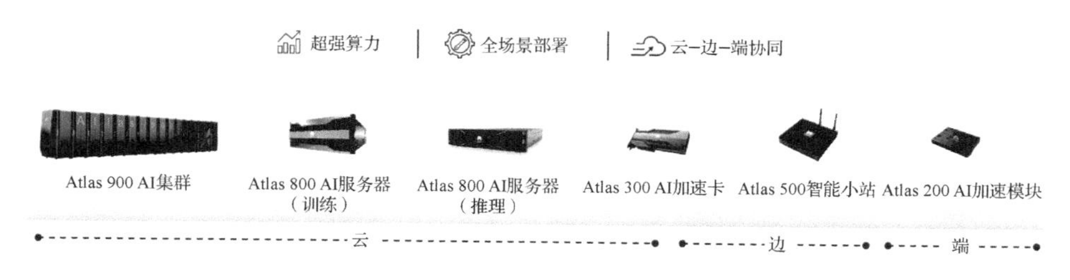

图 1-1 Atlas 系列硬件产品

目前，已发布 Atlas 200 AI 加速模块、Atlas 500 智能小站、Atlas 300 AI 加速卡、Atlas 800 AI 服务器，以及 Atlas 900 AI 集群，可广泛用于平安城市、智能交通、智能医疗、智能零售、智能金融等领域。接下来将重点介绍与大模型训练相关的 Atlas 服务器和 Atlas 集群。

1.1.1 Atlas 服务器

华为提供了基于昇腾 AI 处理器和鲲鹏/英特尔 CPU 处理器平台的 Atlas 服务器，分为推理服务器和训练服务器。Atlas 推理服务器采用标准 2U 服务器形态，如图 1-2 所示。它集 AI 推理、存储和网络于一体，可以容纳最大 8 张昇腾 AI 推理 CPU 卡，提供最大 704 TOPS int8 的推理性能，可用于视频分析、光学字符识别（Optical Character Recognition，OCR）、精准营销、医疗影像分析等推理服务。

图 1-2　Atlas 推理服务器

Atlas 训练服务器采用标准 4U 服务器形态，如图 1-3 所示。它通过 PCI-e 接口集成 8 个昇腾 AI 训练处理器，提供 2.24 PFLOPS@ FP16 的大算力，最大整机功率为 5.6 kW，支持风冷和水冷两种散热方式，可广泛应用于深度学习模型的开发和训练。Atlas 训练服务器适用于智慧城市、智慧医疗、天文探索、石油勘探等需要大算力的领域。

图 1-3　Atlas 训练服务器

另外，华为面向边缘应用需求还推出了 Atlas 边缘服务器，如图 1-4 所示。它采用标准 2U 服务器形态，集 AI 推理、存储和网络于一体，可以容纳最大 4 张昇腾 AI 推理 CPU 卡，提供 352 TOPS int8 的推理性能。边缘服务器拥有 475 mm 的短机箱，支持 600 mm 的短机柜，可以在边缘场景中广泛部署。

图 1-4　Atlas 边缘服务器

1.1.2　Atlas 集群

Atlas 集群由数千个昇腾 AI 训练处理器构成，外形如图 1-5 所示。Atlas 集群通过华为集群通信库和作业调度平台，整合华为缓存一致系统（Huawei Cache Coherence System，HCCS）、PCI-e 4.0 和 100GE RoCE 这 3 种高速接口，充分释放了昇腾 AI 训练处理器的强大性能。它的总算力达到 256～1024 PFLOPS@ FP16，相当于 50 万台高性能 PC 的计算能力。这可以让研究人员更快地进行图像、语音 AI 模型训练，让人类更高效地探索宇宙奥秘、预测天气、勘探石油及加速自动驾驶的商用进程。

图 1-5　Atlas 集群

1.2　昇腾 AI 处理器

昇腾 AI 处理器的芯片本质上是片上系统（System on Chip，SoC），主要应用在和图像、视频、语音、文字处理相关的场景。该处理器芯片的主要组成部件包括特制的计算单元、大容量的存储单元和相应的控制单元，逻辑架构如图 1-6 所示。它封装了 Virtuvian 主芯片、4 个高带宽内存（High Bandwidth Memory，HBM）堆栈式芯片和 Nimbus I/O 芯片。这些部件通过 1024 位的二维网格结构的 CHIE 片上网络连接起来。昇腾 AI 处理器有 4 个数字视频预处理（Digital Video Pre-Processing，DVPP）模块，可以处理 128 通道全高清视频（H.264/H.265）。

昇腾 AI 处理器的芯片集成了若干个达 • 芬奇架构的 AI Core，负责执行矩阵、向量计算密集的任务，还集成了数个 CPU 核心，每 4 个核心构成一个簇。其中一部分核心部署为 AI CPU，承担部分 AI 计算功能（负责执行不适合运行在 AI Core 上的算子任务）；另一部分核心部署为系统控制 CPU，负责整个 SoC 的控制功能。此外，芯片内有层次化的存储结构。AI Core 内部有两级内存缓冲区，SoC 片上还有 L2 缓冲区，专门为 AI Core 和 AI CPU 提供高带宽、低延迟的内存访问服务。芯片连接了 4 个高带宽内存控制器（High Bandwidth Memory Controller，HBMC），并提供 PCI-e 服务。

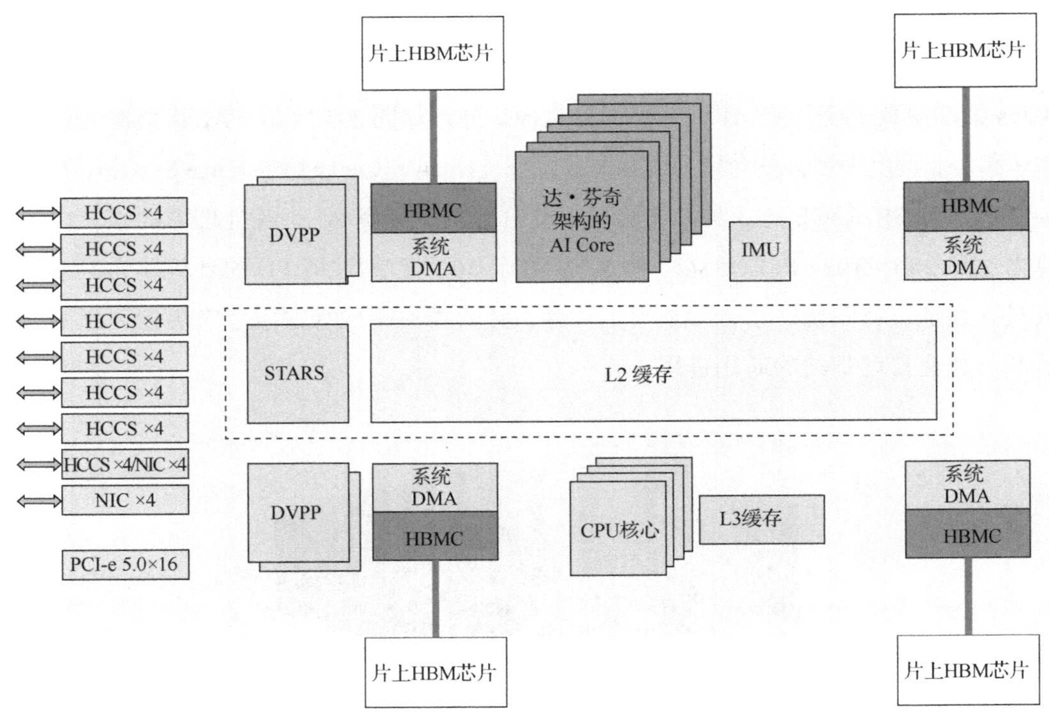

注：DMA 即 Direct Memory Access，直接存储器访问；NIC 即 Network Interface Card，网络接口卡；STARS 即 System Task And Resource Scheduler，系统任务和资源调度器；IMU 即 I/O board Management Unit，I/O 板管理单元。

图 1-6　昇腾 AI 处理器芯片的逻辑架构

该芯片真正的算力担当是采用了达·芬奇架构的 AI Core。这些 AI Core 通过特别设计的架构和电路实现了高通量、大算力和低功耗的特性，特别适合处理深度学习中神经网络的常用计算，如矩阵乘法等。由于芯片采用了模块化的设计，可以很方便地通过叠加模块的方法提高后续芯片的计算力。针对深度神经网络参数量大、中间值多的特点，该芯片还特意为 AI 计算引擎配备了片上缓冲区（On-chip Buffer），以提供高带宽、低延迟、高效率的数据交换和访问服务。能够快速访问所需的数据对于提高 AI 算法的整体性能至关重要，同时，将大量需要复用的中间数据缓存在片上对于降低系统整体功耗意义重大。

DVPP 模块主要完成图像和视频的编解码，支持 4K（4096 像素×2160 像素）分辨率视频处理，同时支持对 JPEG 和 PNG 等格式图像的处理。来自主机端存储器或网络的视频和图像数据，在进入昇腾 AI 处理器芯片的 AI 计算引擎处理之前，需要具备满足处理要求的数据输入格式、分辨率等标准，因此需要调用 DVPP 模块进行预处理以达到格式和精度转换等要求。DVPP 模块主要提供视频解码（Video Decoder，VDEC）、视频编码（Video Encoder，VENC）、JPEG 编解码（JPEG Encoder/Decoder，JPEGD/E）、PNG 解码（PNG Decoder，PNGD）和图像预处理（Vision Pre-Processing Core，VPC）等功能。图像预处理可以完成对输入图像的上/下采样、裁剪、色调转换等多种处理任务。DVPP 模块采用了专用定制电路的方式来实现高效率的图像处理功能，对应于每一种不同的功能都会设计一个相应的硬件电路模块来完成计算工作。在 DVPP 模块收到图像和视频处理任务后，会通过双倍数据速率（Double Data Rate，DDR）存储从内存中读取需要处理的图像和视频数据，并分发到内部对应的处理模块进行处理，待处理完成后将数据写回内存，等待后续执行步骤。

1.3　达·芬奇架构

达·芬奇架构（Da Vinci Architecture）是华为面向计算密集型人工智能应用研发的计算架构，也是昇腾 AI 处理器芯片 AI Core 的核心架构。昇腾 AI 处理器（Atlas A2 训练系列产品）分离架构 AI Core 的基本结构如图 1-7 所示。不同于传统的支持通用计算的 CPU 和 GPU，也不同于专用于某种特定算法的专用集成电路（Application Specific Integrated Circuit，ASIC），达·芬奇架构的芯片本质上是为了适应某个特定领域常见的应用和算法而设计的，通常被称为特定域架构（Domain Specific Architecture，DSA）芯片，从控制层面上可以被看成一个相对简化的现代微处理器的基本架构。

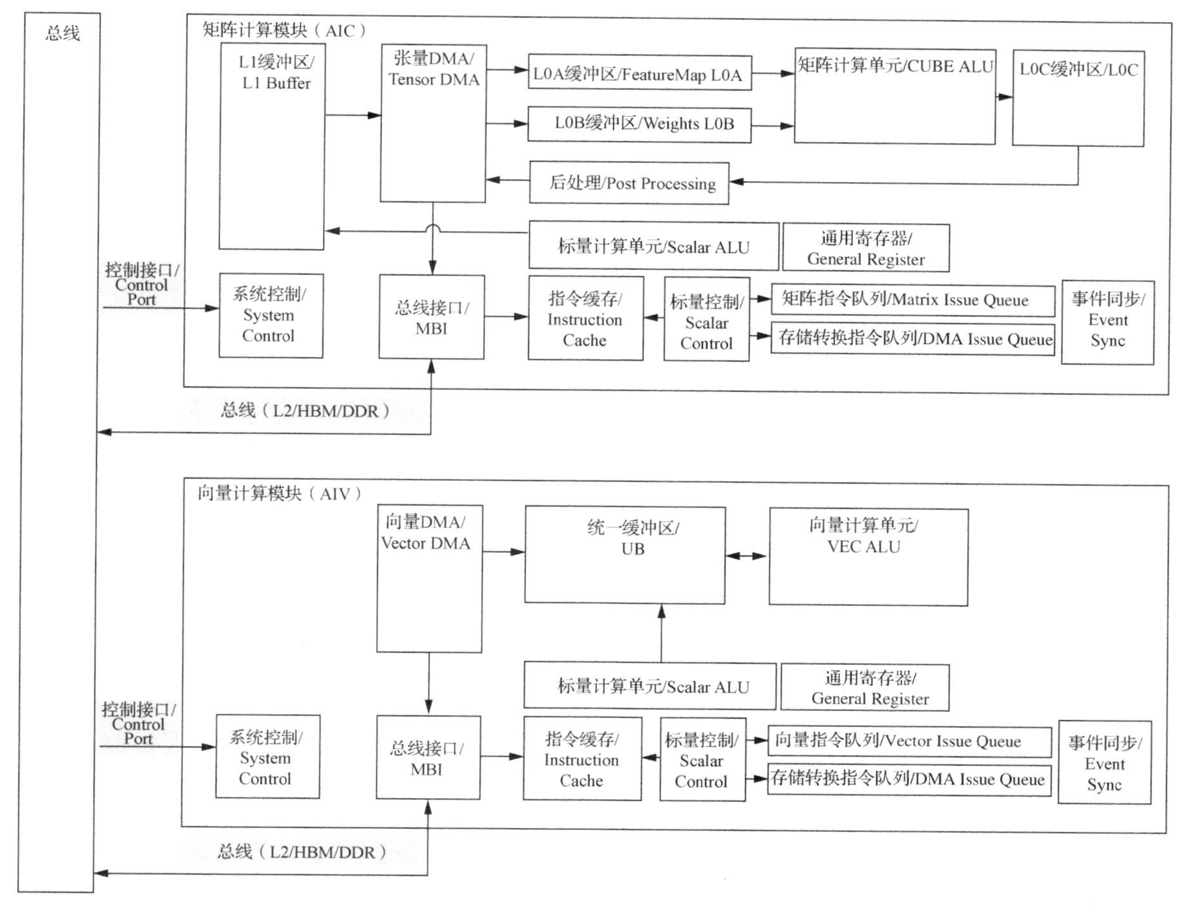

图 1-7　分离架构 AI Core 的基本结构

AI Core 负责执行与标量、向量和张量相关的计算密集型算子，包括 3 种基础计算资源：矩阵计算单元（Cube Unit）、向量计算单元（Vector Unit）和标量计算单元（Scalar Unit）。3 种计算单元分别对应张量计算、向量计算和标量计算这 3 种常见的计算模式。在昇腾 AI 处理器的 AI Core 中集成了两个独立的模块，即矩阵计算模块（AI Cube，AIC）和向量计算模块（AI Vector，AIV），从而实现了矩阵计算与向量计算的解耦，即矩阵计算和向量计算完全独立并行，在系统软件的统一调度下互相配合，达到优化计算效率的目的。此外，在矩阵计算单元和向量计算单元内部还提供了不同精度、不同类型的计算模式。目前 AI Core 中的矩阵计算单元可以支持 8 位整型数（int8）、16 位浮点数（FP16）及 32 位浮点数（FP32）的计算，向量计算单元可以直接支持 FP16 和 FP32 的计算，通过转换可以支持包括整型数在内的多种数据类型的计算。

为了配合 AI Core 中数据的传输和搬运，围绕这 3 种计算资源还分布式地设置了一系列位于矩阵计算单元中的存储资源，称为张量缓冲区。张量缓冲区是分别放置整体图像特征数据、网络参数、中间结果的缓冲区，也为一些临时变量提供高速的寄存器单元。其中，L0 缓冲区（L0 Buffer）和统一缓冲区（Unified Buffer，UB）均属此列，寄存器单元则位于各个计算单元中。这些存储资源的设计架构和组织方式不尽相同，但都是为了更好地适应不同计算模式下的格式、精度和数据排布的需求。这些存储资源或和相关联的计算资源相连，或和总线接口（Main Bus Interface，MBI）相连，从而可以通过张量 DMA（Tensor DMA）获得外部总线上的数据。

AI Core 中的控制单元主要包括指令缓存（Instruction Cache）模块、标量控制（Scalar Control）模块、矩阵指令队列（Matrix Issue Queue）模块、向量指令队列（Vector Issue Queue）模块、存储转换指令队列（DMA Issue Queue）模块和事件同步（Event Sync）模块。系统控制模块负责指挥 AI Core 的整体运行，协调运行模式，配置参数和控制功耗等任务。标量控制模块的标量指令处理队列主要实现控制指令的译码，根据指令的不同类型，将其分别发射到对应的矩阵指令队列、向量指令队列或存储转换指令队列。3 个队列中的指令依据先进先出的原则分别输出到对应的矩阵计算单元、向量计算单元和存储转换单元进行相应的计算。不同的指令队列和计算资源构成了独立的流水线，可以并行执行以提高指令的执行效率。如果指令执行过程中出现依赖关系或者有强制的时间先后顺序要求，则可以通过事件同步模块来调整和维护指令的执行顺序。事件同步模块完全由软件控制，在软件编写的过程中可以通过插入同步信号的方式来指定每一条流水线的执行时序，从而达到调整指令执行顺序的目的。

在 AI Core 中，存储单元为各个计算单元提供转置过并符合要求的数据，计算单元将计算结果返回存储单元，控制单元为计算单元和存储单元提供控制指令，三者相互协调，合作完成计算任务。

1.3.1 计算单元

计算单元是 AI Core 中提供强大算力的核心单元，相当于 AI Core 的“主力军”。AI Core

的计算单元主要包含标量计算单元（Scalar ALU）、向量计算单元（VEC ALU）、矩阵计算单元（CUBE ALU）和存储计算临时变量的通用寄存器（General Register），如图 1-8 中虚线框包含的区域所示。矩阵计算单元主要完成矩阵计算，向量计算单元负责执行向量计算，标量计算单元主要用于各类型的标量数据计算和程序的流程控制。

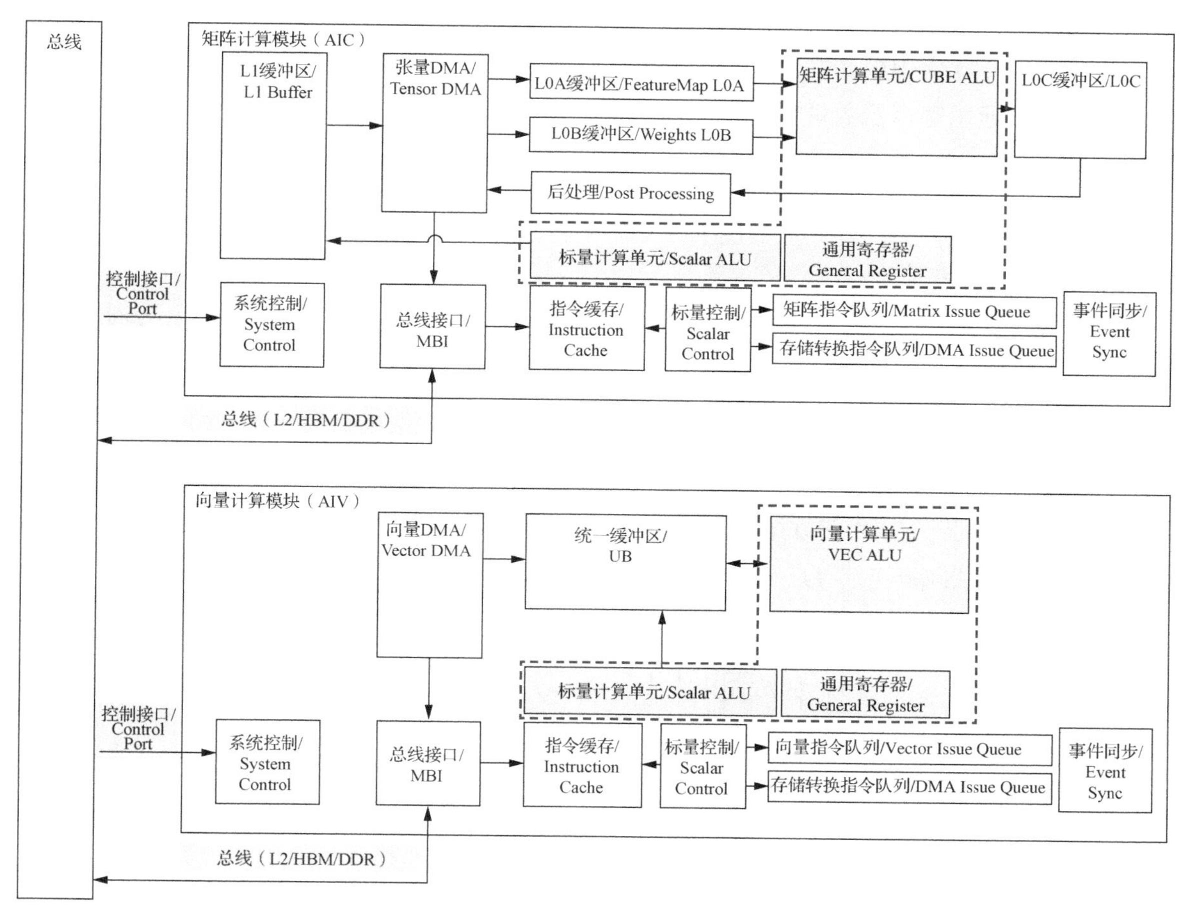

图 1-8　AI Core 的计算单元

1. 标量计算单元

标量计算单元负责完成 AI Core 中与标量相关的计算。它相当于一个微型 CPU，控制整个 AI Core 的运行。标量计算单元可以对程序中的循环进行控制，实现分支判断，其结果可以通过在事件同步模块中插入同步信号的方式来控制 AI Core 中其他功能性单元的执行流水线。此外，它可以将不属于标量计算单元执行的指令发射到对应执行单元的执行队列中。它还为矩阵计算单元或向量计算单元提供数据地址和相关参数的计算结果，并且能够实现基本的算术运算。复杂度较高的标量运算则由专门的 AI CPU 通过算子完成。

在标量计算单元周围配备了多个通用寄存器。这些通用寄存器可以用于变量或地址的寄存，为算术逻辑运算提供源操作数并存储中间计算结果，还支持指令集中一些指令的特殊功能。通用寄存器一般不可以直接访问，只有部分任务可以通过 MOV 指令读写通用寄存器。AI Core 中具有代表性的专用寄存器包括 Core ID（用于标识不同的 AI Core）、VA（向量地址寄存器）及 STATUS（AI Core 运行状态寄存器）等。软件可以通过监视这些专用寄存器来控制和改变 AI Core 的运行状态和模式。

由于达·芬奇架构在设计中规定了标量计算单元不能直接通过 DDR 或 HBM 访问内存，且自身配给的通用寄存器数量有限，所以在程序运行过程中往往需要在堆栈空间存放一些通用寄存器的值。只有需要使用这些值时，才会将其从堆栈空间中取出来存入通用寄存器。为此将 UB 的一部分作为标量计算单元的堆栈空间，专门用作标量计算单元的编程。

2. 向量计算单元

AI Core 中的向量计算单元主要负责完成与向量相关的计算，能够实现单向量或双向量之间的计算，其功能覆盖基本的和定制的计算类型，主要包括 FP32、FP16、int32 和 int8 等数据类型的计算。向量计算单元可以快速完成两个 FP16 类型的向量加法或乘法计算，如图 1-9 所示。向量计算单元的源操作数和目的操作数通常保存在 UB 中，一般需要以 32 字节为基本单位对齐。对向量计算单元而言，输入的数据可以不连续，这取决于输入数据的寻址模式。向量计算单元支持的寻址模式包括向量连续寻址和固定间隔寻址。

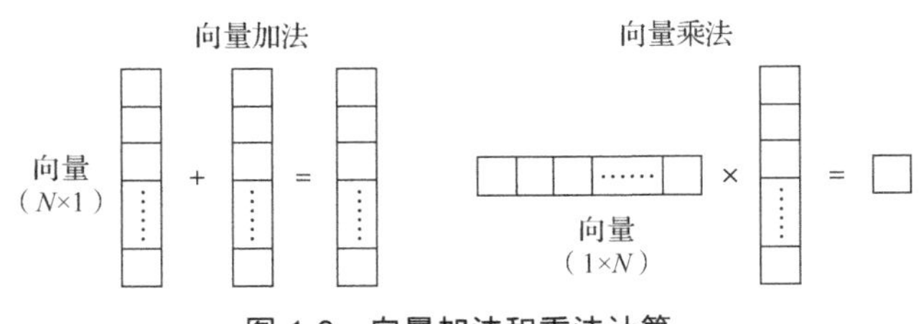

图 1-9 向量加法和乘法计算

向量计算单元可以完成深度神经网络中的向量函数运算，尤其是卷积神经网络计算中常用的 ReLU（Rectified Linear Unit）激活函数、池化（Pooling）、批归一化（BatchNorm）等功能。经过向量计算单元处理后的数据可以被写回 UB 中，以等待下一次运算。上述所有操作都可以通过软件配合相应的向量计算单元指令来实现。向量计算单元除了提供丰富的计算功能，还可以实现很多特殊的计算函数，从而和矩阵计算单元形成功能互补，全面提升 AI Core 对非矩阵类型数据计算的能力。

3. 矩阵计算单元

（1）矩阵乘法

由于常见的深度神经网络算法中大量使用了矩阵计算，达·芬奇架构中特意对矩阵计算进行了深度优化，并定制了相应的矩阵计算单元来支持高吞吐量的矩阵处理。图 1-10 表示一

个矩阵 **A** 和另一个矩阵 **B** 之间的乘法计算 $A \times B = C$，其中 M 表示矩阵 **A** 的行数，K 表示矩阵 **A** 的列数及矩阵 **B** 的行数，N 表示矩阵 **B** 的列数。

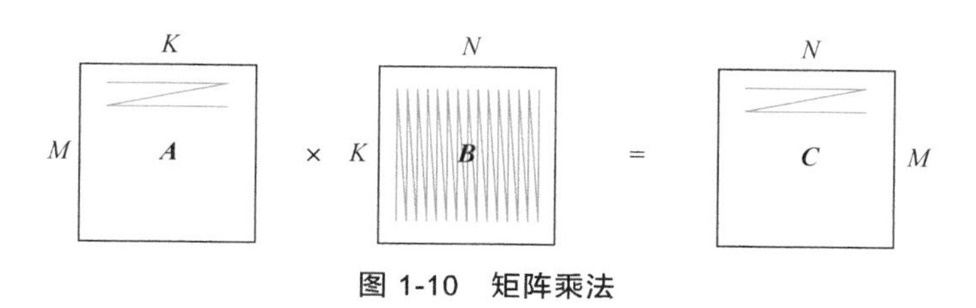

图 1-10 矩阵乘法

在传统 CPU 中，计算矩阵乘法的典型代码如下。

```
for (m=0; m<M, m++){
    for (n=0; n<N, n++){
        for (k=0; k<K, k++){
            C[m][n] += A[m][k]*B[k][n]}}}
```

该代码需要用到 3 个循环进行一次完整的矩阵乘法计算。如果在一个单发射的 CPU 上执行此代码，总共需要 $M \times K \times N$ 个时钟周期才能完成，当矩阵非常庞大时，这个执行过程极为耗时。在 CPU 计算过程中，矩阵 **A** 按行扫描，矩阵 **B** 按列扫描。考虑到典型的矩阵存储方式，无论矩阵 **A** 还是矩阵 **B**，都会按行存放，也就是所谓的行主序（row-major order）的方式。而读取内存的方式具有极强的数据局部性特征，也就是说，当读取内存中某个数的时候，会打开内存中相应的一整行并且把同一行中所有的数都读取出来。这种读取方式对矩阵 **A** 是非常高效的，但是对矩阵 **B** 却显得非常不友好，因为代码中矩阵 **B** 需要按列读取。为此，需要将矩阵 **B** 的存储方式转成按列存储，也就是所谓的列主序（column-major order），如图 1-11 所示，这样才能够符合内存读取的高效率模式。因此，在矩阵计算中往往通过改变某个矩阵的存储方式来提升矩阵计算的效率。

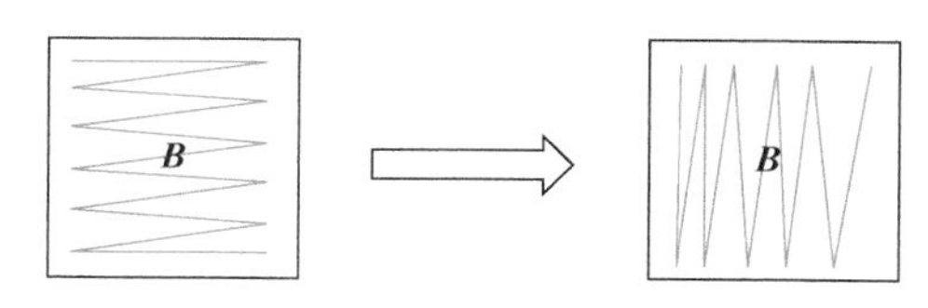

图 1-11 矩阵 **B** 存储方式从行存储转成列存储

（2）矩阵计算单元的计算方式

在深度神经网络实现计算卷积的过程中，关键的步骤是将卷积运算转换为矩阵运算。在 CPU 中，大规模的矩阵计算往往成为性能瓶颈，而矩阵计算在深度学习算法中又极为重要。为了解决这个矛盾，GPU 采用了通用矩阵乘法（General Matrix Multiplication，GEMM）的方法来实现矩阵乘法。例如要实现一个 16×16 矩阵与另一个 16×16 矩阵的乘法，需要安排 256 个并行的线程，并且每个线程都可以独立计算完成结果矩阵中的 1 个输出点。假设每个线程在 1 个时钟周期内可以完成 1 次乘加计算，则 GPU 完成整个矩阵计算需要 16 个时钟周期，这个延迟是 GPU 无法避免的重大瓶颈。而昇腾 AI 处理器芯片针对这个问题做了深度的优化，AI Core 对矩阵乘法计算的高效性为昇腾 AI 处理器芯片作为深度神经网络的加速器提供了强大的性能保障。

达·芬奇架构在 AI Core 中特意设计了矩阵计算单元作为昇腾 AI 处理器芯片的核心计算模块，意在高效解决矩阵计算的瓶颈。矩阵计算单元提供超强的并行乘加计算能力，使 AI Core 能够高速处理矩阵计算问题。通过设计精巧的定制电路和极致的后端优化手段，矩阵计算单元可以快速完成两个 16×16 矩阵的乘法计算（标记为 16^3，也是 Cube 这一名称的来历），等同于在极短时间内进行 16^3=4096 个乘加计算，并且可以达到 FP16 的计算精度。矩阵计算单元在完成图 1-12 所示的 $\boldsymbol{A}\times\boldsymbol{B}=\boldsymbol{C}$ 的矩阵计算时，会事先将矩阵 $\boldsymbol{A}$ 按行存放在矩阵计算单元的 L0A 缓冲区中，同时将矩阵 $\boldsymbol{B}$ 按列存放在矩阵计算单元的 L0B 缓冲区中，通过矩阵计算单元计算后得到的结果矩阵 $\boldsymbol{C}$ 按行存放在 L0C 缓冲区中。

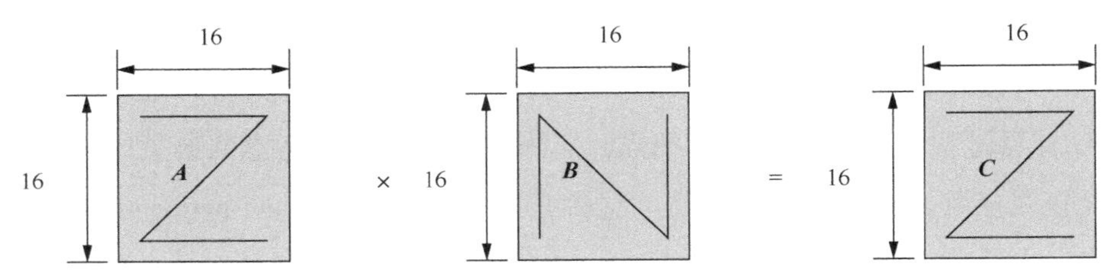

图 1-12　AI Core 的矩阵计算单元计算

矩阵乘法计算的具体执行由软硬件协同完成。假设矩阵 $\boldsymbol{A}$ 和 $\boldsymbol{B}$ 都是 16×16 的方阵，那么矩阵 $\boldsymbol{C}$ 的 256 个元素可以由 256 个矩阵乘法子电路硬件在 1 个时钟周期完成计算。图 1-13 给出了矩阵 $\boldsymbol{A}$ 的第一行与矩阵 $\boldsymbol{B}$ 的第一列如何借助归约算法由矩阵乘法子电路完成点积操作，从而计算出矩阵 $\boldsymbol{C}$ 的第一行第一列元素的过程。当矩阵的尺寸超过 16×16，则需要通过软件实现特定格式的数据存储和分块读取。

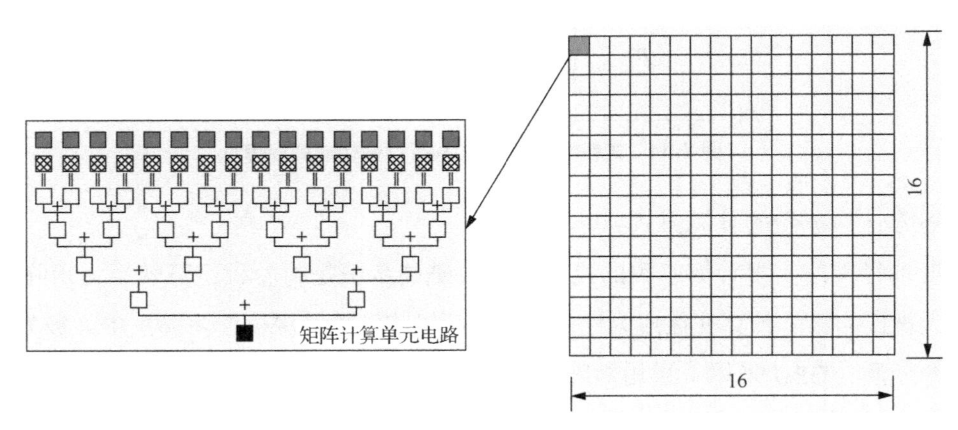

图 1-13　矩阵计算单元电路

4. 数据存储格式

在深度学习中，同一个张量存在很多不同的存储格式。尽管存储的数据相同，但不同的存储顺序会导致数据的访问特性不同，因此即便进行同样的运算，相应的计算性能也会不同。在本小节中，我们首先介绍 ND 存储格式，随后介绍达 • 芬奇架构为了更高效地搬运和计算所采用的 Nz 存储格式。

（1）ND 格式

一般来说，在计算机内存中，由于只能线性地存储数据，多维数组可以被看作一维数组的扁平化表示。

ND（N-Dimension）格式是深度学习网络中最常见、最基本的张量存储格式，代表 N 维度的张量数据。以一个矩阵为例，矩阵是二维张量，在这种格式下按照行主序进行存储，即张量中每一行（每一维）被依次存储在内存中，这意味着相邻的元素在内存中的地址是连续的。这种存储格式是目前很多编程语言中默认的方式，例如 C++语言。

以下述矩阵为例：

$$\begin{bmatrix} 0 & 1 & 2 & 3 \\ 4 & 5 & 6 & 7 \\ 8 & 9 & 10 & 11 \\ 12 & 13 & 14 & 15 \end{bmatrix}$$

其按照 ND 格式进行存储，结果如下：[0，1，2，3，4，5，6，7，8，9，10，11，12，13，14，15]。

实际网络中会要求按照一定顺序存储多个矩阵数据，如图 1-14 所示。在这里可以按照深度学习领域中的惯例做出的抽象，其中 N 代表矩阵的个数，W 代表矩阵的宽度，H 代表矩阵的高度。

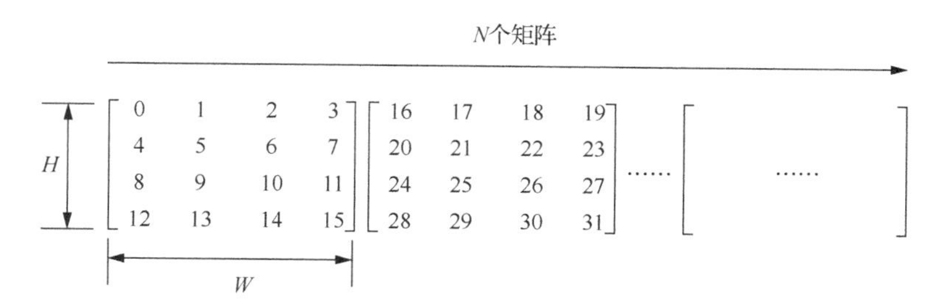

图 1-14　存储多个矩阵的排布

上述数据按照 ND 格式进行存储的物理排布如下：[0，1，2，3，4，5，6，7，8，9，10，11，12，13，14，15，16，17，18，19，…]。

先对一个矩阵进行行主序存储，接着再存储相邻的下一个矩阵，同样是进行行主序存储，直到存储完所有的数据。即此种方式先按 W 方向存储，再按 H 方向存储，最后按 N 方向存储，直到存储完所有数据。我们也称这种数据排布格式为 NHW 格式。

（2）Nz 格式

为了更高效地搬运和进行矩阵计算，达 • 芬奇架构引入一种特殊的数据分形格式——Nz 格式。

Nz 格式的分形操作如下：整个矩阵被分为（$H_1 \times W_1$）个分形，按照列主序排布，即类比行主序的存储方式，列主序是先存储一列，再存储相邻的下一列，这样整体存储形状如 N 字形；每个分形内部有（$H_0 \times W_0$）个元素，按照行主序排布，形状如 z 字形。Nz 格式的物理排列方式如图 1-15 所示。

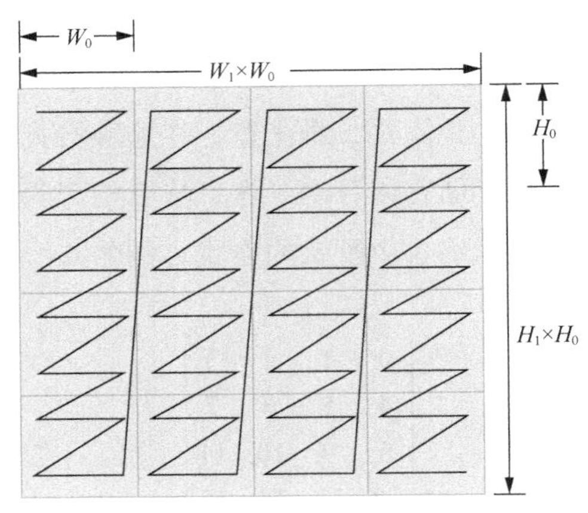

图 1-15　Nz 格式的物理排列方式

下面展示一个分形内部有 2×2 个元素的实际数据样例，借此让读者更加直观地理解这种数据存储格式。如图 1-16 所示，这是一个按照 Nz 格式进行数据存储的样例，图中虚线箭头表示数据存储的顺序。

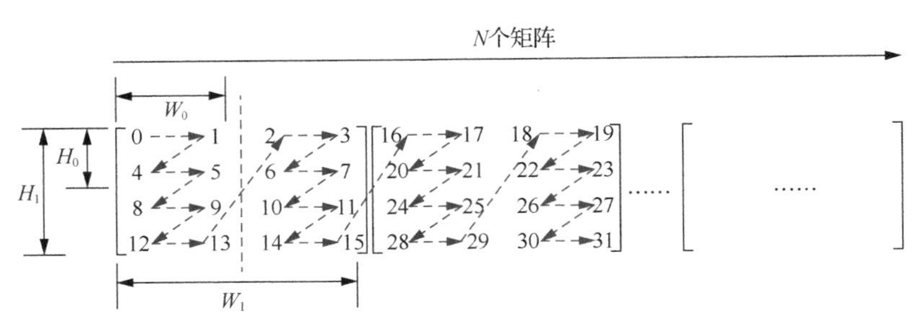

图 1-16　Nz 格式存储实际数据样例

上述数据按照 Nz 格式进行存储的物理排布如下：[0，1，4，5，8，9，12，13，2，3，6，7，10，11，14，15，16，17，20，21，…]。

首先对一个分形内部进行行主序存储，然后在一个完整矩阵中以分形宽度划分，进行列主序存储，最后依次对相邻的下一个矩阵进行存储。此方式先按 W_0 方向存储，再按 H_0 方向存储，接着按照 H_1 方向存储，随后按照 W_1 方向存储，最后按 N 方向存储，直到存储完所有数据。我们也称 Nz 数据排布格式为 $NW_1H_1H_0W_0$ 格式，且由于其存储顺序形象展示为先“N”后“z”，故简称为 Nz 格式。

从 ND 格式转换为 Nz 格式，需要进行的操作是平铺、拆分及转置，这个转换过程示例如图 1-17 所示。

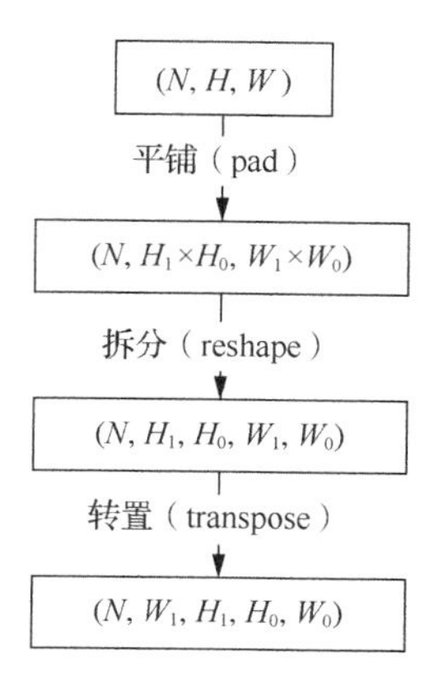

图 1-17　ND 格式转换为 Nz 格式的过程

读者也可以通过图 1-18 来直观感受从 ND 格式转换为 Nz 格式的过程。

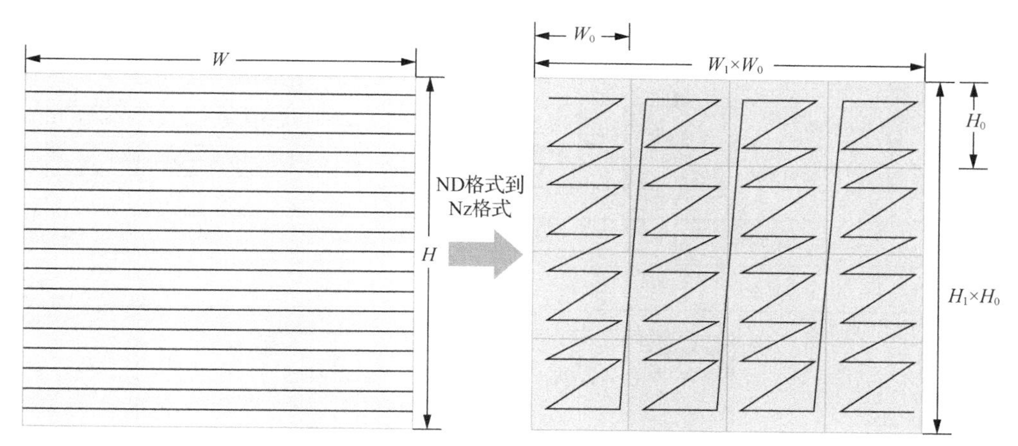

图 1-18　ND 格式转换为 Nz 格式的直观流程

1.3.2　存储系统

AI Core 的片上存储单元和相应的数据通路构成了存储系统。众所周知，几乎所有的深度学习算法都是数据密集型的应用。对于昇腾 AI 处理器的芯片来说，合理设计的数据存储和传输结构对于系统最终的运行性能至关重要。不合理的设计往往成为性能瓶颈，从而白白浪费了片上海量的计算资源。AI Core 通过各种类型的分布式缓冲区之间的相互配合，为深度神经网络计算提供了大容量和及时的数据供应，消除了数据流传输的瓶颈，从而实现了深度学习计算中所需要的大规模、高并发数据的快速和有效的提取与传输。

1. 存储单元

芯片中的计算资源要想发挥强劲算力，必要条件是保证输入数据能够及时、准确地出现在计算单元中。达·芬奇架构通过精心设计的存储单元确保了计算资源所需数据的供应，这样的存储单元相当于 AI Core 的后勤系统。如图 1-19 中虚线框包含的区域所示，AI Core 的存储单元由存储控制单元（张量 DMA 和向量 DMA）、缓冲区和寄存器（图中省略）组成。L1 缓冲区（L1 Buffer）是矩阵计算模块中较大的一块数据中转区，暂存模块中需要反复使用的数据，以减少总线的数据搬运；张量 DMA 用于将数据从 L1 缓冲区搬运至 L0 缓冲区，其中 L0A 缓冲区和 L0B 缓冲区对应存储矩阵计算的输入，L0C 缓冲区则对应存储矩阵计算的输出内容；UB 是向量和标量计算输入和输出的存储位置；MBI 用于和总线进行数据交互。此外，L2 缓冲区（L2 Buffer）位于达·芬奇架构外，是矩阵计算模块和向量计算模块（AIV）共用的内存，未在图中展示。

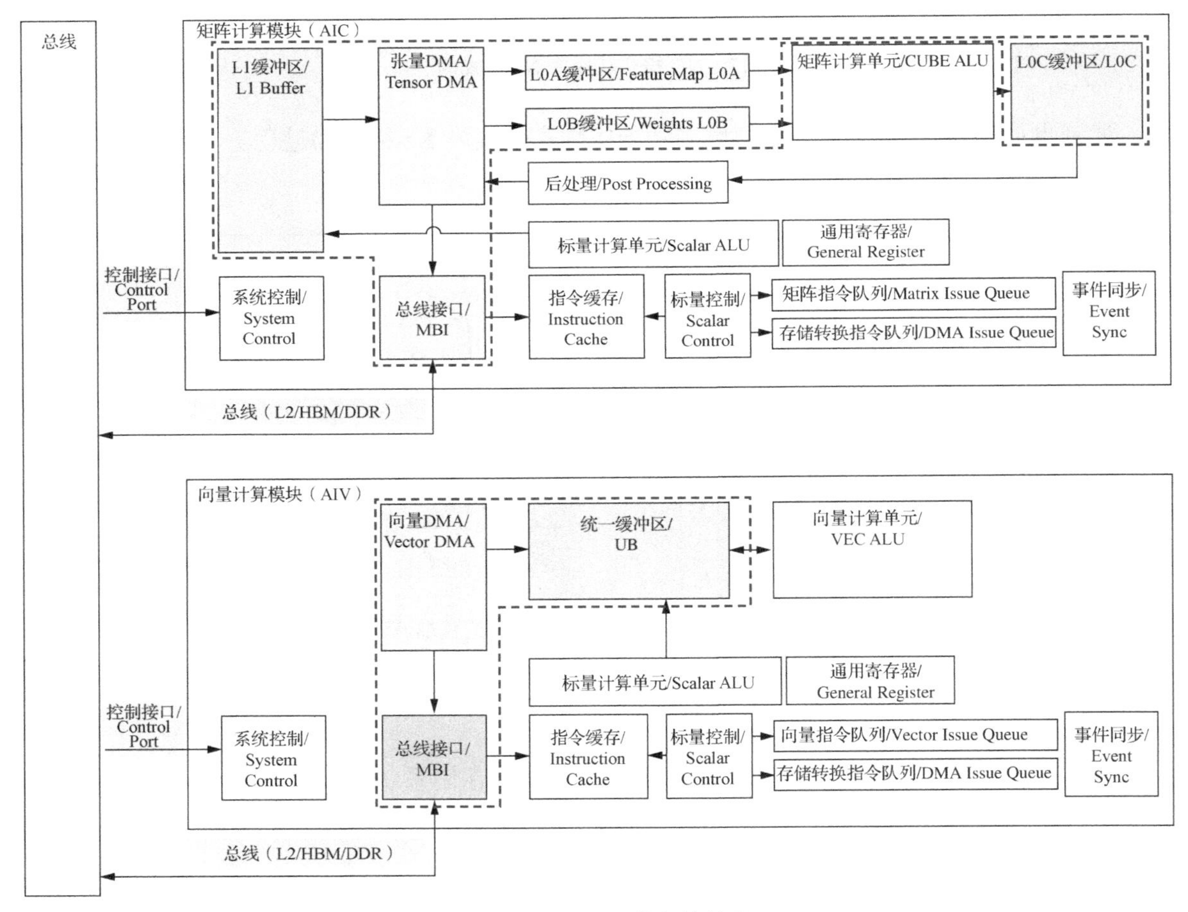

图 1-19　AI Core 的存储单元

在 AI Core 的存储控制单元中，DMA 用于数据搬运，一次既可以搬运一块连续的数据，也可以搬运带步长的数据。需要注意的是，用 DMA 搬运数据有一定的对齐要求。

DMA 通过 MBI 不仅可以直接访问 AI Core 之外的更低层级的缓存，也可以通过 DDR 或 HBM 直接访问内存。DMA 中还设置了存储转换单元，其目的是将输入数据转换成 AI Core 的各类型计算单元所兼容的数据格式。缓冲区包括用于暂存输入数据的 L1 缓冲区、矩阵计算单元的张量缓冲区，以及处于中心的用于暂存各种形式中间数据的 UB。AI Core 的各类寄存器资源主要被标量计算单元使用。

在 AI Core 中，通过精密的电路设计和板块组织架构的调节，在不产生板块冲突的前提下，无论是缓冲区还是寄存器都可以实现数据的单时钟周期访问。程序员可以通过底层软件显式地控制所有的缓冲区和寄存器的读写。有经验的程序员也可以通过巧妙的编程方式来防止存储单元中出现存储体冲突（bank conflict），以免影响流水线的进程。所谓存储体冲突，即当两个或更多的线程在同一时钟周期内尝试访问同一个存储体中的不同地址时，就会发生存储体冲突。由于每个存储体在一个时钟周期内只能服务一个线程，因此这些访问会被序列化，从而导致延迟。对于类似矩阵这样规律性极强的计算模式，高度优化的程序可以实现全程无阻塞的流水线执行。

MBI 作为 AI Core 的“大门”，实现与系统总线交互，并与外部相连。AI Core 通过 MBI 从外部 L2 缓冲区、DDR 或 HBM 中读取或写回数据。MBI 在这个过程中可以将 AI Core 内部发出的读写请求转换为符合总线要求的外部读写请求，并完成协议的交互和转换等工作。

输入数据从 MBI 读入后就会由存储转换单元进行处理。存储转换单元作为 AI Core 内部数据通路的传输控制器，负责 AI Core 内部数据在不同缓冲区之间的读写管理，以及完成一系列的格式转换操作，如补零、Im2Col、转置、解压缩等。存储转换单元还可以控制 AI Core 内部的 L1 缓冲区，从而实现局部数据的核内缓存。

在深度神经网络计算中，由于输入图像的特征数据通道众多且数据量庞大，往往会采用 L1 缓冲区来暂时保留需要频繁使用的数据，以达到节省功耗、提高性能的效果。当 L1 缓冲区被用来暂存使用率较高的数据时，就不需要每次通过 MBI 到 AI Core 的外部读取，从而在减少总线上数据访问频次的同时，降低了总线上产生拥堵的风险。在神经网络计算中，往往可以把每层计算的中间结果放在 L1 缓冲区中，从而在进入下一层计算时方便地获取数据。由于通过总线读取数据的带宽低、延迟大，如果充分利用 L1 缓冲区，就可以大大提升计算效率。另外，当存储转换单元进行数据的格式转换操作时，会产生巨大的带宽需求。达•芬奇架构要求源数据必须被存放于 L1 缓冲区中，这样才能够进行格式转换。在矩阵计算模块中，L1 缓冲区常用作输入缓冲区，它有利于将大量用于矩阵计算的数据一次性地搬运到 AI Core 内部，同时利用固化的硬件极大地提升了数据格式转换的速度，避免了矩阵计算单元的阻塞，也消除了数据转换过程缓慢带来的性能瓶颈。

正如前文介绍 AI Core 中的计算单元时提到的那样，矩阵计算单元中的张量缓冲区就是专门为矩阵计算提供服务的。其中矩阵乘法的左矩阵数据、右矩阵数据，以及矩阵计算的最终结果或过往计算的中间结果都存放在张量缓冲区中。

AI Core 采用了片上张量缓冲区设计，从而为各类型的计算带来了更高的速率和更大的带宽。存储系统为计算单元提供源源不断的数据，高效适配计算单元的强大算力，从而综合提升了 AI Core 的整体计算性能。与谷歌张量处理器（Tensor Processing Unit，TPU）设计中的 UB 设计理念相类似，AI Core 采用了大容量的片上缓冲区设计理念，通过增大片上缓存的数据量来减少数据从片外存储系统搬运到 AI Core 中的频次，从而可以降低数据搬运过程中的功耗，有效控制了计算的整体能耗。

达·芬奇架构通过存储转换单元中内置的定制电路，在进行数据传输的同时，就可以实现诸如 Im2Col 或其他类型的格式转换操作，不仅降低了格式转换过程中的消耗，也减小了数据转换的指令开销。这种能将数据在传输的同时进行转换的指令被称为随路指令。硬件单元对随路指令的支持为程序设计提供了便捷性。

2. 数据通路

数据通路指的是 AI Core 在完成一个计算任务时，数据在 AI Core 中的流通路径。前文已经以矩阵乘法为例简单介绍了数据的搬运路径。数据通路包含 HBM 和 L2 缓冲区，这些都属于 AI Core 的核外存储系统。

可以通过 LOAD 指令将核外存储系统中的数据搬运到矩阵计算单元中的张量缓冲区中进行计算，输出的结果也被保存在张量缓冲区中。除了直接将数据通过 LOAD 指令搬运到张量缓冲区，也可以通过 LOAD 指令将其先行搬运到 L2 缓冲区，再通过其他指令将其搬运到张量缓冲区中。这样做的好处是利用大容量的缓冲区来暂存需要被矩阵计算单元反复使用的数据。

在计算过程中，输入神经网络的数据往往种类繁多且数量巨大，如多个通道、多个卷积核的权重和偏置值，以及多个通道的特征值等。而 AI Core 中对应这些数据的存储单元相对独立且固定，并通过并行输入的方式来提高数据输入的效率，以满足海量计算的需求。AI Core 中设计多个输入数据通路的好处是对输入数据流的限制少，能够为计算源源不断地输送源数据。与此相反，深度神经网络计算将多种输入数据处理完成后，往往只生成输出特征矩阵，数据种类相对单一。根据深度神经网络输出数据的特点，AI Core 设计了单输出的数据通路，一方面节约了芯片硬件资源；另一方面可以统一管理输出数据，将数据输出的控制硬件降到最低。综上所述，达·芬奇架构中的各个存储单元之间的数据通路及多进单出的核内外数据交换机制，是研究人员在深入研究了以卷积神经网络为代表的主流深度学习算法后开发出来的，目的是在保障数据良好的流动性前提下，减少芯片成本、提升计算性能、降低系统功耗。

1.3.3　控制单元

在达·芬奇架构下，控制单元为整个计算过程提供了控制指令，相当于 AI Core 的司令部，负责整个 AI Core 的运行，起到了至关重要的作用。控制单元的主要组成部分（如图 1-20 所示的虚线框部分）为系统控制模块、指令缓存模块、标量控制模块、矩阵指令队列模块、向量指令队列模块、存储转换指令队列模块和事件同步模块。

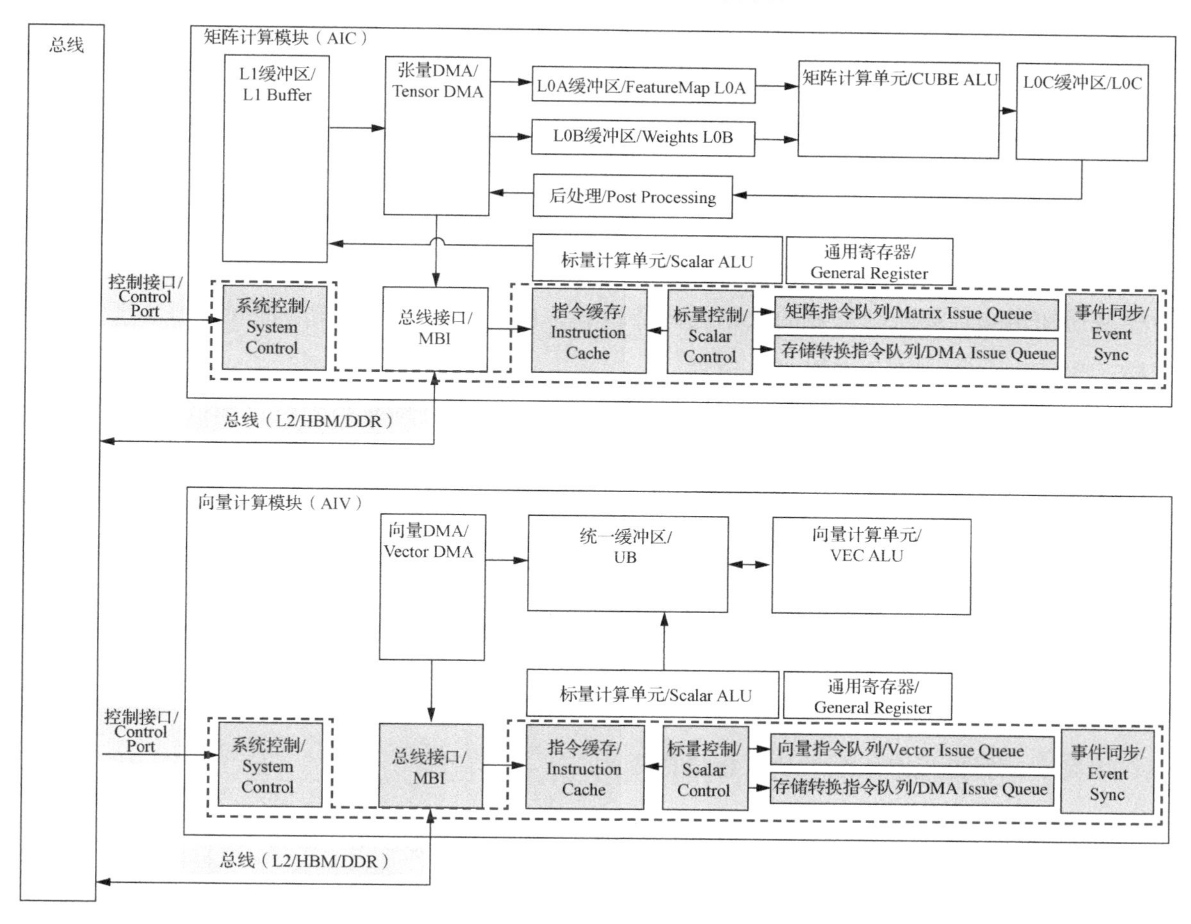

图 1-20　AI Core 的控制单元

在指令执行过程中，可以提前预取后续指令，并一次将多条指令读入缓存，以提升指令的执行效率。多条指令从系统内存通过 MBI 进入 AI Core 的指令缓存模块中，并等待后续硬件解码或计算。指令被解码后便会被导入标量控制模块的标量指令处理队列，实现地址解码与运算控制。这些指令包括矩阵计算指令、向量计算指令及存储转换指令等。所有指令都作为普通标量指令被逐条、顺次处理。标量指令处理队列将这些指令的地址和参数解码配置好后，分别发射到对应的指令执行队列中，而标量指令会驻留在标量指令处理队列中等待后续执行。指令执行队列由矩阵指令队列、向量指令队列和存储转换指令队列组成。矩阵计算指令进入矩阵指令队列，向量计算指令进入向量指令队列，存储转换指令进入存储转换指令队列，同一个指令执行队列中的指令按照进入队列的顺序执行，不同指令执行队列之间可以并行执行。通过多个指令执行队列的并行执行可以提升整体执行效率。

如果指令执行队列中的指令到达队列头部，就进入真正的指令执行环节，并被分发到相应的执行单元中，如矩阵计算指令被发射到矩阵计算单元，存储转换指令被发射到存储转换单元。不同的执行单元可以并行地按照指令进行计算或处理数据。同一个指令队列中指令执行的流程被称为指令流水线。

对于指令流水线之间可能出现的数据依赖，达•芬奇架构的解决方案是通过设置事件同步模块统一、自动协调各个流水线的进程。事件同步模块时刻控制每条流水线的执行状态，并分析不同流水线的依赖关系，从而解决数据依赖和同步的问题。例如矩阵指令队列的当前指令需要依赖向量计算单元的结果，在执行过程中，事件同步模块会暂停矩阵指令队列的执行流程，要求其等待向量计算单元的结果。当向量计算单元完成计算并输出结果后，事件同步模块通知矩阵计算队列需要的数据已经准备好，可以继续执行。在事件同步模块准许放行之后，矩阵指令队列才会发射当前指令。

图 1-21 展示了 4 条指令流水线的执行流程。标量指令处理队列先执行标量指令 0、标量指令 1 和标量指令 2。由于向量计算队列中指令 0 和存储转换队列中指令 0 与标量指令 2 存在数据依赖性，需要等到标量指令 2 完成后才能发射并启动。受到指令发射窗口资源限制的影响，一次只能发射两条指令，因此只能在时刻 4 时发射并启动矩阵计算指令 0 和标量指令 3，这时 4 条指令队列可以并行执行。直到标量指令处理队列中的全局同步标量指令 7 生效后，由事件同步模块对矩阵流水线、向量流水线和存储转换流水线进行同步控制，并等待矩阵计算指令 0、向量计算指令 1 和存储转换指令 1 都执行完成后，得到执行结果，事件同步模块控制作用完成，标量流水线继续执行标量指令 8。

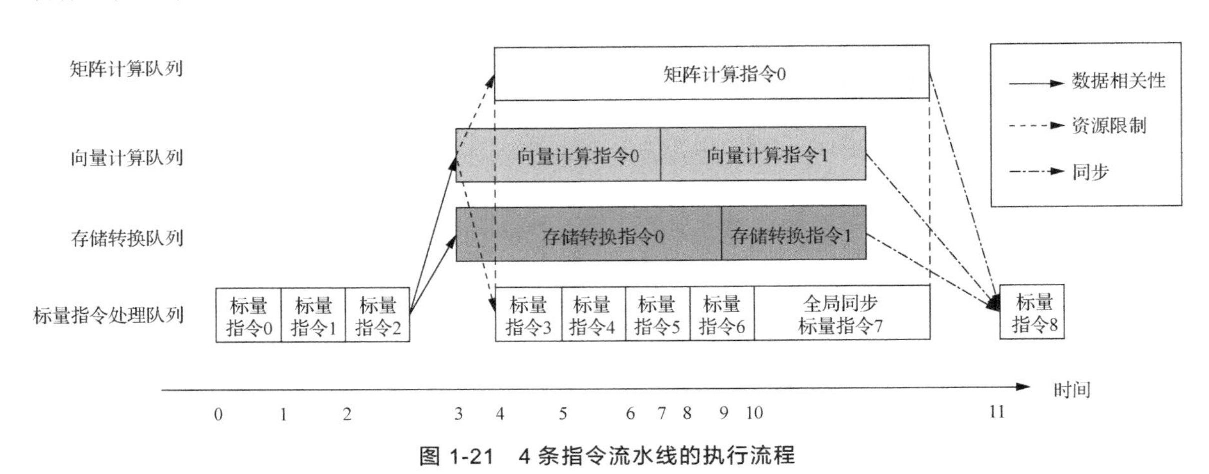

图 1-21 4 条指令流水线的执行流程

对于同一条指令流水线内部指令之间的依赖关系，达•芬奇架构是通过事件同步模块自动实现同步的。在遇到同一条流水线内需要处理关系时，事件同步模块阻止同一指令执行队列中后续指令的执行，直到能够满足某些条件之后才恢复执行。在达·芬奇架构中，无论是流水线内部的同步还是流水线之间的同步，都是通过事件同步模块进行控制的。

在控制单元中还存在一个系统控制模块。在AI Core运行之前，需要外部的任务调度器，也就是一个独立CPU来控制和初始化AI Core的各种配置接口，如指令信息、参数信息及任务块信息等。这里的任务块是指AI Core中最小的计算任务粒度。在配置完成后，系统控制模块会控制任务块的执行进程；在任务块执行完成后，系统控制模块会进行中断处理和状态申报。如果在执行过程中出现了错误，系统控制模块会把执行的错误状态报告给任务调度器，进而将当前AI Core的状态信息反馈给整个昇腾AI处理器芯片系统。

1.3.4 指令集设计

任何程序在处理器芯片中执行计算任务时，都需要通过特定的规范转换成硬件能够理解并执行的语言，这种语言被称为指令集架构（Instruction Set Architecture，ISA），简称指令集。指令集包含数据类型、基本操作、寄存器、寻址模式、数据读写方式、中断、异常处理及外部I/O等，每条指令都描述处理器的一种特定功能。指令集是计算机程序能够调用的处理器全部功能的集合，是处理器功能的抽象模型，也是计算机软件与硬件的接口。

指令集可以分为精简指令集（Reduced Instruction Set Computer，RISC）和复杂指令集（Complex Instruction Set Computer，CISC）。精简指令集的特点是单指令功能简单、执行速度快、编译效率高，不能直接操作内存，仅能通过指令（LOAD/STORE指令）来访问内存。常见的精简指令集有ARM、MIPS、OpenRISC及RSIC-V等。复杂指令集的特点是单指令功能强大且复杂，指令执行周期长，并可以直接操作内存。常见的复杂指令集如x86。

昇腾AI处理器芯片有一套专属的指令集，其设计介乎于精简指令集和复杂指令集之间，包括标量指令、向量指令、矩阵指令和存储转换指令等。标量指令类似于精简指令集，而矩阵指令、向量指令和存储转换指令类似于复杂指令集。昇腾AI处理器芯片指令集结合精简指令集和复杂指令集两者的优势，在实现单指令功能简单和速度快的同时，对于内存的操作也比较灵活，搬运较大数据块时的操作简单、效率较高。

1. **标量指令**

标量指令主要由标量计算单元执行，主要目的是为向量指令和矩阵指令配置地址及控制寄存器，并对程序执行流程进行控制。标量指令还负责对L1缓冲区和UB中的数据进行存储和加载、简单的数据运算等操作。标量指令完成的功能与CPU的功能类似，包括算术运算（Add、Sub、Max、Min）、比较与选择（CMP、SEL）、逻辑运算（AND、OR、XOR）、数据搬运（MOV、LOAD、STORE）和流程控制（JUMP、LOOP）5类指令。

2. 向量指令

向量指令由向量计算单元执行。每个向量指令可以完成多个操作数的同一类型运算，但参与运算的输入数据必须已经在 UB 中，否则需要通过向量 DMA 从板外搬运至板上的 UB，如果要将运算后的结果搬出板外，也需要由向量 DMA 完成。向量指令类似于传统的单指令多数据（Single Instruction Multiple Data，SIMD）指令，在 CPU 指令中也相继引入了流 SIMD 扩展（Streaming SIMD Extensions，SSE）系列、高级向量扩展（Advanced Vector Extensions，AVX）系列指令。2013 年发布的 AVX-512 指令集，其指令宽度扩展到 512 位。昇腾 AI 处理器的向量指令支持的数据类型为 FP16、FP32 和 int32，一次可以执行 2048 位向量计算（等价于 128 个 FP16 类型的计算）。

昇腾 AI 处理器的向量指令包括 5 种类型：算术运算指令、比较与选择指令、逻辑运算指令、数据搬运指令及其他专用指令。其中常见的算术运算指令有加法（Vadd）、减法（Vsub）、求最大（Vmax）和求最小（Vmin）；比较与选择指令有向量比较大小（Vcmp）和选择（Vsel）；逻辑运算指令有向量与（Vand）和向量或（Vor）。昇腾 AI 处理器的向量指令支持多次迭代执行，也支持直接运算带有间隔（Stride）的向量。

3. 矩阵指令

矩阵指令由矩阵计算单元执行，实现高效的矩阵乘法计算和累加操作 $\boldsymbol{C}=\boldsymbol{A}\times\boldsymbol{B}+\boldsymbol{C}$。在神经网络计算过程中，矩阵 $\boldsymbol{A}$ 通常代表输入特征矩阵，矩阵 $\boldsymbol{B}$ 通常代表权重矩阵，矩阵 $\boldsymbol{C}$ 通常代表输出特征矩阵。矩阵指令支持 int8 和 FP16 类型的输入数据，也支持 int32、FP16 和 FP32 类型的输出数据。在矩阵指令执行前，数据同样被搬运至板上，随后根据左、右矩阵的差异被搬运至 L0A 缓冲区和 L0B 缓冲区中，并在执行计算时被搬入矩阵计算单元中参与矩阵计算，并将结果返回至 L0C 缓冲区，最后被搬运回板外。正如前文所介绍，矩阵计算单元支持一次计算两个大小不超过 16×16、数据类型为 FP16 的矩阵乘法。

1.4 硬件感知

扫码观看视频

硬件感知（Hardware Perception）是一种设计原则，通过在软件中设立接口，在开发者进行开发时能实时检测硬件参数状况，如获取处理器的核数、芯片的版本信息、硬件存储空间的大小、硬件存储空间的带宽大小等信息。

开发者在使用 Ascend C 进行编程时，可能需要获取一些硬件平台的信息，如获取硬件平台的核数等。PlatformAscendC 类提供获取这些平台信息的功能。使用该功能需要包含“tiling/platform/platform_ascendc.h”头文件。PlatformAscendC 类提供了如下接口，能实现对应的获取硬件平台信息的功能。

- GetCoreNum：获取 AI Core 的数量。
- GetSocVersion：获取当前硬件平台的版本信息。
- GetCoreNumAic：获取当前硬件平台矩阵计算单元的核数信息。
- GetCoreNumAiv：获取当前硬件平台向量计算单元的核数信息。
- CalcTschBlockDim：计算底层任务调度的核数。
- GetCoreMemSize：获取硬件平台存储空间的内存大小。
- GetCoreMemBw：获取硬件平台存储空间的带宽大小。

一个实际的调用样例如程序清单 1-1 所示。清单中第 1 行引入了使用 Ascend C 进行硬件感知所需的头文件。第 2～12 行定义了一个需要进行硬件感知的函数：其中第 3 行调用 GetPlatformInfo()函数获取 platformInfo 结构体的信息；第 4～6 行定义了两个 64 位无符号整型数据 ub_size 和 l1_size，并通过调用 GetCoreMemSize()函数获取 UB 和 L1 缓冲区的硬件存储空间大小的数据存储在 ub_size 和 l1_size 中；第 7～8 行通过调用 GetCoreNumAic()函数和 GetCoreNumAiv()函数分别获取当前硬件平台矩阵计算单元和向量计算单元的数量；第 10 行首先通过调用 CalcTschBlockDim()函数计算底层任务调度的核数，该函数第一个入参的含义为数据切分的份数，后续两个入参分别表示当算子使用了矩阵计算 API 或向量计算 API 时显示的对应的核数，否则为 0。

程序清单 1-1　使用 PlatformAscendC 类的样例代码

```
1    #include "tiling/platform/platform_ascendc.h"
2    ge::graphStatus TilingXXX(gert::TilingContext* context) {
3    auto ascendcPlatform = platform_ascendc::PlatformAscendC(context->
  GetPlatformInfo());//获取 platformInfo 结构体的信息
4    uint64_t ub_size, l1_size;
5    ascendcPlatform.GetCoreMemSize(platform_ascendc::CoreMemType::UB, ub_size);
6    ascendcPlatform.GetCoreMemSize(platform_ascendc::CoreMemType::L1, l1_size);
  //获取硬件存储空间大小的数据
7    auto aicNum = ascendcPlatform.GetCoreNumAic();
8    auto aivNum = ascendcPlatform.GetCoreNumAiv();//获取当前硬件平台矩阵计算单元和
  //向量计算单元的数量
9  //其他操作


10       context->SetBlockDim(ascendcPlatform.CalcTschBlockDim(aivNum, aicNum,
  aivNum)); //计算底层任务调度的核数
```

```
11        return ret;
12    }
```

1.5 昇腾异构计算架构

昇腾异构计算架构（Compute Architecture for Neural Networks，CANN）是专门为满足高性能深度神经网络计算需求所设计并优化的一套架构。在硬件层面，昇腾 AI 处理器所包含的达 • 芬奇架构实现对计算资源的定制化设计，在功能实现上进行深度适配，为深度神经网络计算性能的提升提供了强大的硬件基础。在软件层面，CANN 所包含的软件栈则提供了管理网络模型、计算流及数据流的功能，支持深度神经网络在异构处理器上的执行。

昇腾异构计算架构如图 1-22 所示。CANN 作为昇腾 AI 处理器的异构计算架构，支持业界多种主流的 AI 框架，包括 MindSpore、TensorFlow、PyTorch、Jittor 等。Ascend C 算子开发语言开放全量底层 API，帮助开发者完成高性能自定义算子开发；同时开放高层 API，降低开发难度，帮助开发者快速实现复杂的自定义算子开发。图引擎（Graph Engine，GE）包括图优化、图编译、图执行等，便于开发者使用，优化了整网性能。华为集合通信库（Huawei Collective Communication Library，HCCL）可供开发者直接调用，以改善网络拥塞，提升了网络资源利用率和运维效率。算子加速库（Ascend Operator Library，AOL）提供对外开放的基础算子和大模型融合算子 API，供开发者直接调用，优化了大模型性能。运行时将硬件资源（计算、通信、内存管理等资源）的 API 对外开放，满足开发者对模型开发、系统优化、第三方 AI 框架对接等不同场景诉求。

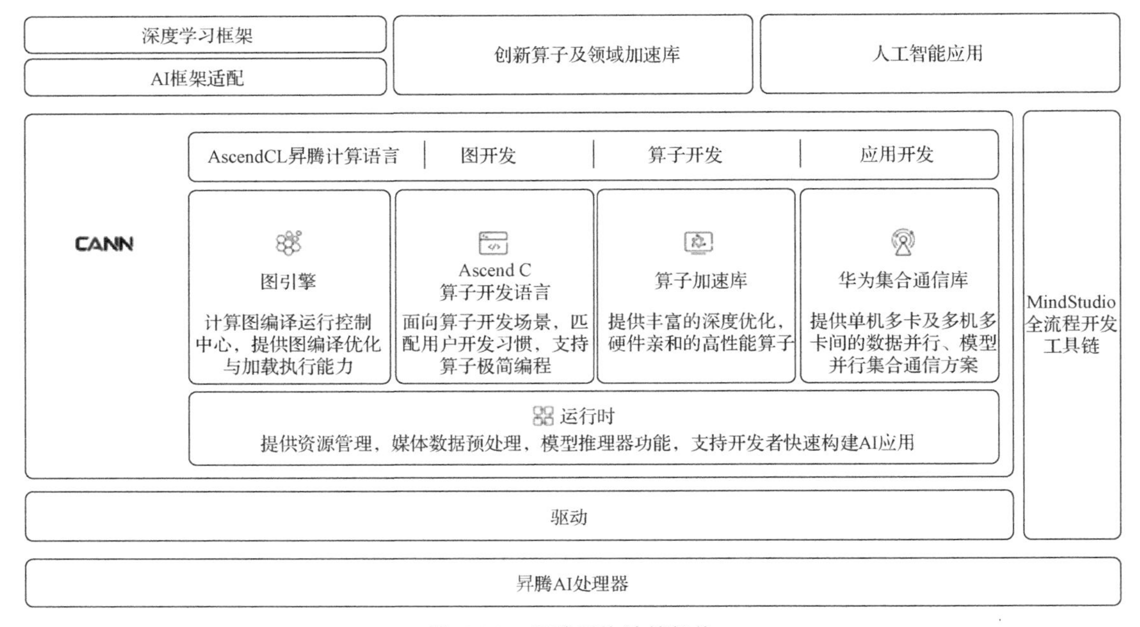

图 1-22　昇腾异构计算架构

1.6　小结

本章介绍了昇腾 AI 处理器的软硬件架构。首先介绍了 Atlas 硬件计算平台及昇腾 AI 处理器；随后着重讲解了达·芬奇架构和硬件感知，包括计算单元、存储系统、控制单元和指令集设计的相关功能；最后介绍了 CANN 这一专为满足高性能深度神经网络计算需求所设计的异构计算架构，对 Ascend C 在整个架构中的位置和作用进行了特别说明。

下一章将介绍并行计算的基本原理，以帮助读者快速了解 Ascend C 算子调用的过程。同时围绕实际例子，展示使用 Ascend C 算子加速计算任务的效果，并初步实现算子的调用和算子的自定义。

1.7　测验题

1. NPU 的加速计算核心是哪个？（　　）

A. AI CPU　　B. AI Core　　C. DDR/HBM　　D. DVPP

2. [多选]AI Core 的核心单元包含下面哪些？（　　）

A. 计算单元　　B. 存储单元　　C. 控制单元　　D. 同步单元

3. 有如下 6 个矩阵，其在 ND 格式下的内存排布和在 Nz 格式（H_0=3,W_0=2）下的内存排布是什么？（　　）

[1,2,3,4]

[5,6,7,8]

[9,10,11,12]

[13,14,15,16]

[17,18,19,20]

[21,22,23,24]

A. ND:1,2,5,6,9,10,3,4,7,8,11,12,13,14,17,18,21,22,15,16,19,20,23,24

Nz:1,2,5,6,9,10,13,14,17,18,21,22,3,4,7,8,11,12,15,16,19,20,23,24

B. ND:1,2,3,4,5,6,7,8,9,10,11,12,13,14,15,16,17,18,19,20,21,22,23,24

Nz:1,2,5,6,9,10,13,14,17,18,21,22,3,4,7,8,11,12,15,16,19,20,23,24

C. ND: 1,2,3,4,5,6,7,8,9,10,11,12,13,14,15,16,17,18,19,20,21,22,23,24

Nz:1,5,9,2,6,10,3,7,11,4,8,12,13,17,21,14,18,22,15,19,23,16,20,24

D. ND:1,2,5,6,9,10,13,14,17,18,21,22,3,4,7,8,11,12,15,16,19,20,23,24

Nz:1,2,5,6,9,10,13,14,17,18,21,22,3,4,7,8,11,12,15,16,19,20,23,24

4. 下面哪种存储设计为 AI Core 的计算单元带来了更高的速率和更大的带宽？（ ）

A. 片上张量缓冲区　　B. MBI

C. 外部 L2 缓冲区　　D. DDR/HBM

1.8 实践题

了解你的计算设备。请借助 PlatformAscendC 类提供的接口编程来获取硬件平台的信息，包括但不限于如下硬件信息：当前硬件平台的版本及型号、硬件平台矩阵计算单元的核数、硬件平台存储空间的带宽大小等。

第 2 章 Ascend C快速入门

02

本章首先介绍并行计算的基本原理，包括当前并行体系结构的分类、大模型并行加速的基本原理和并行效率量化的原理等。随后简要介绍 Ascend C 开发环境。最后重点介绍 Ascend C 算子的开发调用，引入昇腾运行时、任务调度和同步机制等知识，阐述两种核函数和昇腾算子的调用方式，并通过一个向量加法程序展示昇腾的加速能力。

2.1 并行计算的基本原理

并行计算是一种计算模式，它同时执行多个计算任务或同时执行多个进程，以提高整体计算的性能和效率。串行计算则不同，它是按顺序执行任务，执行完一个任务后再执行下一个任务。

并行计算可以在多个硬件处理单元（如多个处理器、多个加速硬件、多个计算节点等）上同时执行任务，如图 2-1 所示。这些加速硬件既可以是第 1 章介绍的昇腾 AI 处理器，也可以是 GPU、TPU 和 FPGA 等设备。并行硬件有助于解决大规模的计算密集型问题，加快计算速度，提高系统的吞吐量。并行计算可以应用于多种领域，包括科学研究、工程设计、图形处理、数据分析等。

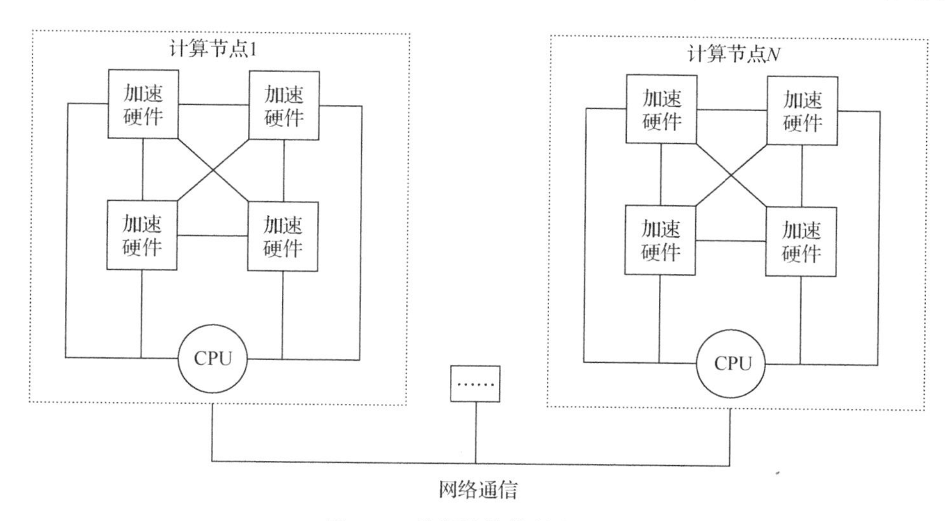

图 2-1　并行计算的基本原理

本节首先介绍并行体系结构的分类，然后介绍大模型并行加速的基本原理，最后介绍并行效率量化的原理以分析并行计算性能。

2.1.1 并行体系结构的分类

1. 从计算机硬件、系统及应用的角度分类

从计算机硬件、系统及应用 3 个层面分类，并行体系结构大致分为 3 类，分别是指令级并行、线程级并行和请求级并行。

① 指令级并行（Instruction-Level Parallelism，ILP）是指处理器内部的多个机器指令在同一时钟周期执行任务式进程。这种并行性不需要程序员手动优化代码，由处理器自身的硬件来管理即可。以下两种技术可以用来提升指令级并行的效率。

超标量结构（Superscalar Architecture）允许每个时钟周期发射多条指令到不同的执行单元。该结构具备多个执行单元，如整数运算、浮点运算、加载/存储等执行单元，可以同时执行多个操作。

流水线（Pipeline）将指令分解为小步骤，每个小步骤由不同的处理器部件按顺序完成。一个指令的阶段可以与其他指令的阶段重叠,因此同一时刻有多个指令处于不同的执行阶段。例如，一个典型的 4 段流水线包括取指（IF）、译码（ID）、执行（EXE）、写回（WB）等执行阶段。

② 线程级并行（Thread-Level Parallelism，TLP）是通过创建多个线程来实现并行计算。在多核和多处理器系统中，这些线程可以真正并行地运行在不同的处理器或核心硬件设备上。线程级并行常见于操作系统、数据库系统及服务端应用等领域，并且通常需要程序员显式地通过编程来创建和管理线程。

③ 请求级并行（Request-Level Parallelism，RLP）通常出现在应用服务中，例如当多个独立的客户端发送请求到服务器时，服务器会创建不同的处理流程来同时处理这些请求。每个请求可能涉及不同的资源和计算路径，因此可以被并行处理，从而提高各种服务的执行能力和响应速度。

2. 从软件设计和编程模型的角度分类

从软件设计和编程模型的角度来看，并行体系结构可划分成数据级并行和任务级并行。

① 数据级并行（Data-Level Parallelism）是指将较大的数据块分割成较小的数据块，然后在多个处理单元上并行处理这些数据块。每个处理单元上运行相同的操作，但作用于不同的数据片段。数据级并行特别适合数组、向量和矩阵等数据结构，常在科学计算和图像处理等领域中使用。

② 任务级并行（Task-Level Parallelism）是将工作分解成独立的任务，这些任务同时在不同的处理单元上执行，它们可能互相依赖也可能完全独立。任务级并行通常需要程序员设

计出能够有效利用并行硬件特性的算法和程序结构，广泛应用在软件工程开发、复杂事件处理和多媒体应用等领域中。

关于数据级并行和任务级并行，我们可以用一个大型企业发工资的例子来理解。假设一个大型企业每个月需要向数万名员工发放工资。从数据级并行的角度看，全部员工的工资计算过程会被分割成小块，每块包含一部分员工的工资数据。然后将这些数据块发送到不同的处理器上。每个处理器执行完全相同的计算任务，但仅处理其分配到的数据块，例如处理器 *A* 负责计算员工列表中第 1～1000 个员工的工资，处理器 *B* 负责计算第 1001～2000 个员工的工资，以此类推。每个处理器都会独立完成工资计算，包括税务扣除、福利计算等，并最终生成各自负责员工的工资条。而从任务级并行的角度看，各个处理器则负责不同的计算任务，例如处理器 *A* 负责计算所有员工的税务扣除，处理器 *B* 负责计算所有员工的福利计算等。在这种情况下，每个处理器同时读取全部的工资数据集，但仅对数据执行其特定的任务。最后，所有处理器的输出将被合并以生成最终的工资条。

3. **弗林分类法**

迈克尔·弗林（Michael Flynn）于 1966 年提出了弗林分类法。该分类法根据计算机体系结构中指令流和数据流的组织方式，将计算机系统划分为图 2-2 所示的 4 类。

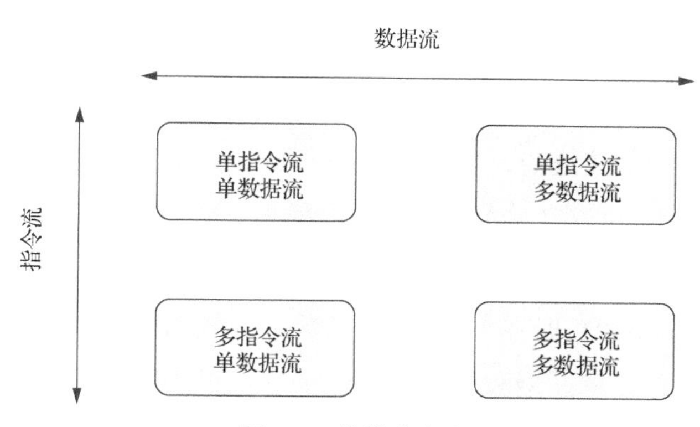

图 2-2 弗林分类法

① 单指令流单数据流（Single Instruction stream, Single Data stream，SISD）：顺序执行一串指令，每个指令作用于单个数据元素上。这类计算机系统代表了单处理器系统，任何时刻只有一条指令在执行，并且该指令只操作一份数据。大多数早期的计算机和现代的非并行处理器都采用 SISD 架构。

② 单指令流多数据流（Single Instruction stream, Multiple Data stream，SIMD）：允许不同处理器同时对多个数据元素执行同一条指令操作。这类计算机系统适合数据并行任务，如图像和视频处理、矩阵计算等，它们可以在多个处理单元上同时执行相同的操作序列。向量处理器和 GPU 可以归结到 SIMD 架构范畴之下。

③ 多指令流单数据流（Multiple Instruction stream, Single Data stream，MISD）：同一时间有多条指令操作同一个数据流。这一类计算机系统相较其他类别而言实际应用较少，因为它们的使用场景相对特殊。一个理论上的例子是容错计算，即多个处理单元可以对相同的数据执行不同的操作以检测错误。

④ 多指令流多数据流（Multiple Instruction stream, Multiple Data stream，MIMD）：支持多个独立的指令流，每个指令流操作不同的数据流。这意味着每个处理器可以执行不同的任务，并针对不同的数据集。超标量体系结构的处理器、大多数现代的多核和多处理器系统都采用 MIMD 架构，昇腾 AI 处理器的向量计算单元与矩阵计算单元也可以视为采用 MIMD 架构。这使得它们非常适合解决需要复杂任务协调的问题，如服务器处理多个用户请求，或者超级计算机执行科学模拟。

弗林分类法虽然在简化并行计算理解方面很有帮助，但 GPU 和多核处理器的出现及异构计算的流行，使这种分类不能完全覆盖所有类型的并行计算模式，因而引入了更加复杂的并行处理模式。例如单程序多数据（Single Program Multiple Data，SPMD），弗林分类法在 SIMD 基础上做了扩展。SPMD 属于并行计算的编程模型，当硬件的各处理器有自己独立控制的部件时，可通过软件编程让各处理器并行地执行同一个程序，但每个处理器处理不同的数据。Ascend C 基于昇腾 AI Core 形成了 SPMD 模式。

2.1.2 大模型并行加速的基本原理

随着深度学习技术的快速进步，模型的规模和复杂性正以前所未有的速度增长。大语言模型（Large Language Model，LLM）与视觉语言模型（Vision Language Model，VLM）在提升任务性能方面取得了显著成果，但也遇到了计算上的巨大挑战。例如 OpenAI 推出的自然语言处理领域大模型 ChatGPT 拥有 1750 亿个参数。传统的单机训练方法在处理这些庞大模型时遇到内存受限、计算速度过慢和训练时间过长等不可克服的问题。为了解决这些问题，大规模并行计算技术成为提高模型训练效率和性能的关键。这里阐述的大模型并行加速策略结合 Ascend C 算子开发语言是华为昇腾大模型解决方案的基石。

目前针对 AI 大模型的并行化训练主要有两类并行方式：数据并行和模型并行。图 2-3 所示为数据并行和模型并行的基本思想。

① 数据并行将大规模的数据集划分为多个批次（batch），并分配给不同的计算节点并行处理。首先，每个计算节点都有一个模型副本，它们独立地执行前向和后向传播，并计算出梯度。然后，所有的计算节点通过通信协议交换梯度信息并进行汇总。最后，通过聚合得到的全局梯度来更新模型参数，确保所有节点上的模型副本保持同步。数据并行使模型训练可以覆盖更多的数据和计算资源，从而加速训练过程。

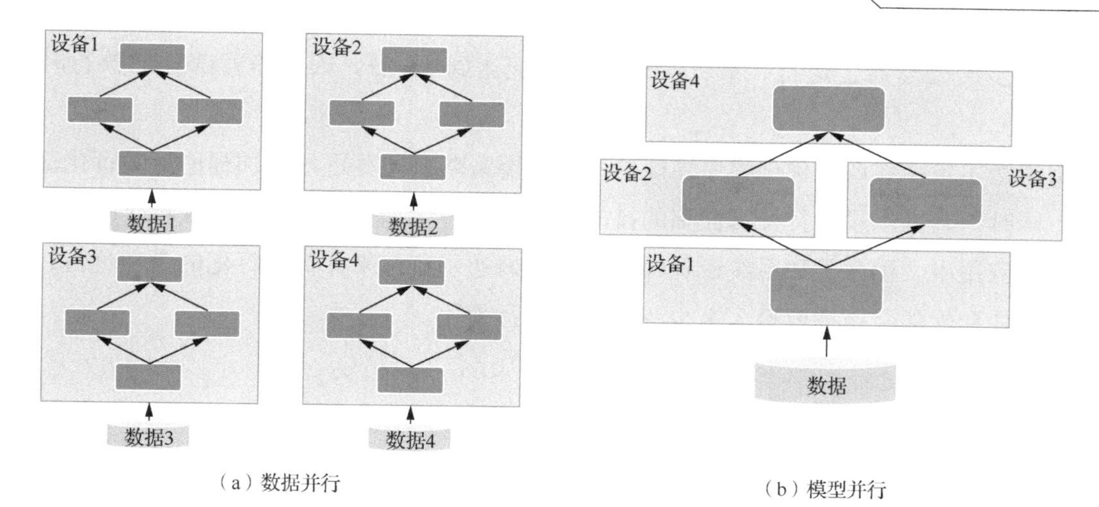

（a）数据并行

（b）模型并行

图 2-3　数据并行与模型并行的基本思想

② 模型并行是当模型太大而无法放入单个计算节点的内存时，将模型的不同部分（如不同的层或子网络）配置到不同的节点上。在模型并行中，各个分布式节点负责模型的一部分计算，并可能需要频繁地进行跨节点通信以同步中间状态和梯度信息。这种方式允许处理更大的模型，但由于通信开销较大，如何设计和优化模型的分割和通信策略就显得尤为重要。

在模型并行中存在一种特殊的形式，即张量并行，它专注于模型中单个层的并行。例如，对于一个巨大的矩阵乘法操作，张量并行会将矩阵分割成更小的乘法操作块，并在不同的计算节点上执行这些较小规模的乘法操作。这要求跨节点协调执行和数据交换，以完成整个层的运算。张量并行常用于全连接层、卷积层等参数量大的层，它可以减少单个节点所需处理的参数数量，从而克服内存限制问题。

2.1.3　并行效率量化的原理

阿姆达尔定律（Amdahl's Law）由吉恩 • 阿姆达尔在 1967 年提出。它用于估计程序在并行化后的理论性能提升。该定律指出，一个程序的加速比上限受到其串行部分比例的限制。阿姆达尔定律的公式如式（2.1）所示。

$$S=\frac{1}{1-P+\frac{P}{N}} \tag{2.1}$$

式中，加速比 S 表示加速后总体性能的提升倍数，P 是程序中可以并行化的代码部分所占的比例（介于 0 和 1 之间），N 是用于并行处理的处理器数量。

阿姆达尔定律的核心观点是，并行计算的最大性能提升受限于程序中无法并行化的部分。根据阿姆达尔定律的公式，即使并行部分的速度被无限加速（$N\to\infty$），总体加速比 S 也永远不会超过 $1/(1-P)$。因此，如果一个程序有10%的代码是串行的（P=0.9），那么即使在无限多的处理器上运行，最大加速比也只能达到 10 倍，因为串行部分的执行时间是瓶颈。

阿姆达尔定律强调了优化程序性能的一个重要策略，即尽可能增加程序可并行化部分的比例。同时，它揭示了并行计算面临的挑战，特别是对于那些难以大幅度并行化的应用或算法。实际应用中，程序员和系统设计师会使用阿姆达尔定律来评估并行化的潜在价值，以及决定在硬件和软件层面需要投入多少资源进行并行优化。

2.2 Ascend C 开发环境准备

使用 Ascend C 进行算子开发需要安装 CANN 软件包。开发者可以在昇腾社区通过“产品”一栏找到“CANN”，选择合适的版本进行下载，并在本机或服务器上进行安装。

2.2.1 版本选择

目前 CANN 软件包发行版本分为“商用版”和“社区版”。其中“商用版”是满足商用标准的稳定版本，保证稳定性但不一定包含最新的特性；“社区版”是包含最新特性的体验版，供开发者提前试用。一般建议开发者选择“社区版”进行算子开发。

确定好发行版本后，进入对应界面选择软件包版本号。一般来说，最新发行的版本是老版本的迭代更新，拥有更多新的特性。开发者可在下载页面查看不同版本 CANN 软件包的基本信息（单击图 2-4 中所示的实线方框位置处），以便直接了解所选版本的特性信息。

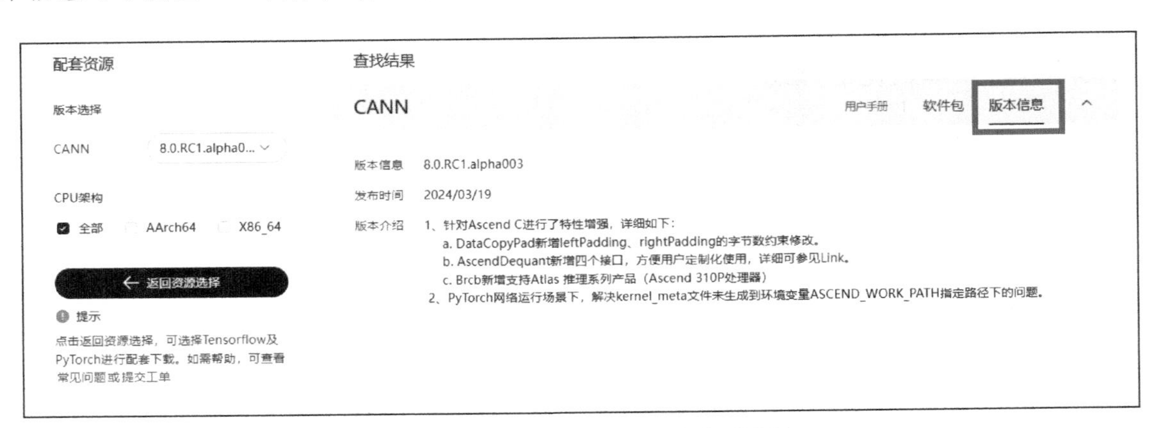

图 2-4　CANN 软件包基本信息查看界面

同时，开发者需要根据自己拥有的开发环境选择相应的开发套件软件包（toolkit）版本。如图 2-5 所示，以 7.0.0.alpha003 版本为例，分为 ARM 和 x86 两种架构，需要开发者自行选择下载。

Ascend-cann-toolkit_7.0.0.alpha003_linux-aarch64.run	ARM平台开发套件软件包，适用于命令行方式安装场景
Ascend-cann-toolkit_7.0.0.alpha003_linux-x86_64.run	x86平台开发套件软件包，适用于命令行方式安装场景

图 2-5　不同开发套件软件包的选择

2.2.2　环境依赖

下面以 x86_64、root 用户操作为例，介绍环境依赖的安装过程。

针对不同的操作系统，首先需要安装第三方依赖，如程序清单 2-1 所示。

程序清单 2-1　第三方依赖的安装

```
1    //Ubuntu 系统（Debian、UOS V20、Linux 等系统操作一致）
     apt-get install -y gcc g++ make cmake zlib1g zlib1g-dev openssl libsqlite3-dev
  libssl-dev libffi-dev unzip pciutils net-tools libblas-dev gfortran libblas3
2    //openEuler 系统（EulerOS、CentOS、BCLinux 等系统操作一致）
     yum install -y gcc gcc-c++ make cmake unzip zlib-devel libffi-devel
  openssl-devel pciutils net-tools sqlite-devel lapack-devel gcc-gfortran
```

其次，安装合适版本的 Python。需要验证系统中是否已安装 Python 3.7.0～3.7.11、Python 3.8.0～3.8.11，或者 Python 3.9.0～3.9.7 中的任意一版。可以通过执行程序清单 2-2 中的命令完成版本检查。如果已经安装了符合要求的 Python，则可直接进入下一步的流程；如果返回结果显示当前系统没有安装符合要求的 Python，则需要手动安装。

程序清单 2-2　Python 版本检查

```
1    python3 --version
2    pip3 --version
```

最后，安装 Ascend C 运行所需的相关依赖，如程序清单 2-3 所示。

程序清单 2-3　安装所需相关依赖

```
1    pip3 install attrs numpy decorator sympy cffi pyyaml pathlib2 psutil protobuf
  scipy requests absl-py wheel typing_extensions
```

2.2.3　安装开发套件软件包

将下载好的 CANN 开发套件软件包（下文中以 Ascend-cann-toolkit_7.0.0.alpha003_linux-x86_64.run 版本为例）上传至安装环境的任意目录，并在该目录下执行如程序清单 2-4 所示的指令即可。

程序清单 2-4　安装开发套件软件包的命令行

```
1    chmod +x Ascend-cann-toolkit_7.0.0.alpha003_linux-x86_64.run
2    ./Ascend-cann-toolkit_7.0.0.alpha003_linux-x86_64.run --check
3    ./Ascend-cann-toolkit_7.0.0.alpha003_linux-x86_64.run --install
4    source {安装位置}/Ascend/ascend-toolkit/set_env.sh
```

在程序清单 2-4 中，第 1 行命令首先对软件包赋予可执行权限。第 2 行命令校验软件包的一致性和完整性。第 3 行安装 CANN 开发套件包，在安装过程中需要用户签署华为企业业务最终用户许可协议（End User License Agreement，EULA），在回显页面中输入 y 或 Y 接受协议，确认接受协议后开始安装；安装结束后若显示"[INFO] Ascend-cann-toolkit install success"信息，则表示成功完成安装。第 4 行命令为配置 CANN 环境变量，若在 root 权限下，"{安装位置}"为"/usr/local"；若不在 root 权限下，"{安装位置}"为当前用户的家目录。

2.3 Ascend C 算子的开发调用

扫码观看视频

算子是编程和数学中的重要概念，它们是用于执行特定操作的符号或函数，以便处理输入值并生成输出值。一元算子对单个操作数执行操作，例如取反或递增；二元算子对两个操作数执行操作，例如加法或赋值。关系算子用于比较值之间的关系，逻辑算子用于在逻辑表达式中组合条件。位运算符操作二进制位，而赋值算子将值分配给变量。算子在编程语言中定义了基本操作，而在数学中描述了对数学对象的操作，如微积分中的导数和积分算子。理解算子对于正确理解和编写代码以及解决数学问题至关重要。

使用 Ascend C 编程语言可以调用昇腾硬件来加速计算任务，而如何调用昇腾硬件便涉及算子 Host 侧（在 Ascend C 中也存在 Host 侧、Device 侧的概念，Host 侧代表主机，包含板外存储和 CPU 等；Device 侧代表板上设备，包含昇腾 NPU 硬件等）对于存储、设备、核函数等的管理。本节将首先简单介绍 CANN 算子的类型，并简单介绍 AI CPU 算子；然后介绍昇腾运行时和任务调度（Runtime and Task Schedule，RTS）——负责进行资源管理和任务分配的两个模块，并介绍如何调用和运行算子；最后将通过一段调用算子的代码具体展示昇腾运行时的功能与算子的调用流程。

2.3.1 CANN 算子的类型

CANN 对上支持多种 AI 框架，对下服务 AI 处理器与编程，发挥承上启下的关键作用，是提升昇腾 AI 处理器计算效率的关键部分。CANN 算子又包括两类，分别是 AI Core 算子和 AI CPU 算子。与算子名称相符，两种算子任务分别在昇腾 AI 处理器的 AI Core 和 AI CPU 上执行，其中 AI Core 算子使用 Ascend C 实现，也被称为 Ascend C 算子。昇腾 AI 处理器中 AI Core 与 AI CPU 的相互关联如图 2-6 所示。

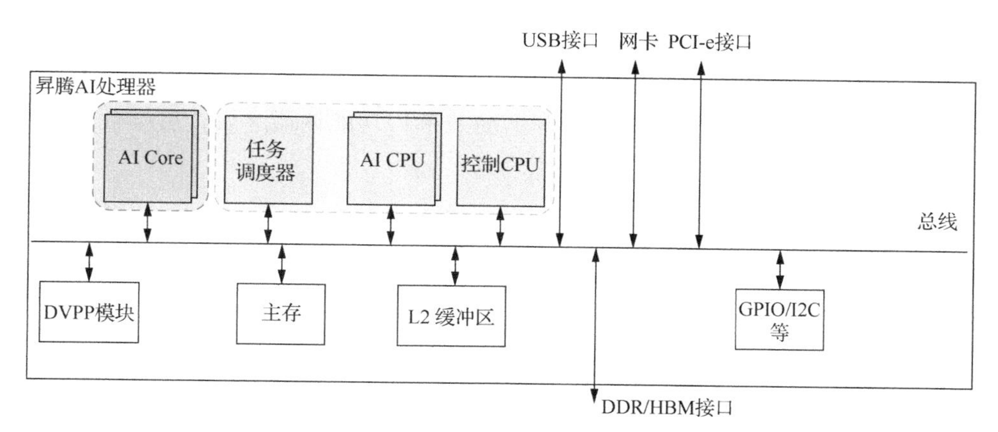

图 2-6 昇腾 AI 处理器中的 AI Core 与 AI CPU

其中，AI Core 是昇腾 AI 处理器的计算核心，负责执行矩阵、向量、标量计算密集的算子任务；AI CPU 负责执行不适合在 AI Core 上运行的算子任务，即非矩阵类的复杂计算任务。

本书介绍的 Ascend C 编程语言主要针对 AI Core 算子的开发编写，然而昇腾框架并非只能进行 AI Core 算子的开发，也可以进行 AI CPU 算子的开发。接下来，本小节将简要介绍 AI CPU 框架及 AI CPU 算子。

AI CPU 负责执行昇腾 AI 处理器的 CPU 类算子（包括控制算子、标量和向量等通用算子）。

AI CPU 算子编译执行所涉及的组件如下。

① GE：基于昇腾 AI 软件栈对不同的机器学习框架提供统一的中间表示（Intermediate Representation，IR）接口，对接上层网络模型框架，例如 TensorFlow、PyTorch 等。GE 的主要功能包括图准备、图拆分、图优化、图编译、图加载、图执行和图管理等（此处的图指网络模型拓扑图）。

② AI CPU Engine：AI CPU 子图编译引擎，负责对接 GE，提供 AI CPU 算子信息库，进行算子注册、算子内存需求计算、子图优化和任务生成。

③ AI CPU Schedule：AI CPU 的模型调度器，与任务调度器配合完成神经网络模型的调度和执行。

④ AI CPU Processor：AI CPU 的任务执行器，完成算子运算，包含算子实现库。算子实现库完成 AI CPU 算子的执行实现。

⑤ Data Processor：训练场景下，用于训练样本的数据预处理。

在以下 3 种场景下，可以使用 AI CPU 的方式实现自定义算子。

场景 1：不适合在 AI Core 上执行的计算，例如非矩阵类的复杂计算，逻辑比较复杂的分支密集型计算等，以及离散数据类的计算、资源管理类的计算、依赖随机数生成类的计算。

场景 2：AI Core 不支持的算子，例如算子需要某些数据类型，但 AI Core 不支持的情况（如 Complex32、Complex64）。

场景 3：为了快速打通模型的执行流程，在 AI Core 算子实现较为困难的情况下，可通过自定义 AI CPU 算子进行功能调测，提升调测效率；功能调通之后，后续性能调测过程中再将 AI CPU 自定义算子转换为 AI Core 算子。

针对 AI CPU 算子，CANN 未提供封装的计算接口，完全由 C++语言完成计算逻辑的实现。但 AI CPU 算子的实现有如下 3 步的基本要求。

第一步，自定义算子的类是 CpuKernel 类的派生类，并且需要在命名空间“aicpu”中进行类的声明和实现，如图 2-7 所示。AI CPU 提供了算子的基类 CpuKernel。CpuKernel 提供了算子计算函数的定义。

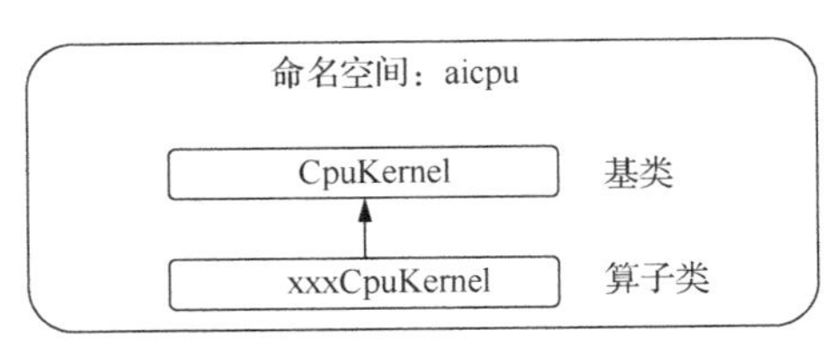

图 2-7 AI CPU 算子基类

第二步，实现算子类 xxxCpuKernel 中的 Compute 函数，即实现算子的计算逻辑。

第三步，算子计算逻辑实现结束后，用“REGISTER_CPU_KERNEL(算子类型,算子类名)”进行算子的注册。

2.3.2 运行时和任务调度

RTS 分为运行时（Runtime）和任务调度（Task Schedule）两个模块，其中，运行时负责为神经网络任务分配提供资源管理的通道；任务调度则是运行在 Device 侧的任务调度 CPU 上，负责将运行时分发的具体任务进一步分发到 AI CPU 上。

本小节将从 RTS 的抽象架构入手，介绍运行时相关的重要模块及其作用，并介绍任务调度的相关知识，然后介绍在并行计算中非常重要的同步机制。

1. 运行时的概念和架构

运行时为神经网络的任务分配提供了资源管理通道。运行时运行在应用程序的进程空间中，为应用程序提供了设备（Device）管理、内核（Kernel）函数执行、执行流（Stream）管理、事件（Event）管理、内存（Memory）管理，以及运行环境（Environment）维护等功能。

任务调度可以通过硬件任务调度器（Hardware Task Scheduler，HWTS）把任务分配到 AI Core 上执行，并在执行完成后返回任务执行的结果给运行管理器，也可以运行在 Device 侧的任务调度 CPU（TS CPU）上，负责将运行时分发的具体任务进一步分发到 AI CPU 上。任务调度通常处理的主要事务有 AI Core 任务、AI CPU 任务、内存复制任务、事件记录任务、事件等待任务、清理维护（Maintenance）任务和性能分析（Profiling）任务。RTS 的抽象架构如图 2-8 所示。

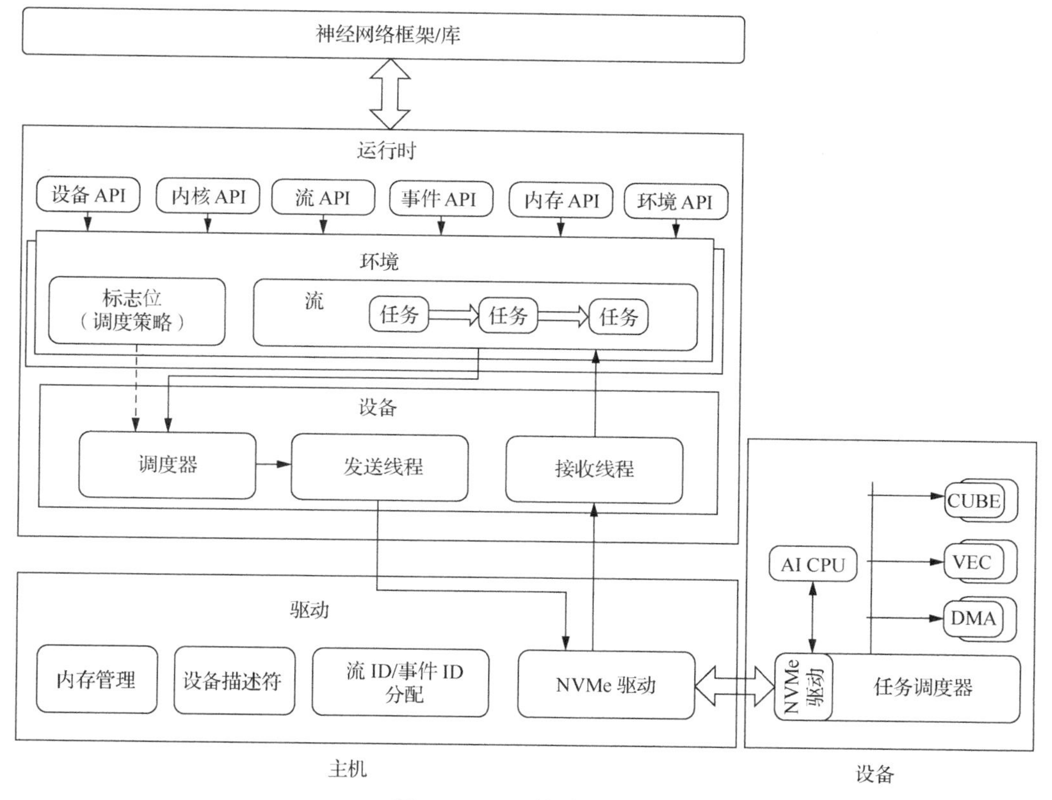

图 2-8　RTS 的抽象架构

在上述 RTS 的抽象架构中，与运行时相关的模块及其作用如下所示。

① 设备模块负责指定计算运行的真实设备，包含 aclrtSetDevice、aclrtResetDevice、aclrtGetDevice、aclrtGetRunMode 等众多运行时接口用于进行设备管理，其使用流程如下：首先通过 aclrtSetDevice 接口指定计算使用的设备，设置成功后分配该设备的计算资源；然后在分配的设备上使用计算资源进行相关操作；最后通过 aclrtResetDevice 接口在计算结束后释放设备。

② 内核模块主要负责进行核函数的调用，可使用“<<<…>>>(…)”方式完成内核的启动。

③ 流模块把整体计算任务分割为多个可独立执行的流。除了少量同步，不同流在大部分时候是并发的，从而提升整体并行度。需要注意的是，运行时把流抽象为一个保序执行的队列，同时提供了流间同步的机制。

④ 事件模块在流与流之间、任务与主机之间、流与主机之间进行同步时触发，如在流之

间任务同步等待场景下就需要使用该模块，参与统计耗时等信息。

⑤ 内存模块中，主机与设备地址空间分离，因此需要显式复制共享数据，内存模块正是因此而存在。该模块通过 aclrtMalloc/aclrtFree、aclrtMallocHost/aclrtFreeHost 等运行时接口进行数据传输、搬运、共享。

⑥ 环境模块作为管理计算资源的关键模块，通过提供上下文（Context）管理、显式切换和资源分配与释放功能，确保任务在多线程环境下独立执行和并行处理。它允许在同一设备上灵活管理和切换不同的计算上下文，保证资源的有效利用与任务调度的可控性。环境模块在 Ascend C 中实现了透明管理。

2. 进程中任务调度

运行时的数据传输分为两种，分别是同步数据传输和异步数据传输，其流程分别如图 2-9 所示，两者的主要差异在于进行数据传输之前是否需要进行同步操作。

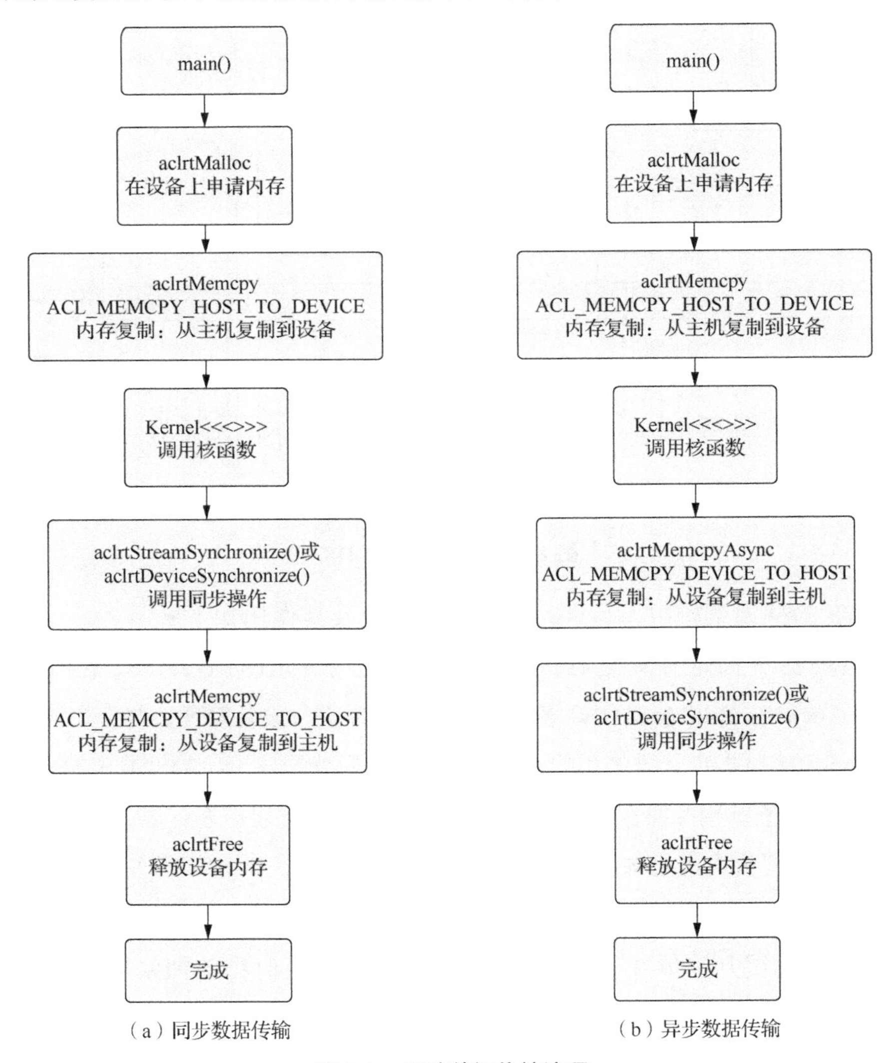

图 2-9　两种数据传输流程

在同步数据传输中，进程首先通过 aclrtMalloc 接口在设备上申请内存；然后通过内存模块接口将数据从主机复制到设备；接着通过内核模块调用核函数；执行流和设备的同步操作；等待同步完成后再次使用内存模块功能将结果传输回主机；最后释放设备内存，执行结束。

而在异步数据传输中，进程同样在设备上申请内存并将数据复制至设备，并调用核函数进行计算，但是并不等待数据计算全部完成，而是在将数据复制回主机上后才进行同步操作。

在进程中的任务调度涉及两个过程：流创建的过程和任务下发调度的过程。流创建的过程是流在进程内向上提供了保序队列的抽象，每个进程在每个设备上都可以独立创建一条或若干条流。简言之，流创建的过程，就是在运行时和任务调度器之间建立保序队列通道的过程，在这个过程中，运行时为队列中数据的生产者，任务调度器则为队列中数据的消费者。

任务下发调度的过程建立在保序队列的基础上，由内核模块完成，这是运行时和任务调度器的异步流水线过程。运行时侧的接口调用会转化成保序队列中的任务描述符，并填写到队列的尾部，然后由寄存器操作通知任务调度器有新的任务进入队列；任务调度器被唤醒之后，从队列的头部开始获取任务调度执行。多队列之间在任务调度器支持并发调度。任务下发调度的过程如图 2-10 所示。

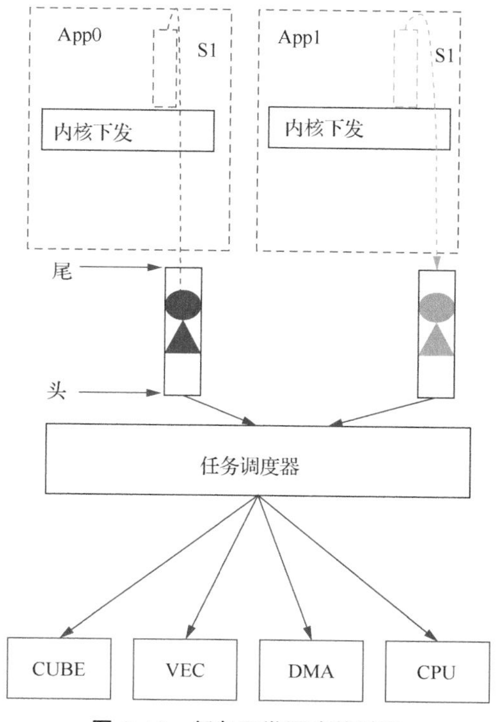

图 2-10 任务下发调度的过程

3. 同步机制

RTS 的同步机制分为 3 类：流之间同步、任务与主机之间同步、流与主机之间同步。而流内的同步是串行执行的。

流之间同步指的是，如果两个流之间有依赖关系，即 Stream2 的任务依赖 Stream1 中的某个任务执行结束后才能继续执行，则会在 Stream1 的对应任务后挂起一个 EventRecordTask 来记录运行状态，在 Stream2 的对应任务前挂起一个 EventWaitTask，并且绑定了 Stream1 中的事件，阻塞该任务直到 Stream1 中的任务执行完成，如图 2-11（a）所示。

任务与主机之间同步的场景一般是内存复制的任务，需要把数据从 Device 侧复制到 Host 侧。如图 2-11（b）所示，App 进程依赖 Stream1 中的 MemcpyTask 的完成，获取相应数据后继续往下执行。此时，Stream1 中 MemcpyTask（D2H）之后同样会挂一个 EventRecordTask 记录事件。在 Host 侧的 App 进程中，则会调用 aclrtEventSynchronize 接口绑定 Stream1 中的事件，并阻塞该任务直到事件完成后继续执行。

流与主机之间同步即流整体与主机同步。整体同步场景是主机阻塞等待某个流完全执行结束后，才能继续往下执行。该场景本质上与任务与主机之间同步一样，只不过后者不需要等待流执行完，而前者则需要等待流执行完，如图 2-11（c）所示。

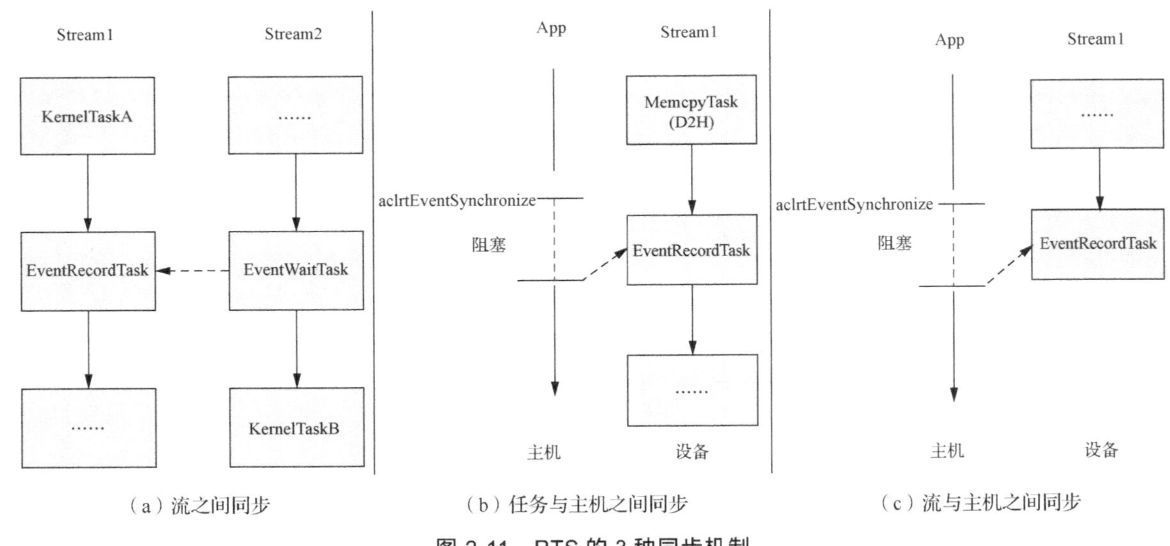

（a）流之间同步　（b）任务与主机之间同步　（c）流与主机之间同步

图 2-11　RTS 的 3 种同步机制

2.3.3　两种核函数的调用方式

核函数是一个算子的核心计算逻辑所在，如何调用算子的核函数在算子的开发和验证中至关重要。本小节介绍两种调用 Ascend C 算子核函数的方式，即内核符调用和单算子 API 调用。

1. **内核符调用**

内核符调用方式通常在算子的快速开发中使用，主要目的是检验算子的正确性。在这种调用方式中，核心文件是核函数<kernel_name>.cpp，其他文件则辅助直接调用核函数，因此又称为 KernelLaunch 调用方式。

对于这种调用方法，Ascend C 开发样例中提供了一个一键式编译运行脚本——run.sh，可以基于本节介绍的文件进行快速编译，并在 CPU 侧和 NPU 侧执行 Ascend C 算子。使用时请根据实际情况进行修改。

然而，由于不同算子对于输入的需求可能存在差异，run.sh 这一编译运行脚本也可能不同。因此，具体的核函数调用执行命令需要根据所调用的算子的差异有所更改。

2. 单算子 API 调用

单算子调用方式分为两种：单算子模型执行和单算子 API 执行。前者基于图 IR 执行算子，首先编译算子，然后调用 AscendCL 接口加载算子模型，最后调用 AscendCL 接口执行算子；后者则无须提供单算子描述文件进行离线模型的转换，可以直接调用单算子 API，又称为 aclnn 调用。在本书中，着重介绍单算子 API 执行。

单算子 API 执行的前提是所使用的算子已在算子库中或已经通过完整开发流程进行编译部署。在这种情况下，单算子拥有自己的 API，可以通过如程序清单 2-5 所示的两段式接口进行直接调用。

程序清单 2-5　单算子 API 调用的两段式接口

```
1    aclnnStatus aclnnXxxGetWorkspaceSize(const aclTensor *src, ..., aclTensor
     *out, ..., uint64_t WorkspaceSize, aclOpExecutor **executor);
2    aclnnStatus aclnnXxx(void* workspace, int64 WorkspaceSize, aclOpExecutor*
     executor, aclrtStream stream);
```

其中 aclnnXxxGetWorkspaceSize 为第一段接口，主要用于计算本次 API 调用的计算过程中需要多少 workspace 内存（在 NPU 编程中，workspace 是指用于存储模型参数、中间结果和其他相关数据的内存区域，有效的 workspace 管理能够减少内存碎片化，提高计算效率，并支持资源共享以优化 NPU 的利用率）。获得本次 API 调用的计算过程需要的 workspace 大小后，按照 WorkspaceSize 申请 Device 侧内存，然后调用第二段接口 aclnnXxx 执行计算。

2.3.4　调用一个昇腾算子

本小节将通过内核符调用和单算子 API 调用的实际样例介绍调用算子的过程，并以代码展示相关内容，以增进读者对于上述两种调用方式的理解。

1. 内核符调用的流程

在调用一个算子前，我们首先需要拥有一个核函数，以此规定算子的基本逻辑。在本节中，hello_world 算子的核函数可以选择为空，也可以选择打印一些相关内容，如每个核的编号等。hello_world 算子的内核符调用代码如程序清单 2-6 所示。

程序清单 2-6　hello_world 算子的内核符调用方式

```
1  #include "kernel_operator.h"
2  #include "acl/acl.h"
3  extern "C" __global__ __aicore__ void hello_world()
4  {
5    AscendC::printf("Hello World!!!\n");
6  }
7  void hello_world_do(uint32_t blockDim, void *stream)
8  {
9    hello_world<<<blockDim, nullptr, stream>>>();
10 }
11 extern void hello_world_do(uint32_t coreDim, void *stream);
12 int32_t main(int argc, char const *argv[])
13 {
14   // AscendCL 初始化
15   aclInit(nullptr);
16   // 运行管理资源申请
17   int32_t deviceId = 0;
18   aclrtSetDevice(deviceId);
19   aclrtStream stream = nullptr;
20   aclrtCreateStream(&stream);
21   // 设置参与运算的核数为 8
22   constexpr uint32_t blockDim = 8;
23   // 用内核调用符<<<>>>调用核函数，hello_world_do 中封装了<<<>>>调用
24   hello_world_do(blockDim, stream);
25   aclrtSynchronizeStream(stream);
26   // 资源释放和 AscendCL 去初始化
27   aclrtDestroyStream(stream);
28   aclrtResetDevice(deviceId);
29   aclFinalize();
30   return 0;
31 }
```

程序清单 2-6 中的内容大致可以划分为两个部分。第 3～11 行是核函数的实现，核函数 hello_world 的核心逻辑为打印“Hello World!!!”字符串，并创建函数 hello_world_do 封装了核函数的调用程序，其内核为通过<<<>>>内核调用符对核函数进行调用。第 12～31 行为调用核函数的主程序实现，包括 AscendCL 初始化、运行管理资源申请、设置参与运算的核数、调用 hello_world_do 程序实现核函数的内核符调用，以及资源释放和 AscendCL 去初始化等操作。

2. 自定义算子的单算子 API 调用

想要使用单算子 API 调用的方式进行自定义算子的调用，首先需要保证该自定义算子已经成功编译部署到 CANN 算子库中。相较于前文提到的使用<<<>>>内核符进行算子调用的方式，由于需要适应实际算子运用场景下输入数据的多样性，单算子 API 调用除了需要编写算子核函数，还需要开发人员完成算子的切分函数和函数原型定义两个部分。

完成这些“交付件”后，即可通过 CANN 包中自带的工具生成自定义算子的.h 和.cpp 两个文件，用于单算子 API 调用。在编写单算子调用代码时，我们就可以通过头文件的方式引入自定义算子。需要注意的是，在编译部署算子时，需要修改算子工程中的编译配置项文件 CMakePresets.json，将 ENABLE_BINARY_PACKAGE 设置为 True，从而开启算子的二进制编译功能。

此外，我们还需要修改调用工程中的 CMakeLists 文件。以自定义算子 add_custom 为例，CMakeLists 文件摘要如程序清单 2-7 所示。

程序清单 2-7 CMakeLists 文件摘要

```
1  set(AUTO_GEN_PATH "../../AddCustom/build_out/autogen")
2  include_directories(
3          ${INC_PATH}/runtime/include
4          ${INC_PATH}/atc/include
5          ../inc
6          ${AUTO_GEN_PATH}
7        )
8  add_executable(execute_add_op
9        ${AUTO_GEN_PATH}/aclnn_add_custom.cpp
10       operator_desc.cpp
11       op_runner.cpp
12       main.cpp
13       common.cpp
14        )
15 target_link_libraries(execute_add_op
```

```
16          ascendcl
17          acl_op_compiler
18          nnopbase
19          stdc++
20      )
```

其中第 1～7 行在头文件搜索路径中添加了 build_out/autogen，便于寻找自定义算子头文件；第 8～14 行在生成可执行文件规则 add_executable 中增加自动生成的单算子 API 调用实现文件，本样例中文件名为 aclnn_add_custom.cpp；第 15～20 行则链接 nnopbase 链接库。

单算子 API 的执行流程如图 2-12 所示，其实质是通过调用 RTS 功能接口，在昇腾硬件的基础上加速计算任务的过程。

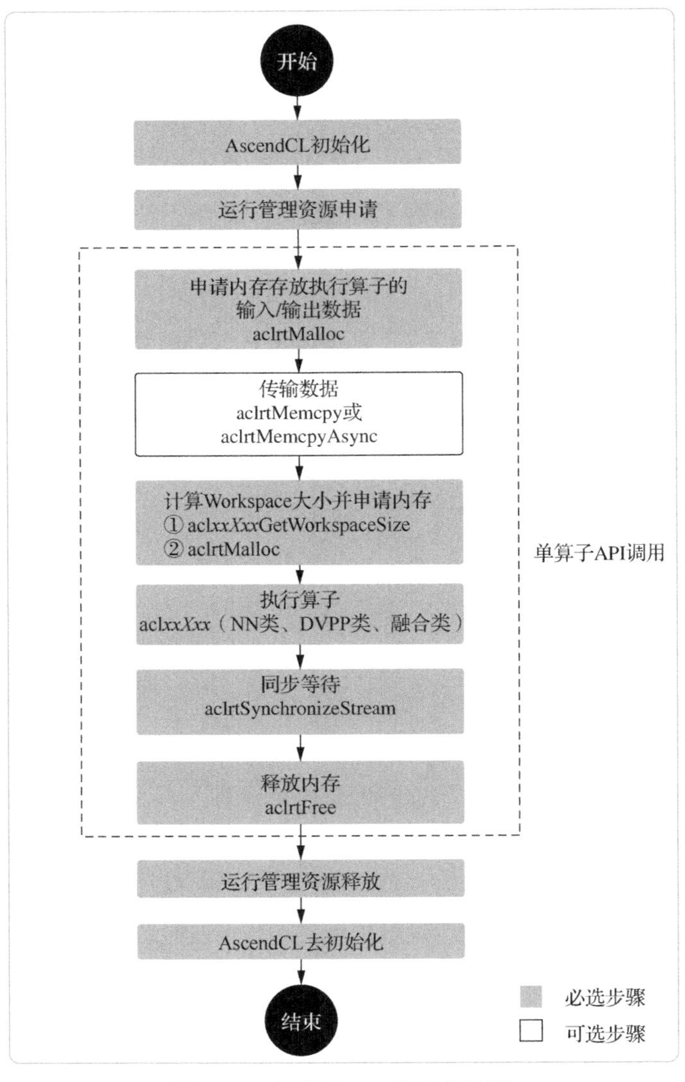

图 2-12　单算子 API 的执行流程

2.4 昇腾向量加法程序的加速比

本节将以 Add 算子为例，展示增加算子多核并行及核内流水线后，算子使用 NPU 加速处理 10240 个元素加的时间开销与算子使用 CPU 处理 10240 个元素加的时间开销对比。表 2-1 所示为使用 CPU 与 NPU 加速处理 10240 个元素加的时间开销对比（精确到小数点后两位）。

表 2-1 CPU 与 NPU 时间开销对比

处理器	时间开销/μs
CPU	1275.30
NPU	16.28

可见对于使用昇腾硬件加速向量算子执行 10240 个向量加法运算而言，$S=\frac{1275.30}{16.28}\approx 80$，说明具有较好的性能。

2.5 小结

本章首先从并行计算的基本原理入手，介绍了并行计算是如何加快计算任务的执行的。然后介绍 Ascend C 开发环境准备，并通过一个样例，阐明了昇腾运行时及其接口功能，以及如何调用昇腾硬件能力进行加速。最后，本章简述了 Ascend C 算子的开发调用，并给出昇腾向量加法程序的加速比。

下一章将引入 Ascend C 编程模型和编程范式。面对较复杂算子的自定义开发，开发者仅需要关注算子实现的部分关键内容，从而简化了开发算子的步骤，降低了自定义算子开发的难度与时间成本。

2.6 测验题

1. 在本章中，针对 Ascend C 算子介绍了以下哪种调用方式？（　　）

   A. 内核符调用　　　　B. aclnn 调用

   C. PyTorch 调用　　　D. 直接调用

2. [多选]以下哪些是 Ascend C 的优点和特性？（　　）

   A. C/C++原语编程，最大化匹配用户的开发习惯。

   B. 编程模型屏蔽硬件差异，从而提升编程范式的开发效率。

C. 多层级 API 的封装，从简单到灵活，兼顾易用与高效。

D. 孪生调试，CPU 侧模拟 NPU 侧的行为，可优先在 CPU 侧调试。

3. [多选]SPMD 数据并行计算原理包含哪些？（　　）

A. 启动一组进程，并运行相同的程序。

B. 每个进程都处理所有的数据切片，对输入数据分片只处理一个任务。

C. 切分待处理数据，并把切分后的数据分片分发给不同进程处理。

D. 每个进程对自己的数据分片处理 3 个任务。

2.7 实践题

1. 阿姆达尔定律强调了优化程序性能的一个重要策略，即尽可能增加程序可并行化部分的比例。假设一个程序中有 70%的代码是可并行化的，剩下的 30%的代码是串行的。如果我们使用 4 个处理器来并行处理这部分可并行化的代码，那么根据阿姆达尔定律，理论的加速比大约是多少？

2. 请分别使用两种调用 Ascend C 算子核函数的方式，调用一个昇腾算子，例如 Add、LeakyReLU 等，从中体会不同方式之间的差异和特点。

第 3 章 Ascend C 编程模型与编程范式

本章主要介绍 Ascend C 针对多样化硬件提供的统一、抽象的并行编程模型，以及使用该语言进行各类算子开发时的编程范式。首先从理论角度介绍 Ascend C 硬件抽象、SPMD 编程模型和流水线编程范式。然后介绍 Ascend C 语法扩展，包括各类 API、数据存储、任务间通信与同步模块、资源管理模块和临时变量。最后详细介绍使用 Ascend C 完成向量算子开发、矩阵算子开发以及融合算子开发的编程范式，并展示几个使用 Ascend C 实现的常见算子核函数的核心部分样例。

扫码观看视频

3.1 Ascend C 编程模型

扫码观看视频

AI Core 是昇腾 AI 处理器执行计算密集型任务的算力担当。本节首先介绍 AI Core 的硬件抽象，包括其中的计算单元、存储单元和搬运单元。然后将分别介绍 SPMD 编程模型和流水线编程范式，两者可以有效提高使用 Ascend C 开发算子的并行执行效率。

3.1.1 AI Core 硬件抽象

AI Core 是昇腾 AI 处理器中的计算核心，使用 Ascend C 编程语言开发的算子在 AI Core 上运行。一个 AI 处理器内部有多个 AI Core。AI Core 包含计算单元、存储单元、搬运单元、控制单元等核心部件。为了屏蔽不同硬件资源可能存在的差异性，可以对 AI Core 硬件进行抽象表示，如图 3-1 所示。

计算单元包括 3 种基础计算资源：矩阵计算单元、向量计算单元和标量计算单元。存储单元即 AI Core 的内部存储，统称为本地内存（Local Memory），与此相对应，AI Core 的外部存储称为全局内存（Global Memory）。DMA 是搬运单元，负责在全局内存和本地内存之间搬运数据。

AI Core 内部核心组件及其功能的详细说明如表 3-1 所示。

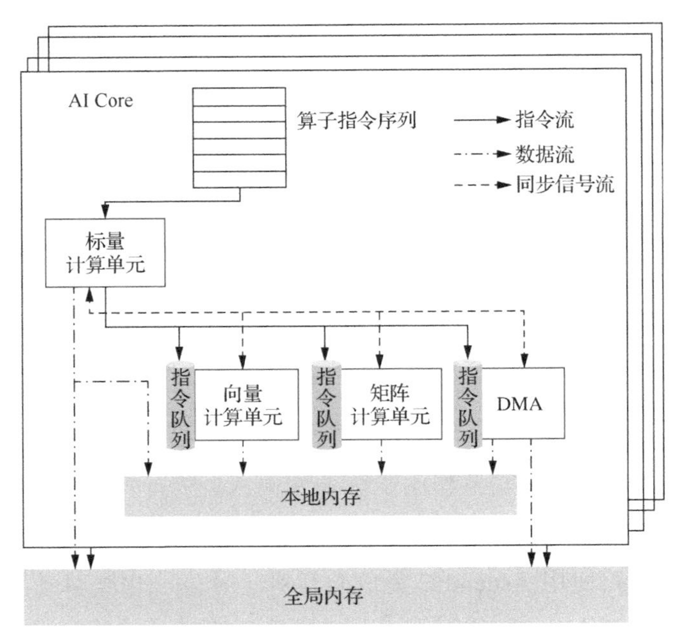

图 3-1　AI Core 硬件的抽象表示

表 3-1　AI Core 内部核心组件及其功能

组件分类	组件名称	组件功能
计算单元	标量（Scalar）	执行地址计算、循环控制等标量计算任务，并把向量计算、矩阵计算、数据搬运、同步指令发射给对应单元执行
	向量（Vector）	负责执行向量计算任务
	矩阵（Cube）	负责执行矩阵计算任务
存储单元	全局内存	AI Core 的外部存储
	本地内存	AI Core 的内部存储
搬运单元	DMA	负责在全局内存和本地内存之间搬运数据，包含 MTE2（数据搬入单元）和 MTE3（数据搬出单元）等

AI Core 内部的异步并行计算过程如下：标量计算单元首先读取指令序列，然后把向量计算、矩阵计算、数据搬运的指令发射给对应单元的指令队列；最后，向量计算单元、矩阵计算单元、数据搬运单元异步地并行执行接收到的指令。该过程可以参考图 3-1 中实线箭头所示的指令流。

不同的指令间有可能存在依赖关系，为了保证不同指令队列间的指令按照正确的逻辑关系执行，标量计算单元会给对应单元下发同步指令。各单元之间的同步过程可以参考图 3-1 中虚线箭头所示的同步信号流。

AI Core 内部数据处理的基本过程如下：首先，DMA 把数据搬运到本地内存；然后，向量计算单元和矩阵计算单元完成数据计算，并把计算结果写回本地内存；最后，DMA 把处理好的数据搬运回全局内存。该过程可以参考图 3-1 中点画线箭头所示的数据流。

3.1.2 SPMD 编程模型

SPMD 是典型的并行计算方法，原理如下：假设从输入数据到输出数据需要处理 3 个阶段的任务（T1、T2、T3）。SPMD 会启动一组进程，并行处理待处理的数据，如图 3-2 所示。SPMD 首先对待处理数据进行切分，然后把切分后的数据分片分发给不同进程处理，最后由每个进程在自己的数据分片上处理 3 个任务。

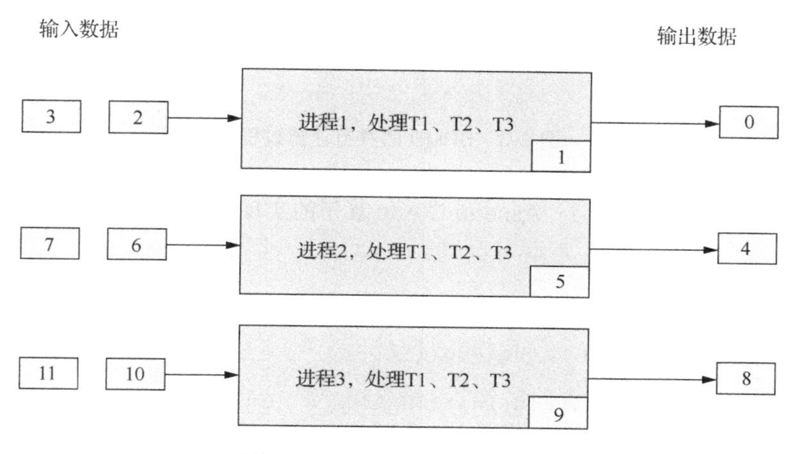

图 3-2 SPMD 并行处理数据

Ascend C 的算子编程模型采用 SPMD 编程模型，具体来说，首先将需要处理的数据拆分，然后同时在多个 AI Core 上运行，从而提高性能。多个 AI Core 共享相同的指令代码，每个核上的运行实例之间的唯一区别是 block_idx 不同，每个核也通过不同的 block_idx 来识别自己的身份。块（block）的概念类似于 SPMD 中进程的概念，其与物理概念上芯片中固定的核数是不同的，可以自行定义设置，block_idx 就是标识进程唯一性的进程 ID。一般而言，为了充分利用计算资源，块的数量设置为物理核数的整数倍。SPMD 的并行计算过程如图 3-3 所示。

具体的实现样例如程序清单 3-1 所示，这段代码取自 Ascend C Add 算子的实现代码。算子被调用时，所有的计算核心都执行相同的实现代码，即使入口函数的入参也是相同的。如程序清单 3-1 中第 7～9 行所示，每个核上处理的数据地址都需要在起始地址上增加 block_idx*BLOCK_LENGTH 的偏移来获取。其中 block_idx 表示该核编号，通过 GetBlockIdx()函数获取。BLOCK_LENGTH 表示每个块处理的数据长度，这样也就实现了多核并行计算的数据切分。

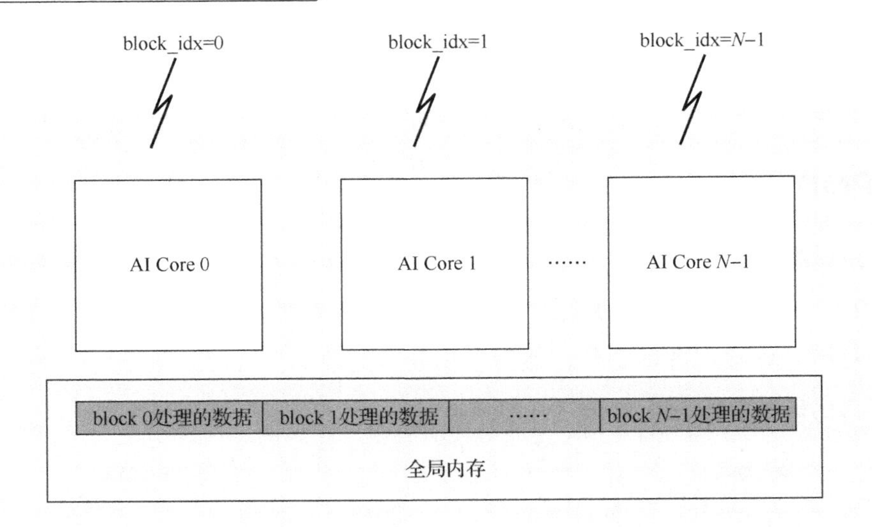

图 3-3 SPMD 的并行计算过程

程序清单 3-1 Ascend C Add 算子的实现代码（部分）

```
1   class KernelAdd {
2       public:
3       __aicore__ inline KernelAdd() {}
4       __aicore__ inline void Init(GM_ADDR x, GM_ADDR y, GM_ADDR z)
5       {
6         // 获取当前核心输入参数起始地址
7           xGm.SetGlobalBuffer((__gm__ half*)x + BLOCK_LENGTH * GetBlockIdx(),
    BLOCK_LENGTH);
8           yGm.SetGlobalBuffer((__gm__ half*)y + BLOCK_LENGTH * GetBlockIdx(),
    BLOCK_LENGTH);
9           zGm.SetGlobalBuffer((__gm__ half*)z + BLOCK_LENGTH * GetBlockIdx(),
    BLOCK_LENGTH);
10        //初始化函数剩余部分
11        }
12   核函数剩余部分
13   }
```

3.1.3 流水线编程范式

在计算机编程方法中，软件与硬件的结合对性能的提升有很大帮助，其中很关键的一点是在代码流执行过程中让所有计算资源（硬件）都处于高占用率状态，并进行有效的计算。

将程序流水线化则是达到上述效果最好的方法，也就是把完整的任务进行模块化处理，多个模块之间形成流水线关系，并使用队列来处理不同模块之间的异步并行。

Ascend C 编程范式就是一种流水线式编程范式，它把算子核内的处理程序分成多个流水线任务，通过队列（TQue）完成任务间的通信和同步，并通过统一的资源管理模块（TPipe）管理任务间的通信内存。流水线编程范式的关键是流水线任务设计。流水线任务指的是单核处理程序中主程序调度的并行任务。在核函数内部，可以通过流水线任务实现数据的并行处理，从而进一步提升性能。下面举例说明流水线任务如何进行并行调度，如图 3-4 所示。单核处理程序的功能被拆分成 3 个流水线任务：阶段 1、阶段 2、阶段 3，每个流水线任务专注于完成单一功能；需要处理的数据被切分成 *n* 片，使用数据分块 1～*n* 表示，每个流水线任务需要依次完成 *n* 个数据切片的处理。阶段间的箭头表示数据间的依赖关系，例如阶段 1 处理完数据分块 1 之后，阶段 2 才能对数据分块 1 进行处理。

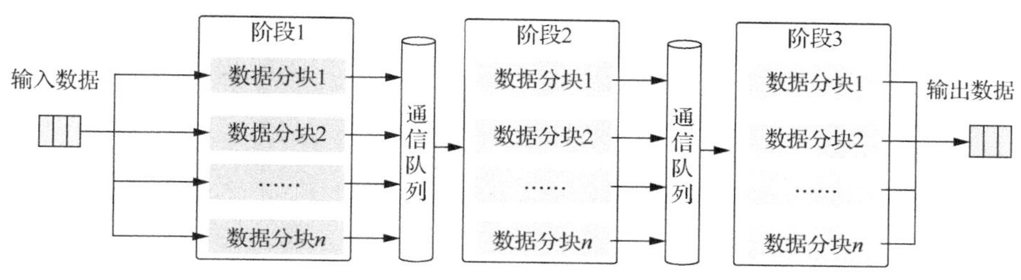

图 3-4 流水线任务并行调度

若 *n*=3，即待处理的数据被切分成 3 片，则图 3-5 给出了图 3-4 中的流水线任务运行的示意。从图 3-5 中可以看出，对于同一片数据，阶段 1、阶段 2、阶段 3 之间的处理具有依赖关系，需要串行处理；对于不同的数据切片，同一时间点可以有多个任务并行处理，由此达到任务并行、提升性能的目的。

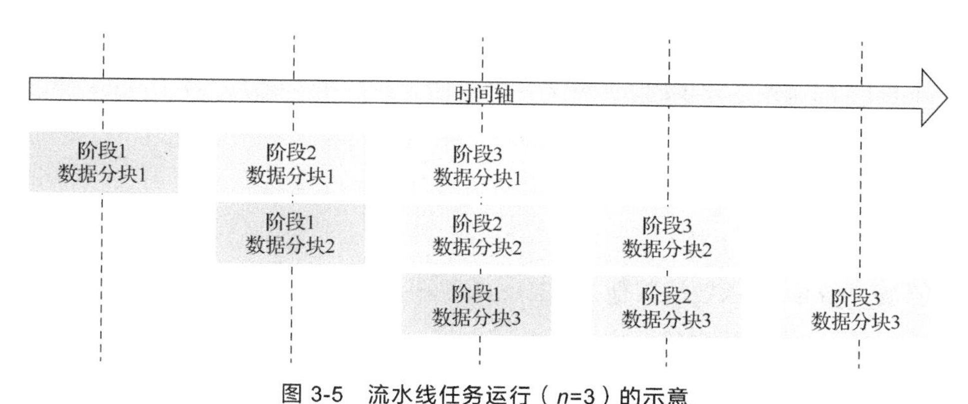

图 3-5 流水线任务运行（*n*=3）的示意

在图 3-4 中，各个执行阶段之间异步并行。Ascend C 编程通过 TQue 实现各阶段之间的数据通信与同步。以向量算子为例，Ascend C 在实现向量算子编程的过程中常用的 TQue 类型为 VECIN 和 VECOUT，分别对应计算前后数据的搬入和搬出，图 3-4 中阶段 1 对应于数据搬入阶段，阶段 2 对应于向量计算阶段，阶段 3 对应于数据搬出阶段，三者调用不同的芯片内单元，从而实现异步并行。对于特定的一块数据分块，首先在阶段 1 的最后，数据分块被放入 VECIN 队列；然后在阶段 2 被取出，执行相关操作后放入 VECOUT 队列；最后在阶段 3 从 VECOUT 队列中被取出并搬出。由于不同算子的需求不同，每个数据分块需要经过的阶段也有所差异。

3.2 Ascend C 语法扩展

扫码观看视频

Ascend C 其实是标准 C++语言加上一组扩展的语法和 API。本节将简要介绍 Ascend C API 以及各种常用的模块接口的使用方法。

Ascend C 采用华为自研的毕昇编译器，Device 侧编程采用 C/C++语法扩展，允许函数执行空间和地址空间作为合法的限定符，提供在 Device 侧和 Host 侧独立执行的能力，同时提供针对不同地址空间的访问能力。

1. 执行空间限定符

执行空间限定符指示函数是在主机上执行还是在设备上执行，以及它是否可从主机上或设备上被调用，主要有以下 3 种声明方式。

① __global__执行空间限定符，它声明一个核函数，并具有如下性质。

- 在设备上执行。
- 只能被 Host 侧函数调用。
- __global__仅表示这是 Device 侧函数的入口，并不表示具体的设备类型。
- 一个__global__函数必须返回 void 类型，并且不能是 class 的成员函数。
- Host 侧调用__global__函数必须使用<<<>>>异构调用语法。
- __global__的调用是异步的。意味着函数返回，并不表示核函数在 Device 侧已经执行完成。如果需要同步，须使用运行时提供的同步接口显式同步，如 aclrtSynchronizeStream()。

② __aicore__执行空间限定符。它声明的函数具有如下属性。

- 在 AI Core 的设备上执行。
- 只能被__global__函数或其他 AI Core 函数调用。

③ __host__执行空间限定符。它声明的函数（通常不显示声明）具有如下属性。

- 只能在 Host 侧执行。
- 只能被 Host 侧函数调用。
- __global__和__host__不能一起使用。

使用执行空间限定符的典型示例如程序清单 3-2 所示。

程序清单 3-2 执行空间限定符的使用示例

```
1   //定义 AI Core 函数
2   __aicore__ void bar() {}
3   // 定义核函数
4   __global__ __aicore__ void foo() {
5    bar();
6    }
7   //定义 Host 函数
8   int () {
9   }
```

2. 地址空间限定符

地址空间限定符可以在变量声明中使用，用于指定对象分配的区域。AI Core 具备多级独立片上存储功能，各个地址空间可以独立编址，并具备各自的访存指令。如果对象的类型被地址空间名称限定，那么该对象将被分配在指定的地址空间中。同样，可以通过地址空间限定指针指向的类型，以指示所指向的对象所在的地址空间。

① private 地址空间是大多数变量的默认地址空间，特别是局部变量，代码中不显示标识所在局部地址的空间类型。

② __gm__地址空间限定符用来表示分配于 Device 侧全局内存的对象。全局内存对象可以声明为标量、用户自定义结构体的指针。

3.2.1 Ascend C API 概述

Ascend C 算子采用标准 C++语法和一组编程类库 API 进行编程，允许编程人员根据自己的需求选择合适的 API。Ascend C 编程类库 API 如图 3-6 所示。Ascend C 编程类库 API 分为高阶 API 和基础 API，其操作数都是 Tensor 类型：GlobalTensor（外部数据存储空间）和 LocalTensor（核上数据存储空间）。

1. 基础 API

基础 API 即实现基础功能的 API，包括计算类、数据搬运、内存管理和任务同步等 API。开发人员使用基础 API 的自由度更高，可以通过 API 组合实现自己的算子逻辑。基础 API 是对计算能力的表达。

（1）基础 API 的分类

计算类 API 包括标量计算 API、向量计算 API、矩阵计算 API，分别实现调用标量计算单元、向量计算单元、矩阵计算单元执行计算的功能。

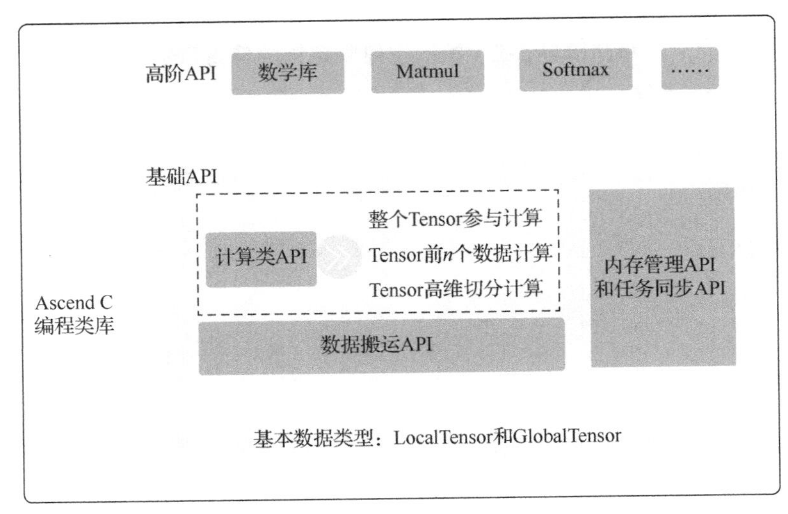

图 3-6　Ascend C 编程类库 API

数据搬运 API 是指执行数据搬运任务的 API，例如 DataCopy 接口。计算类 API 基于本地内存数据进行计算时，数据需要先从全局内存搬运至本地内存，然后使用计算接口完成计算，最后从本地内存搬回全局内存。

内存管理 API 用于分配内存，例如 AllocTensor 接口、FreeTensor 接口。由于板上内存较小，通常无法存储完整的数据，因此采用动态内存的方式进行内存管理，以实现板上内存的复用。

任务同步 API 用于完成任务间的通信和同步，如 EnQue 接口、DeQue 接口。因为不同的 API 指令间有可能存在依赖关系，而不同的指令需要异步并行执行，为了保证不同指令队列间的指令按照正确的逻辑关系执行，需要向不同的组件发送同步指令。开发者通过任务同步 API 即可完成这个发送同步指令的任务，无须关注内部的实现逻辑。

（2）基础 API 的计算方式

根据数据操作方法，基础 API 分为表 3-2 所示的 3 种计算方式。

表 3-2　基础 API 的计算方式

计算方式	说明
整个 Tensor 参与计算	通过运算符重载的方式实现，支持+、-、*、/、|、&、<、>、<=、>=、==、!=，实现计算的简化表达。例如 dst=src1+src2
Tensor 前 *n* 个数据计算	针对源操作数的连续 *n* 个数据进行计算，并连续写入目的操作数，能够解决一维 Tensor 的连续计算问题。例如 Add(dst, src1, src2, n)
Tensor 高维切分计算	功能灵活的计算 API，能够充分发挥硬件优势，并支持对每个操作数的 Repeat Times（迭代的次数）、Block Stride（单次迭代内不同块的地址步长）、Repeat Stride（相邻迭代间相同块的地址步长）、Mask（用于控制参与计算的计算单元）的操作

图 3-7 以向量加法计算为例，展示了计算类 API 3 种计算方式的特点。我们从图中可以初步看出，Tensor 高维切分计算的操作单元最小，可以针对不同步长实现最为细致的操作。Tensor 前 *n* 个数据计算可以实现一维的连续计算，可以指定 Tensor 的特定长度参与计算。Tensor 前 *n* 个数据计算也是一般开发过程中使用最为频繁的接口，兼具较强的功能性和易用

性。整个 Tensor 参与计算的易用性最强、使用难度最低，可以针对整个 Tensor 进行计算，但是功能性较弱。开发者可以根据自身水平和不同的需要灵活地选择不同层级的接口。

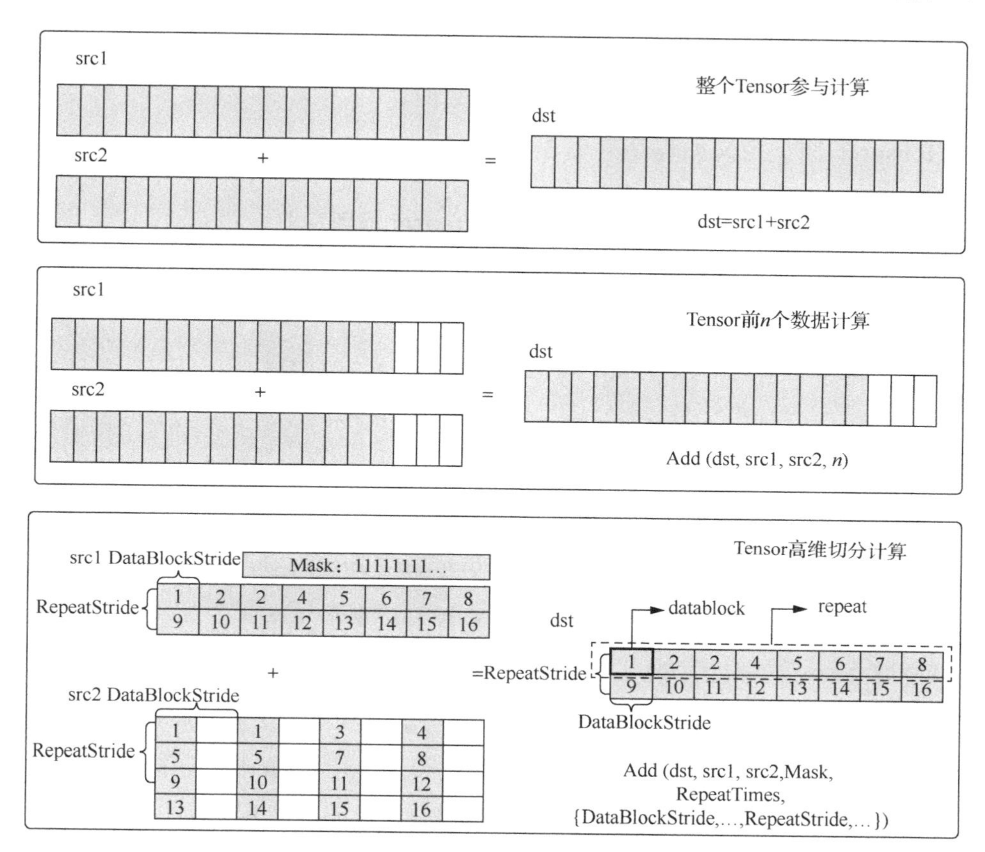

图 3-7　计算类 API 3 种计算方式的特点

2. 高阶 API

高阶 API 是封装常用算法逻辑的 API，如 Matmul、Softmax 等，可减少重复开发工作，从而提高开发效率。使用高阶 API 也可以快速地实现相对复杂的算法逻辑。高阶 API 是对于某种特定算法的表达。

例如使用高阶 API 完成 Matmul 算子时，需要创建一个矩阵乘法类进行计算，其中的入参包含两个相乘的矩阵（一般称为矩阵 ***A*** 与 ***B***）信息、输出结果矩阵（一般称为矩阵 ***C***）信息、矩阵乘偏置（一般称为 Bias）信息，上述信息中包括了对应矩阵数据的内存逻辑位置、数据存储格式、数据类型、转置使能参数。创建完这个矩阵乘法类后，开发者使用 Ascend C 高阶 API 可以直接完成对左右矩阵 ***A***、***B*** 和 Bias 的设置、矩阵乘法的操作，以及结果的输出，不用再自主实现复杂的数据通路和运算操作。

3.2.2　数据存储

Ascend C 使用外部数据存储空间（GlobalTensor）和核上数据存储空间（LocalTensor）

作为数据的基本操作单元。该操作单元是各种指令 API 直接调用的对象，也是数据的载体。本小节具体介绍这两个关键的数据结构原型的定义和用法。

1. 外部数据存储空间

外部数据存储空间用来存放全局内存的全局数据。

GlobalTensor 的原型定义如程序清单 3-3 所示。

程序清单 3-3　GlobalTensor 原型定义

```
1   template <typename T> class GlobalTensor {
2       T GetValue(const uint64_t offset) const;
3       void SetValue(const uint64_t offset, T value);
4       void SetGlobalBuffer(__gm__ T* buffer, uint32_t bufferSize);
5       const __gm__ T* GetPhyAddr();
6       uint64_t GetSize();
7       GlobalTensor operator[](const uint64_t offset);
8       T& operator()(const uint32_t index) const;
9   }
```

在程序清单 3-3 中，第 2 行和第 3 行代码的作用是获取和设置 GlobalTensor 相应偏移位置的值（offset）。第 4 行传入全局数据的指针，并手动设置一个 bufferSize，初始化 GlobalTensor。第 5 行代码的作用是返回全局数据的地址类型 T，支持所有数据类型，但需要遵循使用此 GlobalTensor 指令对数据类型的支持情况。第 6 行代码的作用是返回 GlobalTensor 中的元素个数。第 7 行代码的作用是指定 offset 返回一个 GlobalTensor，offset 的单位为个。第 8 行代码的作用是返回本 GlobalTensor 第 index 个变量的引用。其中具体函数及入参说明如表 3-3 所示。

表 3-3　GlobalTensor 函数原型定义中的函数及入参说明

函数名称	入参说明	含义
GetValue	offset：偏移量，单位为个	获取 GlobalTensor 中的某个值，返回 T 类型的立即数
SetValue	offset：偏移量，单位为个 value：设置值，单位为任意类型	设置 GlobalTensor 中的某个值
SetGlobalBuffer	buffer：主机侧传入的全局数据指针 bufferSize：所包含的类型为 T 的数据个数，单位为个，需要自行保证不会超出实际数据的长度	设置 GlobalTensor 的存储位置：buffer 指向外部存储的起始地址，bufferSize 为 GlobalTensor 所占外部存储的大小，如指向的外部存储有连续 256 个 int32_t，则其 dataSize 为 256
GetPhyAddr	无	返回 GlobalTensor 的地址
GetSize	无	返回 GlobalTensor 的元素个数
operator[ ]	offset：用户指定的偏移量，单位为个	根据输入的 offset 返回新的 GlobalTensor
operator()	index：下标索引	获取本 GlobalTensor 第 index 个变量的引用。与 LocalTensor 的 operator()类似

2. 核上数据存储空间

核上数据存储空间用于存放 AI Core 内部存储的数据。

LocalTensor 的原型定义如程序清单 3-4 所示。

程序清单 3-4 LocalTensor 原型定义

```
1   template <typename T> class LocalTensor {
2       __inout_pipe__(S) T GetValue(const uint32_t offset) const
3       template <typename T1> void SetValue(const uint32_t offset, const
    T1 value) const;
4       LocalTensor operator[](const uint32_t offset) const;
5       T& operator()(const uint32_t index) const;
6       uint32_t GetSize() const;
7       void SetUserTag(const TTagType tag);
8       TTagType GetUserTag( ) const;
9       int32_t GetPosition() const;
10      template <typename CAST_T> __aicore__ inline LocalTensor<CAST_T>
    ReinterpretCast() const;
11  }
```

在程序清单 3-4 中，第 2 行代码的作用是获取 LocalTensor 中的某个值，返回 T 类型的立即数。第 3 行代码的作用是设置 LocalTensor 中的某个值。第 4 行代码的作用是获取距原 LocalTensor 起始地址偏移量为 offset 的新 LocalTensor，注意 offset 不能超过原有 LocalTensor 的大小。第 5 行代码的作用是返回某个 index 位置的元素引用。第 6 行代码的作用是获取当前 LocalTensor 的大小。第 7 行代码的作用是让开发者自定义 Tag 信息。第 8 行代码的作用是获取 Tag 信息。第 9 行代码的作用是获取 TPosition 抽象的逻辑位置。第 10 行代码的作用是将当前 LocalTensor 重解释为用户指定的新类型。其中的具体函数及入参说明如表 3-4 所示。

表 3-4 LocalTensor 原型定义中的函数及入参说明

函数名称	入参说明	含义
GetValue	offset：偏移量，单位为个	获取 LocalTensor 中的某个值，返回 T 类型的立即数
SetValue	offset：偏移值，单位为个 value：设置值，单位为任意类型	设置 LocalTensor 中的某个值
operator[]	offset：偏移量，单位为个	获取距原 LocalTensor 起始地址偏移量为 offset 的新 LocalTensor。注意 offset 不能超过原有 LocalTensor 的大小

续表

函数名称	入参说明	含义
operator()	index：下标索引	获取本 LocalTensor 第 index 个变量的引用。用于左边的值，相当于 SetValue 接口；用于右边的值，相当于 GetValue 接口
GetSize	无	获取当前 LocalTensor 的大小
SetUserTag	tag：设置的 Tag 信息，TTagType 为 int32_t 类型	为 LocalTensor 添加用户自定义信息，用户可以根据需要设置对应的 Tag 后续可通过 GetUserTag 获取指定 LocalTensor 的 Tag 信息，并根据 Tag 信息对 LocalTensor 进行相应操作
GetUserTag	无	获取指定 LocalTensor 块的 Tag 信息，用户可以根据 Tag 信息对 LocalTensor 进行不同操作
ReinterpretCast	无	将当前 LocalTensor 重解释为用户指定的新类型，转换后的 LocalTensor 与原 LocalTensor 地址及内容完全相同，LocalTensor 的大小（字节数）保持不变
GetPhyAddr	无	返回 LocalTensor 的地址
GetPosition	无	获取 TPosition 抽象的逻辑位置，支持 TPosition 为 VECIN、VECOUT、VECCALC、A1、A2、B1、B2、CO1、CO2

3.2.3 任务间通信与同步模块

Ascend C 使用 TQue 完成任务之间的数据通信和同步。TQue 管理不同层级的物理内存时，用一种抽象的逻辑位置（TPosition）来表达各级别的存储，代替了片上物理存储的概念。开发者无须感知硬件架构。

TPosition 包括 GM、VECIN、VECCALC、VECOUT、A1、A2、B1、B2、CO1、CO2。其中 VECIN、VECCALC、VECOUT 主要用于向量计算；A1、A2、B1、B2、CO1、CO2 主要用于矩阵计算。各个 TPosition 的具体含义如表 3-5 所示。

表 3-5 各个 TPosition 的具体含义

TPosition	具体含义
GM	全局内存，对应 AI Core 的外部存储；对应物理内存为全局内存
VECIN	主要用于向量计算，搬入数据的存放位置，在数据搬入矩阵计算单元时使用此位置；对应物理内存为 UB
VECOUT	主要用于向量计算，搬出数据的存放位置，在将矩阵计算单元结果搬出时使用此位置；对应物理内存为 UB
VECCALC	主要用于向量计算，在计算需要临时变量时使用此位置；对应物理内存为 UB
A1	主要用于矩阵计算，存放整块矩阵 ***A***，可类比 CPU 多级缓存中的 L2 缓冲区；对应物理内存为 L1 缓冲区
B1	主要用于矩阵计算，存放整块矩阵 ***B***，可类比 CPU 多级缓存中的 L2 缓冲区；对应物理内存为 L1 缓冲区

续表

TPosition	具体含义
A2	主要用于矩阵计算，存放切分后的小块矩阵 ***A***，可类比 CPU 多级缓存中的 L1 缓冲区；对应物理内存为 L0A 缓冲区
B2	主要用于矩阵计算，存放切分后的小块矩阵 ***B***，可类比 CPU 多级缓存中的 L1 缓冲区；对应物理内存为 L0B 缓冲区
CO1	主要用于矩阵计算，存放小块结果矩阵 ***C***，可理解为 Cube Out；对应物理内存为 L0C 缓冲区
CO2	主要用于矩阵计算，存放整块结果矩阵 ***C***，可理解为 Cube Out。在 Atlas 训练服务器和推理服务器（Ascend 310P 处理器）产品中，对应物理内存为 UB；在 Atlas A2 训练系列产品中，对应物理内存为全局内存

TQue 数据结构使用方法的样例如程序清单 3-5 所示。

程序清单 3-5　TQue 数据结构使用方法的样例

```
1   TQue<TPosition::pos, BUFFER_NUM> que;
2   LocalTensor<half> tensor1 = que.AllocTensor();
3   que.FreeTensor<half>(tensor1);
4   que.EnQue(tensor1);
5   LocalTensor<half> tensor1 = que.DeQue<half>();
```

程序清单 3-5 只是一个样例，读者需要根据自己的需求在程序中的合理位置使用。其中第 1 行代码的作用是创建队列，pos 参数是 TPositon，BUFFER_NUM 参数是队列的深度，que 参数是自定义的队列名称。第 2 行代码的作用是使用 TQue 的 AllocTensor()方法在片上给一个 LocalTensor 分配空间，所分配空间的默认大小为 que 在初始化时设置空间的大小，也可以手动设置，但是不能超过分配的大小。第 3 行代码的作用是使用 TQue 的 FreeTensor()方法释放 Tensor，并需要与 AllocTensor()方法成对使用。第 4 行代码的作用是将 LocalTensor 加入指定队列，从而利用队列来进行不同任务之间的数据同步与通信。第 5 行代码的作用是将 LocalTensor 从队列中取出，以进行后续的计算等操作。

3.2.4　资源管理模块

任务间数据传递使用的内存统一由 TPipe 进行管理。TPipe 作为片上内存管理者，通过 InitBuffer 接口对外提供 TQue 内存初始化功能。开发者可以通过该接口为指定的 TQue 分配内存。

TQue 内存初始化完成后，开发者可通过调用 AllocTensor 为 LocalTensor 分配内存，当创建的 LocalTensor 完成相关计算无须使用时，再调用 FreeTensor 回收 LocalTensor 的内存。内存管理如图 3-8 所示。

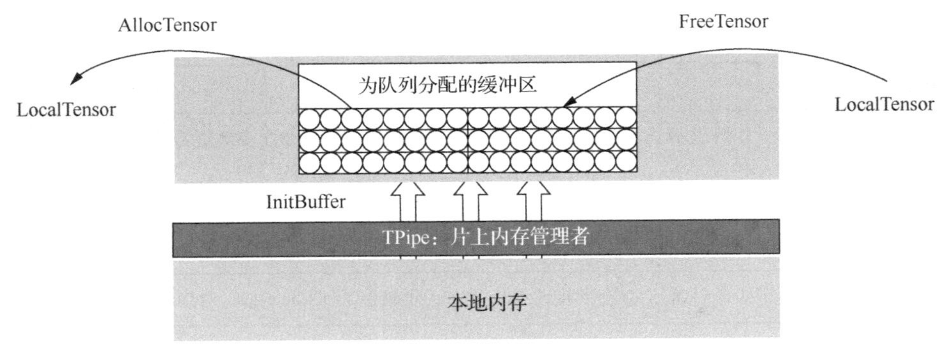

图 3-8　内存管理

TPipe 数据结构使用方法的样例如程序清单 3-6 所示。

程序清单 3-6　TPipe 数据结构使用方法的样例

```
1   TPipe pipe;
2   pipe.InitBuffer(que, num, len);
```

程序清单 3-6 只是一个样例，读者需要根据自己的需求在程序中的合理位置使用。其中第 1 行代码的作用是实例化 TPipe 数据结构，名称为 pipe。第 2 行代码的作用是使用 TPipe 的一个功能——初始化片上内存，其中参数 que 为指定的已经创建的队列名称；参数 num 为分配的内存块数，num=2 时开启 double buffer 优化；参数 len 为分配的一块内存的大小（单位为字节）。

这里简单介绍 double buffer 的优化机制。执行于 AI Core 上的指令队列主要包括 3 类，即向量指令队列（V）、矩阵指令队列（M）和存储转换指令队列（MTE2、MTE3）。不同指令队列间的相互独立性和可并行执行特性是 double buffer 优化机制的基石。基于存储转换指令队列与向量指令队列的上述特性，double buffer 通过将数据搬运与向量计算并行执行以隐藏数据搬运时间，并降低向量指令的等待时间，最终提高向量计算单元的利用效率。

3.2.5　临时变量

使用 Ascend C 编程的过程中，可能会用到一些临时变量，例如在计算阶段，开发者会使用一些复杂的数据结构。这些临时变量占用的内存可以使用 TBuf 来管理，存储位置通过模板参数来设置，一般为了保证程序稳定性，TPosition 统一设置为 VECCALC。

在使用 TBuf 时，建议将临时变量初始化为算子类成员中的一个，这样就不需要重复地申请与释放，达到提升算子性能的效果。

TBuf 占用的存储空间通过 TPipe 进行管理，开发者可以通过 InitBuffer 接口为 TBuf 进行内存初始化操作，之后即可通过 Get 获取指定长度的 Tensor 参与计算。

使用 InitBuffer 为 TBuf 分配内存和为 TQue 分配内存有以下差异。

为 TBuf 分配的内存空间只能参与计算，无法执行 TQue 的入队和出队操作。

调用一次内存初始化接口，TPipe 只会为 TBuf 分配一块内存，而 TQue 可以通过参数设置申请多块内存。如果要使用多个临时变量，就需要定义多个 TBuf 数据结构，对每个 TBuf 数据结构分别调用 InitBuffer 接口进行内存初始化。

使用 TBuf 时可以不需要重复进行申请释放内存的操作。

TBuf 数据结构使用方法的样例如程序清单 3-7 所示。

程序清单 3-7 TBuf 数据结构使用方法的样例

```
1   TBuf<TPosition::VECCALC> calcBuf;
2   pipe.InitBuffer(calcBuf, len);
3   LocalTensor<half> temtensor1 = calcBuf.Get<half>();
4   LocalTensor<half> temtensor1 = calcBuf.Get<half>(128);
```

程序清单 3-7 只是一个样例，读者需要根据自己的需求在程序中的合理位置使用。其中第 1 行代码的作用是进行临时变量声明，TPosition 只能设置为 VECCALC。第 2 行代码的作用是进行临时变量初始化，pipe 为实例化的一个 TPipe 数据结构，同样使用 TPipe 数据结构中的 InitBuffer 操作对临时变量进行初始化，只需要声明名称和 len 即可，len 的单位仍然是字节。第 3、4 行代码的作用是使用 TBuf 数据结构中的 Get()方法分配临时的 LocalTensor，若不引入入参，则分配的空间大小为初始化时 len 的大小，单位为字节；若引入入参，则可以指定长度地分配临时 Tensor 的大小，但是长度不能超过初始化时 len 的大小。

3.3 向量编程范式

基于 Ascend C 编程范式开发自定义向量算子的流程如图 3-9 所示，由 3 个步骤组成：第一步，算子分析是进行编程的前置任务，负责明确自定义算子的各项需求，如输入输出格式、使用的 API 等；第二步，核函数的定义和封装负责声明核函数的名称，并提供进入核函数运算逻辑的接口；第三步，基于算子需求实现算子类是整个核函数的核心计算逻辑，这一步被分为内存初始化、数据搬入、算子计算逻辑实现、数据搬出 4 个部分，后三者又被称为算子的实现流程。

自定义向量算子的核心部分一般由两个函数组成，分别是 Init()函数（初始化函数）与 Process()函数（执行函数）。Init()函数完成板外数据定位及板上内存初始化工作；Process()函数完成向量算子的实现，可以分成 3 个流水线任务：CopyIn、Compute、CopyOut。CopyIn 负责板外数据搬入，Compute 负责向量计算，CopyOut 负责板上数据搬出。

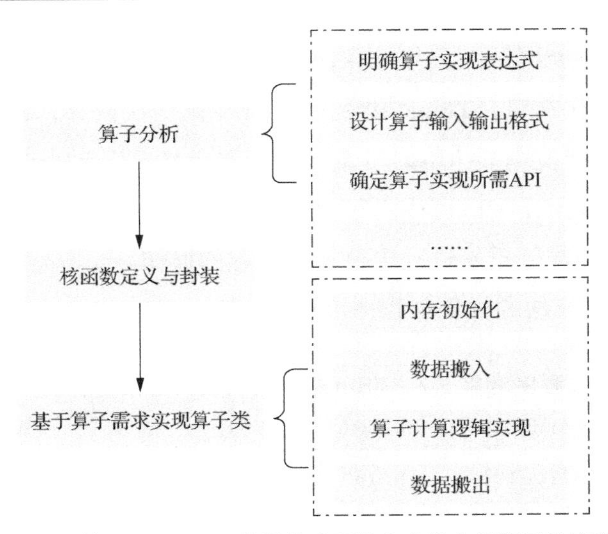

图 3-9　基于 Ascend C 编程范式开发自定义向量算子的流程

如果流水线任务之间存在数据依赖，就需要进行数据传递。Ascend C 中使用 TQue 完成任务之间的数据通信和同步，提供 EnQue、DeQue 等基础 API。TQue 管理不同层级的物理内存时，用一种抽象的逻辑位置（TPosition）来表达各级别的存储。另外，Ascend C 使用 GlobalTensor 和 LocalTensor 作为数据的基本操作单元，它是各种指令 API 直接调用的对象，也是数据的载体。在向量编程模型中，使用的 TQue 类型有 VECIN 和 VECOUT。

在本节中，我们将首先从 add_custom 这一基本的向量算子着手，然后根据自定义算子的开发流程，逐步介绍如何根据向量编程范式编写自定义向量算子，最后会介绍 Ascend C 向量编程如何进行数据切分。

3.3.1　算子分析

在开发算子代码之前，我们需要分析算子的数学表达式，明确输入和输出，并确定计算逻辑实现所需要调用的 Ascend C 接口。

（1）明确算子的数学表达式

Ascend C 提供的向量计算接口的操作元素都为 LocalTensor，输入的数据需要先搬运到片上存储。以 Add 算子为例，数学表达式为 $\vec{z}=\vec{x}+\vec{y}$，首先使用计算接口完成两个输入参数相加，然后将得到的最终结果搬运到外部存储中。

（2）明确输入和输出

Add 算子有两个输入：x 与 y，输出为 z。

本样例中算子输入支持的数据类型为 half（FP16），算子输出的数据类型与输入数据的类型相同。

算子输入支持 shape(8，2048)，算子输出的 shape 与输入的 shape 相同。

算子输入支持的格式为 ND 格式。

（3）确定算子实现所需接口

Add 算子使用 DataCopy 来实现数据搬运。由于向量计算实现较为简单，使用基础 API 实现计算逻辑，在 Add 算子中使用双目指令接口 Add()实现 $\vec{x}+\vec{y}$；同时使用 EnQue、DeQue 等接口管理 TQue。

3.3.2　核函数的定义与封装

在完成算子分析后，我们就可以正式开发算子代码，第一步完成对于核函数的定义和封装。本小节首先介绍如何对函数原型进行定义，并介绍核函数定义中应该遵循的规则；然后介绍函数原型中所需实现的内容；最后完成核函数的封装，便于后续对于核函数的调用。

（1）函数原型定义

本样例中的函数原型名为 add_custom。根据算子分析中对算子输入输出的分析，确定有 3 个参数 *x*、*y*、*z*，其中 *x*、*y* 为输入，*z* 为输出。

根据核函数定义的规则，使用__global__函数类型限定符来标识它是一个核函数，可以被 <<<...>>>调用；使用__aicore__函数类型限定符来标识该核函数在设备端 AI Core 上执行；为方便起见，统一使用 GM_ADDR 宏修饰入参，表示其为入参在内存中的位置。add_custom 函数原型的定义如程序清单 3-8 第 1 行所示。

（2）调用算子类的 Init()函数和 Process()函数

在函数原型中，首先实例化对应的算子类，并调用该算子类的 Init()函数和 Process()函数，如程序清单 3-8 第 2～4 行所示。其中，Init()函数负责内存初始化的相关工作，Process()函数则负责算子实现的核心逻辑。

（3）对核函数的调用进行封装

对核函数的调用进行封装，可得到 add_custom_do 函数，便于调用主程序。程序清单 3-8 第 6 行所示内容表示该封装函数仅在编译运行 NPU 侧的算子时才会用到。编译运行 CPU 侧的算子时，可以直接调用 add_custom 函数。

调用核函数时，除了需要传入参数 *x*、*y*、*z*，还需要使用<<<...>>>传入 blockDim（核函数执行的核数）、l2ctrl（保留参数，设置为 nullptr）、stream（应用程序中维护异步操作执行顺序的 stream）来规定核函数的执行配置，如程序清单 3-8 第 10 行所示。

程序清单 3-8　add_custom 函数的定义与封装

```
1  extern "C" __global__ __aicore__ void add_custom(GM_ADDR x, GM_ADDR y, GM_ADDR z){
2      KernelAdd op;
```

```
3       op.Init(x, y, z);
4       op.Process();
5   }
6   #ifndef __CCE_KT_TEST__
7   // 核函数的调用
8   void add_custom_do(uint32_t blockDim, void* l2ctrl, void* stream, uint8_t* x,
    uint8_t* y, uint8_t* z)
9   {
10      add_custom<<<blockDim, l2ctrl, stream>>>(x, y, z);
11  }
12  #endif
```

3.3.3 算子的数据通路

前文已经提到过，Process()函数实现向量算子时存在 3 个流水线任务，分别是 CopyIn、Compute 和 CopyOut。本节将详细讲解数据在这 3 个任务之间的传递过程，并为后续使用 Ascend C 实现 3 个任务做铺垫。

向量算子 3 个流水线任务的数据通路如图 3-10 所示。

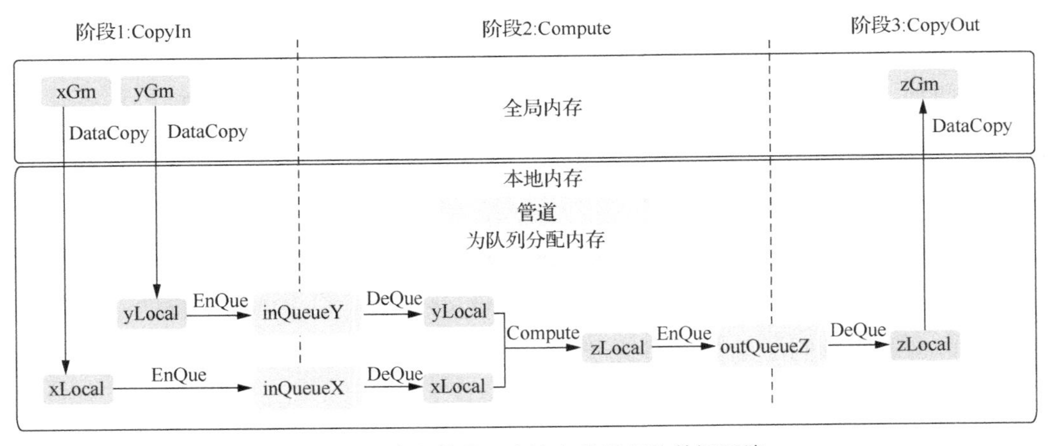

图 3-10 向量算子 3 个流水线任务的数据通路

图 3-10 从纵向分为两部分，上部为发生在全局内存中的数据流通过程，下部为发生在本地内存中的数据流通过程；从横向分为 3 个部分，分别指 CopyIn、Compute 和 CopyOut 这 3 个阶段中的数据流通过程。发生在本地内存的任务间数据传递统一由 TPipe 进行管理。

在 CopyIn 任务中，需要先将执行计算的数据 xGm、yGm 从全局内存通过 DataCopy 接口传入本地内存，并存储为 xLocal、yLocal；然后通过 EnQue 接口将传入数据搬入队列 inQueueX、 inQueueY，以便进行流水线模块间的数据通信与同步。

在 Compute 任务中，需要先将 xLocal、yLocal 通过 DeQue 接口从数据搬入队列中取出，然后使用相应的向量运算 API 执行计算操作并得到结果 zLocal，最后将 zLocal 通过 EnQue 接口传入数据搬出队列 outQueueZ。

在 CopyOut 任务中，需要先将结果数据 zLocal 通过 DeQue 接口从数据搬出队列中取出，然后使用 DataCopy 接口将本地内存中的数据搬出到全局内存 zGm 中。

上述内容为向量算子核心处理部分的数据通路，也可作为一个程序设计思路。下面将介绍如何用 Ascend C 实现算子的数据通路。

3.3.4 算子类的实现

在对核函数的声明和定义中，我们提到需要实例化算子类，并调用其中的两个函数来实现算子。在本小节中，将首先定义算子类的成员，随后具体介绍 Init()函数和 Process()函数的作用与实现。

1. 算子类的成员定义

add_custom 算子类的成员如程序清单 3-9 所示。如第 4 行和第 5 行所示，在算子类中，需要声明对外开放的内存初始化函数 Init()和核心处理函数 Process()。而为了实现适量算子核内的计算流水线操作，在向量算子中我们又将 Process()函数分为 3 个部分，即数据搬入阶段 CopyIn()、计算阶段 Compute()与数据搬出阶段 CopyOut() 3 个私有类成员，见第 6～9 行。

除了这些函数成员声明，第 10～14 行还依次声明了内存管理对象 pipe、输入数据 TQue 管理对象 inQueueX 和 inQueueY、输出数据 TQue 管理对象 outQueueZ 及管理输入输出全局内存地址的对象 xGm、yGm 与 zGm，这些均作为私有成员在算子实现中被使用。

程序清单 3-9 add_custom 算子类的成员

```
1  class KernelAdd {
2  public:
3      __aicore__ inline KernelAdd() {}
4      __aicore__ inline void Init(GM_ADDR x, GM_ADDR y, GM_ADDR z){}
5      __aicore__ inline void Process(){}
6  private:
7      __aicore__ inline void CopyIn(int32_t progress){}
8      __aicore__ inline void Compute(int32_t progress){}
9      __aicore__ inline void CopyOut(int32_t progress){}
10 private:
```

```
11       TPipe pipe;
12       TQue<TPosition::VECIN, BUFFER_NUM> inQueueX, inQueueY;
13       TQue<TPosition::VECOUT, BUFFER_NUM> outQueueZ;
14       GlobalTensor<half> xGm, yGm, zGm;
15  };
```

2. 初始化函数——Init()函数的实现

在多核并行计算中，每个核计算的数据都是全部数据的一部分。Ascend C 核函数是单个核的处理函数，所以我们需要获取每个核负责的对应位置的数据。此外，我们还需要对于声明的输入输出 TQue 分配相应的内存空间。

Init()函数的实现见程序清单 3-10。第 2～5 行通过计算得到该核所负责的数据所在位置，其中 x、y、z 表示 3 个入参在片外的起始地址；BLOCK_LENGTH 表示单个核负责的数据长度，为数据全长与参与计算核数的商；GetBlockIdx()是与硬件感知相关的 API，可以得到核所对应的编号，在该样例中为 0～7。通过这种方式可以得到该核函数需要处理的输入输出在全局内存上的内存偏移地址，并将该偏移地址设置在外部数据存储空间中。

第 6～8 行通过 TPipe 内存管理对象为输入输出 TQue 分配内存空间。其调用 API InitBuffer()，接口入参依次为 TQue 名称、是否启动 double buffer 机制及单个数据块的大小（而非长度）。

程序清单 3-10　Init()函数的实现

```
1   __aicore__ inline void Init(GM_ADDR x, GM_ADDR y, GM_ADDR z)
2   {
3           xGm.SetGlobalBuffer((__gm__ half*)x + BLOCK_LENGTH * GetBlockIdx(),
    BLOCK_LENGTH);
4           yGm.SetGlobalBuffer((__gm__ half*)y + BLOCK_LENGTH * GetBlockIdx(),
    BLOCK_LENGTH);
5           zGm.SetGlobalBuffer((__gm__ half*)z + BLOCK_LENGTH * GetBlockIdx(),
    BLOCK_LENGTH);
6           pipe.InitBuffer(inQueueX, BUFFER_NUM, TILE_LENGTH * sizeof(half));
7           pipe.InitBuffer(inQueueY, BUFFER_NUM, TILE_LENGTH * sizeof(half));
8           pipe.InitBuffer(outQueueZ, BUFFER_NUM, TILE_LENGTH * sizeof(half));
9   }
```

3. 核心处理函数——Process()函数的实现

基于向量编程范式，我们将核心函数的实现分为 3 个基本任务：CopyIn、Compute、CopyOut。Process()函数通过调用这 3 个基本任务完成核心计算任务。因为每个核内的数据会被进一步切分成小块，所以需要循环执行上述步骤，从而得到最终结果。Process()函数的实现如程序清单 3-11 所示。

程序清单 3-11　Process()函数的实现

```
1  public:
2      __aicore__ inline void Process()
3      {
4          constexpr int32_t loopCount = TILE_NUM * BUFFER_NUM;
5          for (int32_t i = 0; i < loopCount; i++) {
6              CopyIn(i);
7              Compute(i);
8              CopyOut(i);
9          }
10     }
11 private:
12     __aicore__ inline void CopyIn(int32_t progress)
13     {
14         LocalTensor<half> xLocal = inQueueX.AllocTensor<half>();
15         LocalTensor<half> yLocal = inQueueY.AllocTensor<half>();

16             DataCopy(xLocal, xGm[progress * TILE_LENGTH], TILE_LENGTH);
17             DataCopy(yLocal, yGm[progress * TILE_LENGTH], TILE_LENGTH);

18         inQueueX.EnQue(xLocal);
19         inQueueY.EnQue(yLocal);
20     }
21     __aicore__ inline void Compute(int32_t progress)
22     {
23         LocalTensor<half> xLocal = inQueueX.DeQue<half>();
24         LocalTensor<half> yLocal = inQueueY.DeQue<half>();
25         LocalTensor<half> zLocal = outQueueZ.AllocTensor<half>();

26         Add(zLocal, xLocal, yLocal, TILE_LENGTH);
```

```
27              outQueueZ.EnQue<half>(zLocal);
28              inQueueX.FreeTensor(xLocal);
29              inQueueY.FreeTensor(yLocal);
30          }
31          __aicore__ inline void CopyOut(int32_t progress)
32          {
33              LocalTensor<half> zLocal = outQueueZ.DeQue<half>();
34              DataCopy(zGm[progress * TILE_LENGTH], zLocal, TILE_LENGTH);
35              outQueueZ.FreeTensor(zLocal);
36          }
```

如程序清单 3-11 第 4～9 行所示，Process()函数需要首先计算每个核内的分块数量，从而确定循环执行 3 段流水线任务的次数，然后依此循环顺序执行数据搬入任务 CopyIn()、向量计算任务 Compute()和数据搬出任务 CopyOut()。一个简化的数据通路如图 3-11 所示，根据此图可以完成各个任务的程序设计。

（1）CopyIn()私有类函数的实现

首先，使用 AllocTensor 接口为参与计算的输入分配板上存储空间，如程序清单 3-11 第 14 行和第 15 行代码所示。由于定义的入参数据类型是 half 类型，所以此处分配的空间大小也为 half。

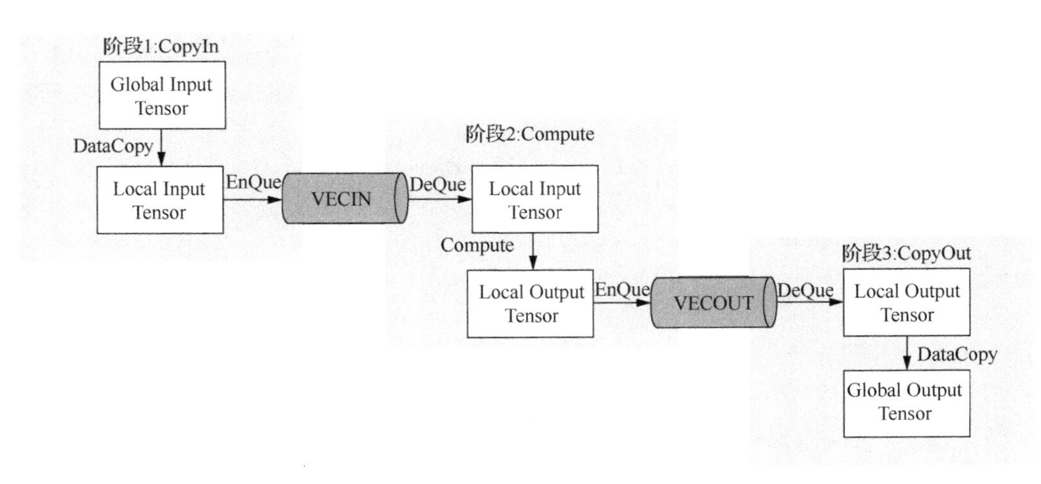

图 3-11　3 段流水线任务简化的数据通路

然后，使用 DataCopy 接口将 GlobalTensor 数据复制到 LocalTensor，如第 16 行和第 17 行所示，xGm、yGm 存储的是该核需要处理的所有输入数据，因此根据该分块的对应编号找到相关的分块数据复制至板上。

最后，使用 EnQue 将 LocalTensor 放入 VECIN 的 TQue，如第 18 行和第 19 行所示。

（2）Compute()私有类函数的实现

首先，使用 DeQue 从 VECIN 中取出输入 *x* 和 *y*，如程序清单 3-11 第 23 行和第 24 行所示。

接着，使用 AllocTensor 接口为输出 *z* 分配板上存储空间，如第 25 行所示。

然后，使用 Ascend C 接口 Add()完成向量计算，如第 26 行所示。该接口是一个双目指令 2 级接口，入参分别为目的操作数、源操作数 1、源操作数 2 和输入元素的个数。

随后，使用 EnQue 将计算结果 LocalTensor 放入 VECOUT 的 TQue，如第 27 行所示。

最后，使用 FreeTensor 释放不再使用的 LocalTensor，即两个用于存储输入的 LocalTensor，如第 28 行和第 29 行所示。

（3）CopyOut 私有类函数的实现

首先，使用 DeQue 接口从 VECOUT 的 TQue 中取出目标结果 *z*，如程序清单 3-11 第 33 行所示。

然后，使用 DataCopy 接口将 LocalTensor 的数据复制到 GlobalTensor 上，如第 34 行所示。

最后，使用 FreeTensor 将不再使用的 LocalTensor 进行回收，如第 35 行所示。

3.3.5 算子的切分策略

正如前文所述，Ascend C 算子的编程是 SPMD 编程，其使用多个核进行并行计算，在单个核内还将数据根据需求切分成若干份，降低每次计算的负荷，从而起到加快计算速度的作用。这里需要注意，Ascend C 中涉及的核数其实并不是指实际执行的硬件中所拥有的处理器核数，而是“逻辑核”的数量，即同时运行了多少个算子的实例，也是同时执行此算子的进程数量。一般建议使用的逻辑核数量是实际处理器核数的整数倍。此外，如果条件允许，还可以进一步将每个待处理的数据一分为二，并开启 double buffer 机制（一种性能优化方法），实现流水线并行执行，进一步减少计算单元的闲置问题。

在本小节中的 add_custom 算子样例中，我们首先设置数据整体长度（TOTAL_LENGTH）为 8×2048 个数据元素，平均分配到 8 个核上运行，单核上处理的数据大小（BLOCK_LENGTH）为 2048 个数据元素；然后将单核上的处理数据切分成 8 块（并不意味着 8 块就是性能最优）；最后将切分后的每个数据块再次切分成 2 块，即可开启 double buffer。此时每个数据块的长度（TILE_LENGTH）为 128 个数据元素。

算子数据切分策略如图 3-12 所示，在确定一个数据的起始内存位置后，将数据整体平均分配到各个核中；随后针对单核上的数据再次进行切分，将数据切分为 8 块，并启动 double buffer 机制；再次将每个数据块一分为二，得到单个数据块的长度。

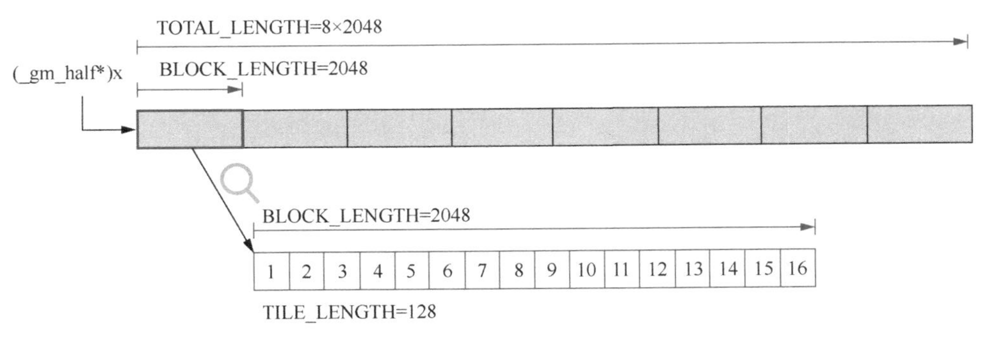

图 3-12　算子数据切分策略

数据切分中所用参数的定义如程序清单 3-12 所示。其中第 1 行定义了数据全长 TOTAL_LENGTH，约束了输入数据的长度。第 2 行声明了参与计算任务的核数 USE_CORE_NUM。第 3 行计算得到了单个核负责计算的数据长度 BLOCK_LENGTH。第 4 行定义了单个核中数据的切分块数 TILE_NUM。第 5 行决定了是否开启 double buffer 机制，如果不开启则规定 BUFFER_NUM = 1。第 6 行计算得到单个数据块的数据长度 TILE_LENGTH。

程序清单 3-12　数据切分中所用参数的定义

```
1   constexpr int32_t TOTAL_LENGTH = 8 * 2048;
2   constexpr int32_t USE_CORE_NUM = 8;
3   constexpr int32_t BLOCK_LENGTH = TOTAL_LENGTH / USE_CORE_NUM;
4   constexpr int32_t TILE_NUM = 8;
5   constexpr int32_t BUFFER_NUM = 2;
6   constexpr int32_t TILE_LENGTH = BLOCK_LENGTH / TILE_NUM / BUFFER_NUM;
```

3.4　矩阵编程范式

在上文中，我们介绍了使用 Ascend C 基础 API 进行向量编程的方法。一般来说，在深度学习网络中，向量算子的复杂程度普遍低于矩阵算子，原因是向量算子涉及的一维操作相对来说更容易理解和实现，计算过程更加直观、易懂。如果我们仍然使用 Ascend C 基础 API 去完成矩阵算子的编程，难度会比较大。

因此，Ascend C 提供一组 Matmul（矩阵乘法）高阶 API，方便用户快速实现 Matmul 的运算操作。

3.4.1　基础知识

1. 矩阵乘法

Matmul 的计算公式为 $\boldsymbol{C} = \boldsymbol{A} \times \boldsymbol{B}$ + Bias，其中各个参数含义如下。

- ***A***、***B*** 为源操作数，***A*** 为左矩阵，形状为[*M*,*K*]；***B*** 为右矩阵，形状为[*K*,*N*]。
- ***C*** 为目的操作数，是存放矩阵乘法计算结果的矩阵，形状为[*M*,*N*]。
- Bias 为矩阵乘偏置，形状为[1,*N*]。

Matmul 的计算如图 3-13 所示。

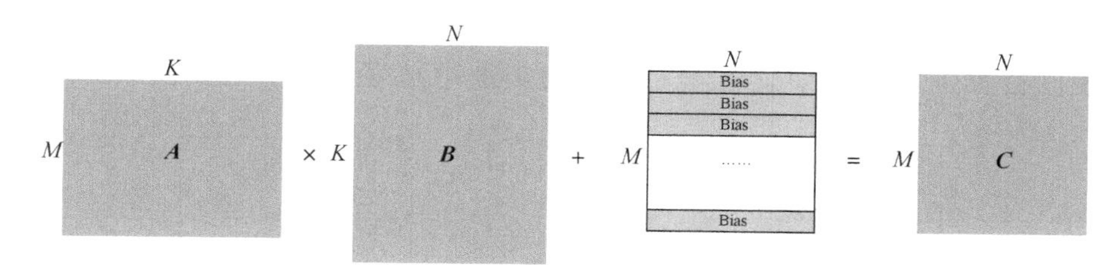

图 3-13　Matmul 的计算

在这里特地说明，为简化描述，下文中提及的 ***M*** 轴方向，即矩阵 ***A*** 纵向；*K* 轴方向，即矩阵 ***A*** 横向或矩阵 ***B*** 纵向；*N* 轴方向，即矩阵 ***B*** 横向。

2. **数据分块**

在矩阵较大时，由于芯片上计算和存储资源有限，往往需要对矩阵进行分块（Tiling）处理，如图 3-14 所示。受限于片上缓存的容量，当一次难以装下整个矩阵 ***B*** 时，可以将矩阵 ***B*** 划分为 $\boldsymbol{B}_0$、$\boldsymbol{B}_1$、$\boldsymbol{B}_2$ 和 $\boldsymbol{B}_3$ 等多个子矩阵。而每一个子矩阵的大小都可以适合一次性存储到芯片缓存中，并与矩阵 ***A*** 进行计算，从而得到结果子矩阵。这样做的目的是充分利用数据的局部性原理，尽可能重复使用缓存中的子矩阵数据，得到所有相关的子矩阵结果后再读入新的子矩阵，开始新的周期。如此往复，依次将所有的子矩阵都搬运到缓存中，并完成整个矩阵计算的全过程，最终得到结果矩阵 ***C***。数据分块的优点是充分利用了缓存的容量，并最大程度利用了数据计算过程中的局部性特征，可以高效实现大规模的矩阵乘法计算，是一种常见的优化手段。

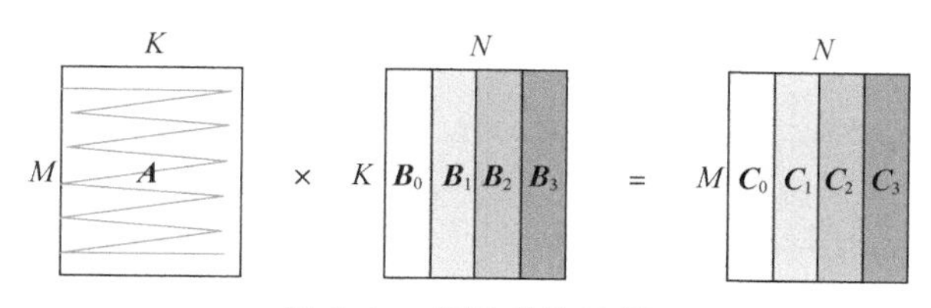

图 3-14　矩阵分块计算

矩阵计算单元可以快速完成大小为 16×16、数据类型为 FP16 的矩阵相乘。当超过 16×16 大小的矩阵利用该单元进行计算时，则需要事先按照特定的数据格式进行矩阵的存储，并在计算的过程中以特定的分块方式进行数据的读取。

在利用矩阵计算单元进行大规模的矩阵计算时，由于矩阵计算单元中的张量缓冲区的容量有限，往往不能一次存放整个矩阵，所以需要对矩阵进行分块，并采用分步计算的方式，如图 3-15 所示。在张量缓冲区中，矩阵 ***A*** 和矩阵 ***B*** 都被等分成同样大小的块，每一块都是一个 16×16 的子矩阵。不足的地方可以通过补零实现。首先求 C_1 结果子矩阵，需要分两步计算：第 1 步将 A_1 和 B_1 搬运到张量缓冲区中，并通过矩阵计算单元算出 $A_1 \times B_1$ 的中间结果；第 2 步将 A_2 和 B_2 搬运到张量缓冲区中，再次通过矩阵计算单元计算 $A_2 \times B_2$，并把计算结果累加到上一次 $A_1 \times B_1$ 的中间结果，这样就完成结果子矩阵 C_1 的计算，之后将 C_1 写入张量缓冲区。由于张量缓冲区容量也有限，所以需要尽快将 C_1 子矩阵写入内存，以便留出空间接收下一个结果子矩阵 C_2。以此类推可以完成整个大规模矩阵乘法的计算。

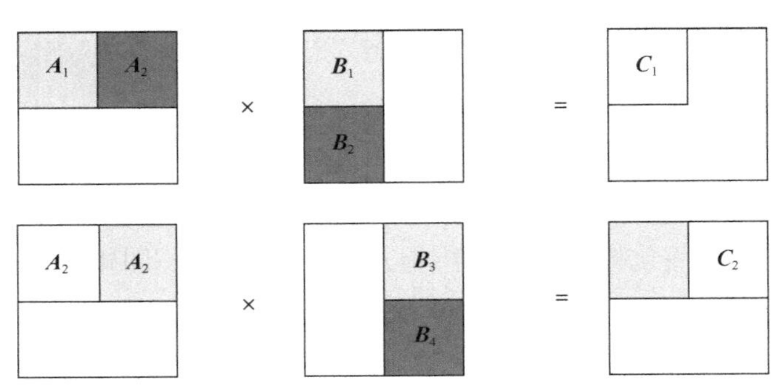

图 3-15　张量缓冲区中的矩阵分块计算

接下来介绍一个实际的切分样例，分为多核切分和核内切分两部分。

（1）多核切分

为了实现多核并行，我们需要将矩阵数据进行切分，然后分配到不同的核上进行处理。切分策略如图 3-16 所示。

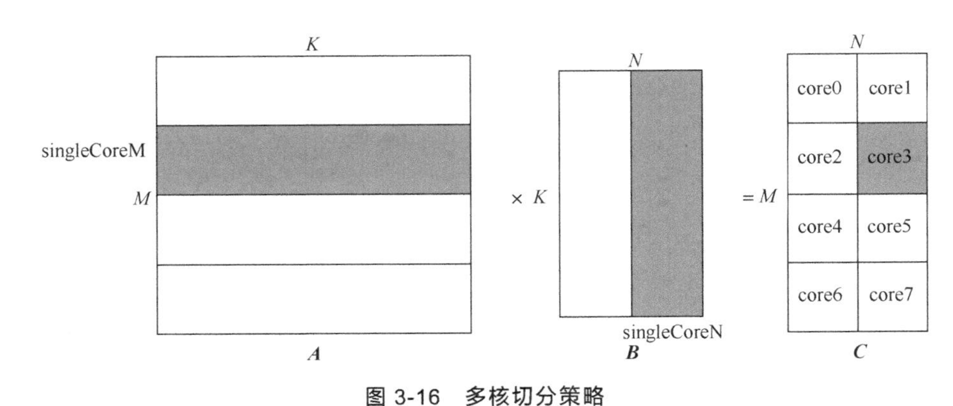

图 3-16　多核切分策略

对于矩阵 $\boldsymbol{A}$，沿着 M 轴进行切分，切分成多份的 singleCoreM，单核上处理 singleCoreM×K 大小的数据。

对于矩阵 $\boldsymbol{B}$，沿着 N 轴进行切分，切分成多份的 singleCoreN，单核上处理 K×singleCoreN 大小的数据。

对于矩阵 $\boldsymbol{C}$，singleCoreM×K 大小的矩阵 $\boldsymbol{A}$ 和 K×singleCoreN 大小的矩阵 $\boldsymbol{B}$ 相乘得到 singleCoreM×singleCoreN 大小的矩阵 $\boldsymbol{C}$，即单核上输出的矩阵 $\boldsymbol{C}$ 大小。

例如，图 3-16 中共有 8 个核参与计算，将矩阵 ***A*** 沿着 *M* 轴切分为 4 块，将矩阵 ***B*** 沿着 *N* 轴切分为两块，矩阵 ***C*** 单核上仅处理某一分块（如图中深色部分为 core3 上参与计算的数据）。

（2）核内切分

大多数情况下，本地内存的存储空间无法完整地容纳算子的输入与输出，需要每次搬运一部分输入进行计算，计算完成后搬出，再搬运下一部分输入进行计算，直到得到完整的最终结果，这就需要做核内的输入切分。核内切分的策略如图 3-17 所示。

对于矩阵 ***A***，沿 *M* 轴进行切分，切成多份的 baseM；沿 *K* 轴进行切分，切成多份的 baseK。

对于矩阵 ***B***，沿 *N* 轴进行切分，切成多份的 baseN；沿 *K* 轴进行切分，切分成多份的 baseK。

对于矩阵 ***C***，矩阵 ***A*** 中 baseM×baseK 大小的分块和矩阵 ***B*** 中 baseK×baseN 大小的分块相乘并累加，得到矩阵 ***C*** 中对应位置 baseM×baseN 大小的分块。图 3-17 中结果矩阵中的黑色矩阵块 5 是通过如下的累加过程得到的：$\boldsymbol{a}\times\boldsymbol{a}+\boldsymbol{b}\times\boldsymbol{b}+\boldsymbol{c}\times\boldsymbol{c}+\boldsymbol{d}\times\boldsymbol{d}+\boldsymbol{e}\times\boldsymbol{e}+\boldsymbol{f}\times\boldsymbol{f}$。

除了 baseM、baseN、baseK，还有一些常用的 Tiling 参数，其含义如下。

iterateOrder：一次 Iterate 迭代计算出[baseM,baseN]大小的矩阵 ***C*** 分片。Iterate 完成后，Matmul 会自动偏移下一次 Iterate 输出的矩阵 ***C*** 位置。iterOrder 表示自动偏移的顺序（如图 3-17 中 mlter 和 nlter 旁的箭头所示）。0 代表先往 *M* 轴方向偏移，再往 *N* 轴方向偏移；1 代表先往 *N* 轴方向偏移，再往 *M* 轴方向偏移。

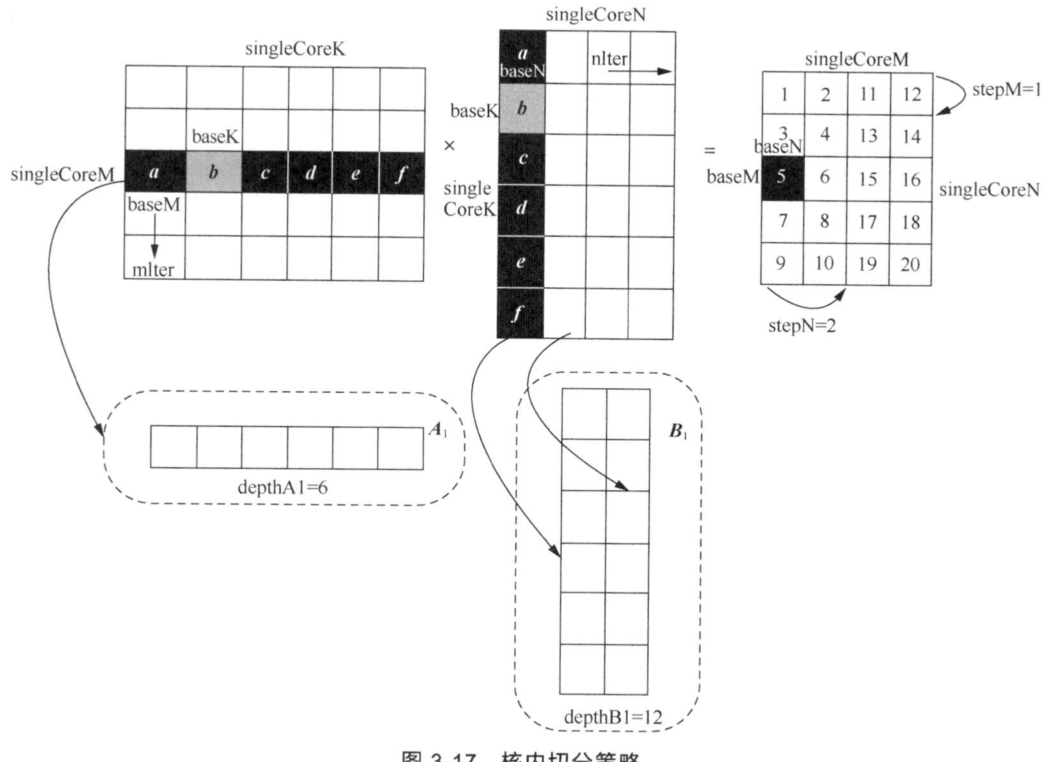

图 3-17　核内切分策略

depthA1，depthB1：$\boldsymbol{A}_1$ 为左矩阵一次搬入单核中的矩阵，$\boldsymbol{B}_1$ 为右矩阵一次搬入单核中的矩阵，$\boldsymbol{A}_2$ 是大小为 baseM×baseK 的矩阵，$\boldsymbol{B}_2$ 是大小为 baseK×baseN 的矩阵；depthA1 即 $\boldsymbol{A}_1$ 矩阵片全载 $\boldsymbol{A}_2$ 矩阵的份数，depthB1 即 $\boldsymbol{B}_1$ 矩阵片全载 $\boldsymbol{B}_2$ 矩阵的份数。

stepM，stepN：stepM 为左矩阵在 $\boldsymbol{A}_1$ 中缓存的 bufferM 方向上 baseM 的倍数。stepN 为右矩阵在 $\boldsymbol{B}_1$ 中缓存的 bufferN 方向上 baseN 的倍数。

3.4.2 高阶 API 实现 Matmul 算子流程概述

前文介绍了 Matmul 的数据切分方案和数据流。Ascend C 提供一组 Matmul 高阶 API，封装了常用的切分、数据搬运和计算的算法逻辑，方便用户快速实现 Matmul 矩阵乘法的计算操作。开发者在 Host 侧通过调用 API 自动获取 Tiling 参数，该参数被传递到 Kernel 侧后，在初始化操作时被传入，并通过几个简单的 API 即可完成矩阵乘法操作。

实现 Matmul 算子全流程如图 3-18 所示。在 Host 侧，首先创建 Tiling 对象，并设置 $\boldsymbol{A}$、$\boldsymbol{B}$、$\boldsymbol{C}$、Bias 的数据类型和格式，同时需要设置矩阵 shape 信息、可用空间大小、其他配置信息等，设置完成后根据设置信息自动获取 Tiling 参数，并将其通过接口传递到 Kernel 侧；在 Kernel 侧，首先创建 Matmul 对象（包括定义算子类成员、入参定位、计算入参偏移），并执行矩阵初始化操作，随后设置左矩阵 $\boldsymbol{A}$、右矩阵 $\boldsymbol{B}$、Bias 等数据，接下来完成矩阵乘法操作，最后结束矩阵乘法操作。

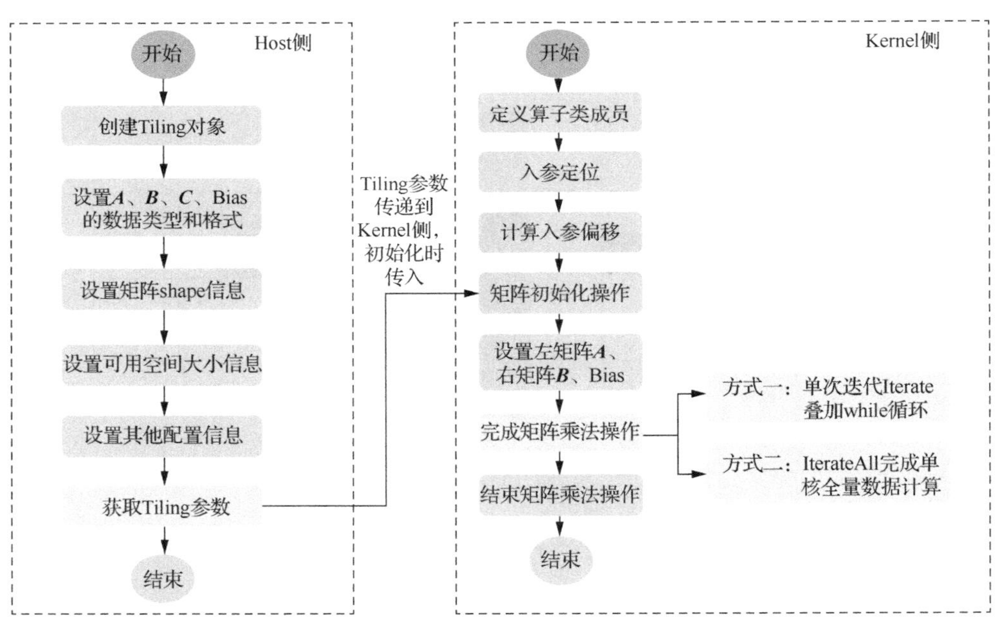

图 3-18　实现 Matmul 算子全流程

3.4.3 Matmul 算子 Kernel 侧的开发

Matmul 算子 Kernel 侧的开发与向量算子核函数的开发过程类似，首先将矩阵乘法算子类命名为 MatmulKernel，然后定义两个公有类成员函数 Init()和 Process()，算子的主体部分也就是这两个函数。其中 Init()函数完成确定入参在片外存储的位置及计算偏移；Process()函数完成矩阵初始化操作，设置左矩阵 ***A***、右矩阵 ***B***、Bias，完成矩阵乘法计算及结束矩阵乘法操作。Matmul 算子 Kernel 侧的开发流程如图 3-19 所示。

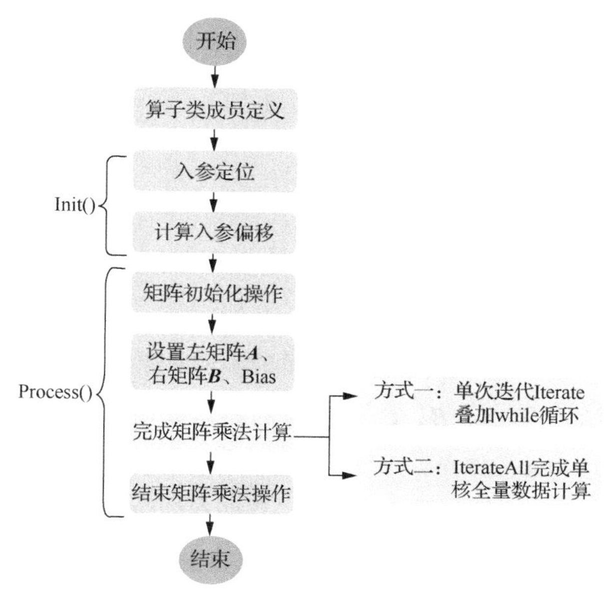

图 3-19　Matmul 算子 Kernel 侧的开发流程

1. 算子类成员的定义

MatmulKernel 算子类成员的定义见程序清单 3-13。

程序清单 3-13　MatmulKernel 算子类成员的定义

```
1  template <typename aType, typename bType, typename cType, typename
   biasType> class MatmulKernel {
2  public:
3      __aicore__ inline MatmulKernel(){};
4      __aicore__ inline void Init(GM_ADDR a, GM_ADDR b, GM_ADDR bias,
   GM_ADDR c, GM_ADDR workspace, const TCubeTiling &tiling);
5      template <bool setTmpSpace = false> __aicore__ inline void
   Process(TPipe *pipe);
6  private:
7  __aicore__ inline void CalcOffset(int32_t blockIdx, const TCubeTiling
   &tiling, int32_t &offsetA, int32_t &offsetB, int32_t &offsetC, int32_t &
   offsetBias);
8      Matmul<MatmulType<TPosition::GM, CubeFormat::ND, aType>, MatmulType
```

```
<TPosition::GM, CubeFormat::ND, bType>, MatmulType<TPosition::GM, CubeFormat::
ND, cType>, MatmulType<TPosition::GM, CubeFormat::ND, biasType>> matmulObj;
9       GlobalTensor<aType> aGlobal;
10      GlobalTensor<bType> bGlobal;
11      GlobalTensor<cType> cGlobal;
12      GlobalTensor<biasType> biasGlobal;
13      TCubeTiling tiling;
14  };
```

在程序清单 3-13 中，第 2～5 行代码定义了公有类成员，即算子类 MatmulKernel、Init()函数及 Process()函数。第 6～8 行代码定义了私有类成员：第 7 行定义了一个计算偏移量的函数 CalcOffset()；第 8 行定义了一个 Matmul 类的实例对象将其并命名为 matmulObj，其中入参为记录了参与计算的矩阵 ***A***、***B***、***C*** 及 Bias 的具体数据的参数 aType、bType、cType、biasType，这些参数均为 MatmulType 类型，需要传入各个矩阵的 TPosition 信息、数据存储格式 CubeFormat 信息等。第 9～12 行代码定义了片外存储数据，即 3 个参与计算的矩阵及偏移量的数据。第 13 行代码定义了矩阵 Tiling 结构体 TCubeTiling，用于后续传入 Tiling 数据。

2. Init()函数

Init()函数需要完成的功能是定位片外数据位置并计算偏移量信息。Init()函数的实现见程序清单 3-14。

程序清单 3-14　Init()函数的实现

```
1   template<typename aType, typename bType, typename cType, typename biasType>
2   __aicore__ inline void MatmulKernel<aType, bType, cType, biasType>::Init(GM_ADDR
    a, GM_ADDR b, GM_ADDR bias, GM_ADDR c, GM_ADDR workspace, const TCubeTiling& tiling){
3   this->tiling = tiling;
4   aGlobal.SetGlobalBuffer(reinterpret_cast<__gm__ aType*>(a), tiling.M * tiling.Ka);
5   bGlobal.SetGlobalBuffer(reinterpret_cast<__gm__ bType*>(b), tiling.Kb * tiling.N);
6   cGlobal.SetGlobalBuffer(reinterpret_cast<__gm__ cType*>(c), tiling.M * tiling.N);
7   biasGlobal.SetGlobalBuffer(reinterpret_cast<__gm__ biasType*>(bias), tiling.N);

8   int32_t offsetA = 0;
9   int32_t offsetB = 0;
10  int32_t offsetC = 0;
11  int32_t offsetBias = 0;
```

```
12    CalcOffset(GetBlockIdx(), tiling, offsetA, offsetB, offsetC, offsetBias);
13    aGlobal = aGlobal[offsetA];
14    bGlobal = bGlobal[offsetB];
15    cGlobal = cGlobal[offsetC];
16    biasGlobal = biasGlobal[offsetBias];
17    SetSysWorkSpace(workspace);
18    if(GetSysWorkSpacePtr() == nullptr){
19        return;
20    }
21  }
```

在程序清单 3-14 中，第 4～7 行代码的作用是使用 SetGlobalBuffer()方法获取片外数据的存储位置，操作与向量编程中相似。第 8～16 行代码的作用是计算并设置偏移量，其中第 12 行使用了 CalcOffset()函数计算偏移量，具体解释如下：CalcOffset()函数涉及算子的 Tiling 策略，而 Tiling 策略又分为两部分，分别是多核切分和核内切分，如图 3-20 所示。

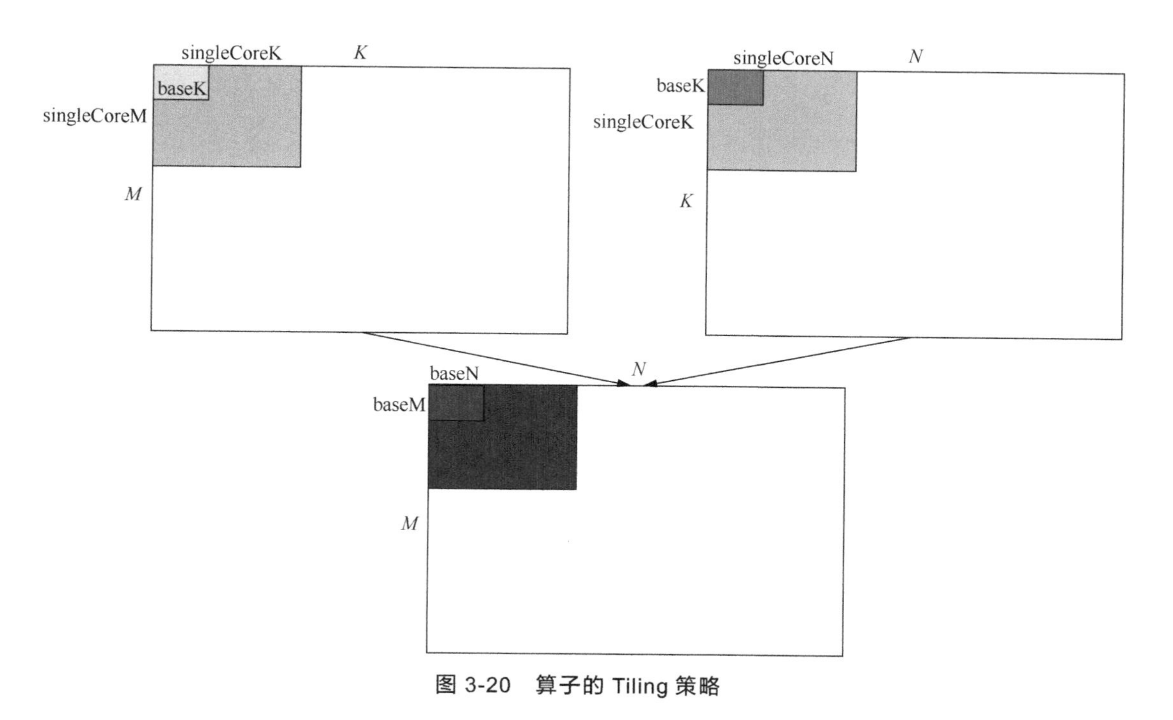

图 3-20　算子的 Tiling 策略

首先根据当前核数，对 *M*、*K*、*N* 进行多核切分，得到 singleCoreM、singleCoreK、singleCoreN；随后根据 L0C 缓冲区和 UB 的大小约束，对单核内的大小进一步切分，得到 baseM、baseN、baseK，这 3 个 base 的值为一次 Matmul 的结果。

综上所述，CalcOffset()函数的实现见程序清单 3-15。

程序清单 3-15　CalcOffset()函数的实现

```
1    template<typename aType, typename bType, typename cType, typename biasType>
2    __aicore__ inline void MatmulKernel<aType, bType, cType, biasType>::
     CalcOffset(int32_t blockIdx, const TCubeTiling& tiling, int32_t& offsetA,
     int32_t& offsetB, int32_t& offsetC, int32_t& offsetBias){
3    auto mSingleBlocks = Ceil(tiling.M, tiling.singleCoreM);
4    auto mCoreIndx = blockIdx % mSingleBlocks;
5    auto nCoreIndx = blockIdx / mSingleBlocks;

6    offsetA = mCoreIndx * tiling.Ka * tiling.singleCoreM;
7    offsetB = nCoreIndx * tiling.singleCoreN;
8    offsetC = mCoreIndx * tiling.N * tiling.singleCoreM + nCoreIndx * tiling.singleCoreN;
9    offsetBias = nCoreIndx * tiling.singleCoreN;
10   }
```

在程序清单 3-15 中，第 3～5 行代码是根据核数计算分块数，第 6～9 行代码是计算偏移量。

3. Process()函数

Process()函数主要完成矩阵初始化操作，设置左矩阵 ***A***、右矩阵 ***B***、Bias，矩阵乘法计算以及结束矩阵乘法操作。Process()函数的实现见程序清单 3-16。

程序清单 3-16　Process()函数的实现

```
1    template<typename aType, typename bType, typename cType, typename biasType>__
     aicore__ inline void MatmulKernel<aType, bType, cType, biasType>::Process(){
2    REGIST_MATMUL_OBJ(&pipe, GetSysWorkSpacePtr(), matmulObj);
3    if (GetBlockIdx() >= 1)
4    {
5        return;
6    }

7    matmulObj.Init(&tiling);
8    matmulObj.SetTensorA(aGlobal);
9    matmulObj.SetTensorB(bGlobal);
10   matmulObj.SetBias(biasGlobal);
```

```
11  matmulObj.IterateAll(cGlobal);
12  /* while (matmulObj.Iterate()) {
13              matmulObj.GetTensorC(cGlobal);
14      }*/
15  matmulObj.End();
16  }
```

在程序清单 3-16 中，第 2～7 行代码的作用是进行矩阵初始化操作。第 2 行代码使用了 REGIST_MATMUL_OBJ()方法初始化矩阵乘法计算，关键入参为最后一个参数 matmulObj，即在定义私有类成员中所定义的 Matmul 类型的参数。第 7 行代码使用 Init()函数引入矩阵切分参数 tiling。第 8～10 行代码完成设置左矩阵 ***A***、右矩阵 ***B***、Bias。第 11 行代码通过 IterateAll()方法一次性计算完当前所有传入的数据；或者使用第 12～14 行的代码，调用 Iterate 方法完成单次迭代计算，叠加 while 循环完成单核全量数据的计算，若使用这种方式，可以自行控制迭代次数，完成所需数据量的计算，比较灵活。第 15 行代码完成结束矩阵计算功能，若不加这一步会导致数据混乱、出错。

4. 核函数的声明及实现

Matmul 算子的核函数命名为 matmul_custom()，具体的实现逻辑为先获取 Tiling 数据，然后执行 MatmulKernel 算子类的 Init()函数和 Process()函数。Matmul 算子核函数的声明及实现如程序清单 3-17 所示。

程序清单 3-17 Matmul 算子核函数的声明及实现

```
1  extern "C" __global__ __aicore__ void matmul_custom(GM_ADDR a, GM_ADDR b,
   GM_ADDR bias, GM_ADDR c, GM_ADDR workspace, GM_ADDR tiling)
2  {
3      GET_TILING_DATA(tilingData, tiling);
4      MatmulKernel<half, half, float, float> matmulKernel;
5      TPipe pipe;
6      REGIST_MATMUL_OBJ(&pipe, GetSysWorkSpacePtr(), matmulKernel.matmulObj,
   &tilingData.cubeTilingData);
7      matmulKernel.Init(a, b, bias, c, workspace, tilingData.cubeTilingData);
8      if (TILING_KEY_IS(1)) {
9          matmulKernel.Process(&pipe);
10     } else if (TILING_KEY_IS(2)) {
11         matmulKernel.Process<true>(&pipe);
```

```
12        }
13  }
```

在程序清单 3-17 中，第 1 行代码为 Matmul 算子核函数声明，命名为 matmul_custom。第 3 行代码的作用是获取 Tiling 数据。第 4 行代码的作用是声明一个 MatmulKernel 算子类的实例 matmulKernel。第 5 行代码定义了片上 TPipe。第 6 行代码使用 REGIST_MATMUL_OBJ() 方法初始化矩阵乘法计算，关键入参为最后一个参数 matmulObj，即在定义私有类成员中所定义的 Matmul 类型的参数。第 7～11 行代码对 matmulKernel 实例执行 Init()和 Process()函数，其中，第 8 行和第 10 行代码使用 TILING_KEY_IS( )接口，此接口运用于 if 和 else if 分支，即用 TILING_KEY_IS 函数来表征函数的 *N* 个分支，例如 TILING_KEY_IS(1)表征此函数的第 1 个分支。

3.4.4 Matmul 算子 Host 侧的开发

大多数情况下，本地内存无法完整地容纳算子的输入与输出，需要每次搬运一部分输入进行计算后搬出，再搬运下一部分输入进行计算，直到得到完整的最终结果。这个数据切分的过程被称为 Tiling。

静态 shape 场景下，Tiling 过程中输入的大小都是已知的，每次搬运多少数据、总共需要搬运多少次均可以在编译时直接计算出来。但是在动态 shape 场景下，Tiling 过程中输入的 shape 是未知的，无法直接计算每次搬运的块大小，以及总共循环多少次。所以需要通过很多的循环次数变量和搬运大小变量来保存这些数据，在运行时确定具体的输入 shape 后，才能计算这些变量的值并将其传递给内核。这个计算变量的程序，就是动态 shape 算子的 Tiling 函数。

在 Matmul 算子 Host 侧的开发中，不仅要完成 Tiling 函数的实现，还要完成 shape 推导函数实现、算子原型注册等内容。本小节只聚焦于介绍 Tiling 函数的实现，其余内容会在第 4 章中详细介绍。

在编写 Tiling 函数之前，首先需要完成针对本算子的 Tiling 数据结构定义头文件的编写，该文件命名为“算子名称_tiling.h”，位于 Host 侧代码工程目录下，样例如程序清单 3-18 所示。

程序清单 3-18　Tiling 数据结构定义头文件的样例

```
1  #include "register/tilingdata_base.h"
2  #include "tiling/tiling_api.h"
3  namespace optiling {


4  BEGIN_TILING_DATA_DEF(MatmulCustomTilingData)
```

```
5 TILING_DATA_FIELD_DEF_STRUCT(TCubeTiling, cubeTilingData);
6 END_TILING_DATA_DEF;

7 REGISTER_TILING_DATA_CLASS(MatmulCustom, MatmulCustomTilingData)
8 }
```

在程序清单 3-18 中，第 4 行代码的作用是注册一个 Tiling 类，以 Tiling 类的名字作为入参，这里的示例名称为 MatmulCustomTilingData。第 5 行代码的作用是添加 TcubeTiling 结构体，命名为 cubeTilingData。第 6 行代码与第 4 行代码成对出现，作为定义结束符。第 7 行代码的作用是注册该 Tiling 类到对应算子中，此处注册到 MatmulCustom 算子中。

编写完成后，在 Host 侧代码中引入该头文件，即可开始后续编程。

Host 侧实现 Tiling 功能时，需要先创建 Tiling 对象，然后设置矩阵 ***A***、***B***、***C*** 和 Bias 的数据类型和格式，矩阵的 shape 信息，可用空间的大小及其他信息，最后自动获取 Tiling 参数。Host 侧实现 Tiling 功能的流程如图 3-21 所示。

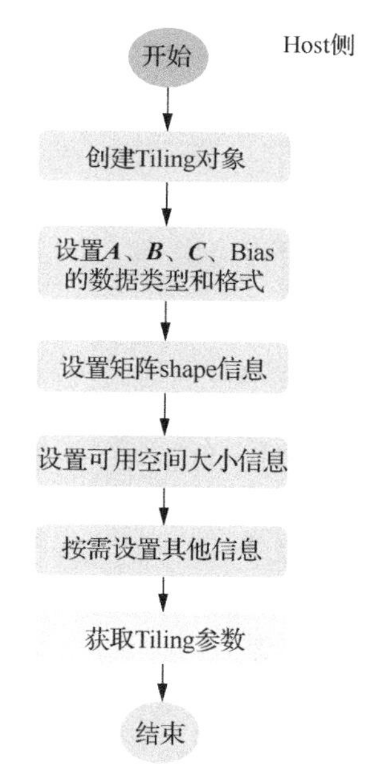

图 3-21 Host 侧实现 Tiling 功能的流程

Ascend C 提供一组 Matmul Tiling API，方便用户获取 MatMulKernel 计算时所需的 Tiling 参数。我们只需要传入矩阵 ***A***、***B***、***C*** 等信息，调用 API，即可获取 Init()函数中 TCubeTiling 结构体的相关参数。

Matmul Tiling API 分为单核 Tiling 接口（MatmulApiTiling）和多核 Tiling 接口（MultiCoreMatmulTiling），其中单核 Tiling 接口是多核 Tiling 接口的一个子集。在下文的介绍中也会着重对比这两种编程模式的异同。

1. 单核模式的 Tiling 函数

单核模式与多核模式的 Tiling 函数所完成的功能是相同的，都需要首先创建 Tiling 对象，然后设置矩阵 ***A***、***B***、***C*** 和 Bias 的数据类型和格式，矩阵 shape 信息，可用空间大小及其他信息，最后自动获取 Tiling 参数功能。两者只在部分 API 的使用上存在区别。

单核模式的 Tiling 函数的实现如程序清单 3-19 所示。

程序清单 3-19　单核模式的 Tiling 函数的实现

```
1   MatmulApiTiling cubeTiling(ascendcPlatform);
2   cubeTiling.SetAType(TPosition::GM, CubeFormat::ND, matmul_tiling::
DataType::DT_FLOAT16);
3   cubeTiling.SetBType(TPosition::GM, CubeFormat::ND, matmul_tiling::
DataType::DT_FLOAT16);
4   cubeTiling.SetCType(TPosition::GM, CubeFormat::ND, matmul_tiling::
DataType::DT_FLOAT);
5   cubeTiling.SetBiasType(TPosition::GM, CubeFormat::ND, matmul_tiling::
DataType::DT_FLOAT);
6  cubeTiling.SetShape(M, N, K);
7  cubeTiling.SetOrgShape(M, N, K);
8  cubeTiling.SetBias(true);
9  cubeTiling.SetBufferSpace(-1, -1, -1);
10  MatmulCustomTilingData tiling;
11  if (cubeTiling.GetTiling(tiling.cubeTilingData) == -1){
12        return ge::GRAPH_FAILED;
13   }
```

在程序清单 3-19 中，第 1 行代码的作用是使用 MatmulApiTiling 类接口声明了 cubeTiling 函数。第 2～5 行代码的作用是设置矩阵 ***A***、***B***、***C*** 及 Bias 的数据类型和格式。第 6 行和第 7 行代码的作用是设置矩阵 shape 信息，单核模式下使用 SetShape()方法和 SetOrgShape()方法。第 9 行代码的作用是设置可用空间信息，使用 SetBufferSpace()方法，设置其中的参数为-1 代表默认使用所有 AI Core 中的 L1/L0C/UB 缓冲区空间。第 8 行代码是按需设置其他信息的一个例子，这里使用了 SetBias()方法设置偏移信息。第 10～12 行代码的作用是自动获取 Tiling 参数，供 Kernel 侧使用。

2. 多核模式的 Tiling 函数

多核模式的 Tiling 函数实现如程序清单 3-20 所示。

程序清单 3-20 多核模式的 Tiling 函数的实现

```
1 MultiCoreMatmulTiling cubeTiling(ascendcPlatform);
2 cubeTiling.SetDim(2);
3 cubeTiling.SetAType(TPosition::GM, CubeFormat::ND, matmul_tiling::
DataType::DT_FLOAT16);
4 cubeTiling.SetBType(TPosition::GM, CubeFormat::ND, matmul_tiling::
DataType::DT_FLOAT16);
5 cubeTiling.SetCType(TPosition::GM, CubeFormat::ND, matmul_tiling::
DataType::DT_FLOAT);
6 cubeTiling.SetBiasType(TPosition::GM, CubeFormat::ND, matmul_tiling::
DataType::DT_FLOAT);
7 cubeTiling.SetShape(M, N, K);
8 cubeTiling.SetOrgShape(M, N, K);
9 cubeTiling.SetBias(true);
10 cubeTiling.SetBufferSpace(-1, -1, -1);
11 MatmulCustomTilingData tiling;
12 if (cubeTiling.GetTiling(tiling.cubeTilingData) == -1){
13     return ge::GRAPH_FAILED;
14 }
```

在程序清单 3-20 中，第 1 行代码的作用是使用 MultiCoreMatmulTiling 类接口声明了 cubeTiling 函数。第 2 行代码的作用是设置参与计算的核数量。第 3～6 行代码的作用是设置矩阵 ***A***、***B***、***C*** 及 Bias 的数据类型和格式。第 7 行和第 8 行代码的作用是设置矩阵 shape 信息，多核模式下使用 SetShape()方法和 SetOrgShape()方法。第 9 行代码是按需设置其他信息的一个例子，这里使用了 SetBias()方法设置偏移信息。第 10 行代码的作用是设置可用空间信息，使用 SetBufferSpace()方法，设置其中的参数为-1 代表默认使用所有 AI Core 中的 L1/L0C/UB 缓冲区空间。第 11～13 行代码的作用是自动获取 Tiling 参数，供 Kernel 侧使用。

3.5 混合编程范式

扫码观看视频

3.5.1 matmul_leakyrelu 算子的基本概念

本节将介绍名为 matmul_leakyrelu 的融合算子。在介绍该算子之前，我们先回顾昇腾 AI 处理器中 AI Core 的基本结构（见图 1-7）。昇腾 AI 处理器中，矩阵计算模块中的矩阵计算单元与向量计算模块中的向量计算单元之间相互分离，只通过数据总线进行数据传递。矩阵计算单元与向量计算单元可以进行一定的并行计算。

融合算子就是进行矩阵计算的同时也可以进行向量计算的算子。该算子能充分发挥当前昇腾硬件矩阵计算单元和向量计算单元可以同时进行独立运算的优势，有效地提升算子的性能。针对这种计算需求，融合场景和不融合场景的时间开销对比如图 3-22 所示。可以看出，融合之前的时间开销是矩阵计算时间 T_{mm} 和向量计算时间 T_{vec} 之和，而融合之后则变成 T_{mm} 和 T_{vec} 的最大值。

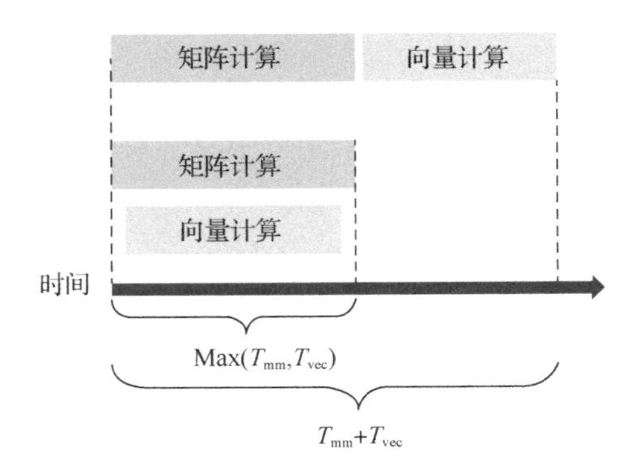

图 3-22 融合场景与不融合场景的时间开销对比

matmul_leakyrelu 融合算子的功能为在 matmul 矩阵乘法计算的基础上对输出矩阵进行 LeakyReLU 运算。因此，matmul_leakyrelu 融合算子的数学表达式为 $\boldsymbol{C}$ = LeakyReLU $(\boldsymbol{A}\times\boldsymbol{B}+\mathrm{Bias},\mathrm{alpha})$。而 LeakyReLU 的表达式则为 $\mathrm{LeakyReLU}(x_i,\ \mathrm{alpha})=\begin{cases}x_i, & x_i\geqslant 0\\ \mathrm{alpha}*x_i, & x_i<0\end{cases}$。

matmul_leakyrelu 算子表达式中各个参数的含义如下。

- $\boldsymbol{A}$、$\boldsymbol{B}$ 为源操作数，$\boldsymbol{A}$ 为左矩阵，形状为 $[M,K]$；$\boldsymbol{B}$ 为右矩阵，形状为 $[K,N]$。
- $\boldsymbol{C}$ 为目的操作数，存放矩阵乘法计算结果的矩阵，形状为 $[M,N]$。
- Bias 为矩阵乘偏置，形状为 $[1,N]$。
- alpha 为数据类型为 half 的标量，用于 LeakyReLU 计算。

3.5.2 matmul_leakyrelu 算子 Kernel 侧的开发

matmul_leakyrelu 作为一个融合算子，不但体现在其数学表达式中既包含矩阵乘法这一矩阵计算，也包含作为向量计算的 LeakyReLU 操作。另外，在 matmul_leakyrelu 算子核函数实现中，既使用 Matmul 算子的高阶 API 完成了矩阵乘法计算的相关工作，还像向量算子那样将算子的 Process 部分分为 3 个阶段，分别是实现矩阵乘法计算的 MatmulCompute、实现 LeakyReLU 运算的 LeakyReLUCompute 及完成数据搬出的 CopyOut。

由于融合算子 matmul_leakyrelu 的核函数定义部分与 Matmul 算子相似性较高，均需要引入 Tiling 结构体，故本节不再赘述该部分内容，主要从算子类的实现开始介绍 matmul_leakyrelu 算子的核函数实现。

1. 算子类成员的定义

MatmulLeakyKernel 算子类成员的定义见程序清单 3-21。

程序清单 3-21 MatmulLeakyKernel 算子类成员的定义

```
1   template <typename aType, typename bType, typename cType, typename
    biasType> class MatmulLeakyKernel {
2   public:
3       __aicore__ inline MatmulLeakyKernel(){};
4       __aicore__ inline void Init(GM_ADDR a, GM_ADDR b, GM_ADDR bias,
    GM_ADDR c, GM_ADDR workspace, const TCubeTiling &tiling, float alpha, TPipe
    *pipe);
5       template <bool setTmpSpace = false> __aicore__ inline void
    Process(TPipe *pipe);
6   private:
7       __aicore__ inline void MatmulCompute();
8       __aicore__ inline void LeakyReluCompute();
9       __aicore__ inline void CopyOut(uint32_t count);
10      __aicore__ inline void CalcOffset(int32_t blockIdx, const TCubeTiling
    &tiling, int32_t &offsetA, int32_t &offsetB, int32_t &offsetC, int32_t
    &offsetBias);
11      Matmul<MatmulType<TPosition::GM, CubeFormat::ND, aType>, MatmulType<
    TPosition::GM, CubeFormat::ND, bType>, MatmulType<TPosition::VECIN,
    CubeFormat::ND, cType>, MatmulType<TPosition::GM, CubeFormat::ND, biasType>>
    matmulObj;
12      GlobalTensor<aType> aGlobal;
13      GlobalTensor<bType> bGlobal;
14      GlobalTensor<cType> cGlobal;
15      GlobalTensor<biasType> biasGlobal;
16      LocalTensor<cType> reluOutLocal;
17      float alpha;
18      TCubeTiling tiling;
```

```
19      TQue<QuePosition::VECOUT, 1> reluOutQueue_;
20  };
```

在程序清单 3-21 中，第 2～5 行代码定义了公有类成员，即算子类 MatmulLeakyKernel()函数、Init()函数及 Process()函数。第 6 行代码开始定义私有类成员，包括第 7～9 行声明融合算子实现的 3 段式流水线任务；第 10 行代码声明偏移计算函数 CalcOffset()；第 11 行代码定义了一个 Matmul 类的结构体并将其命名为 matmulObj，其中的入参为记录了参与计算的矩阵 ***A***、***B***、***C*** 及 Bias 具体数据的 aType、bType、cType、biasType，这些参数均为 MatmulType 类型，需要传入各个矩阵的 TPosition 信息、数据存储格式 CubeFormat 信息等。第 12～15 行代码定义了片外存储数据，即 3 个参与计算的矩阵及偏移量的数据；第 18 行代码定义了矩阵 Tiling 结构体 TCubeTiling，用于后续传入 Tiling 数据。

与矩阵的算子类成员不同的是，由于 matmul_leakyrelu 算子在进行矩阵乘法操作后，需要将保留的计算结果传回数据总线中，并传入向量计算单元，因此需要创建一个 LocalTensor 类型的成员 reluOutLocal 用于存储矩阵乘法计算结果，并创建一个 VECOUT 类型的队列 reluOutQueue_用于搬运 LeakyReLU 操作的计算结果至板外，这两者的声明如程序清单 3-21 第 16～19 行所示。此外，还需要定义一个 FP 类型的成员 alpha 用于存储 LeakyReLU 操作所需的标量 alpha 值，如第 17 行代码所示。

2. Init()函数

Init()函数需要完成的功能是定位片外数据的位置并计算偏移量信息。Init()函数的实现见程序清单 3-22。

程序清单 3-22　Init()函数的实现

```
1   template <typename aType, typename bType, typename cType, typename biasType>
    __aicore__ inline void MatmulLeakyKernel<aType, bType, cType, biasType>::
    Init(GM_ADDR a, GM_ADDR b, GM_ADDR bias, GM_ADDR c, GM_ADDR workspace, const
    TCubeTiling &tiling, float alpha, TPipe *pipe){
2       this->tiling = tiling;
3       this->alpha = alpha;
4       aGlobal.SetGlobalBuffer(reinterpret_cast<__gm__ aType *>(a), tiling.M *
    tiling.Ka);
5       bGlobal.SetGlobalBuffer(reinterpret_cast<__gm__ bType *>(b), tiling.Kb *
    tiling.N);
6       cGlobal.SetGlobalBuffer(reinterpret_cast<__gm__ cType *>(c), tiling.M *
    tiling.N);
```

```
7       biasGlobal.SetGlobalBuffer(reinterpret_cast<__gm__ biasType *>(bias),
    tiling.N);
8       int offsetA = 0;
9       int offsetB = 0;
10      int offsetC = 0;
11      int offsetBias = 0;
12      CalcOffset(GetBlockIdx(), tiling, offsetA, offsetB, offsetC, offsetBias);
13      aGlobal = aGlobal[offsetA];
14      bGlobal = bGlobal[offsetB];
15      cGlobal = cGlobal[offsetC];
16      biasGlobal = biasGlobal[offsetBias];
17      pipe->InitBuffer(reluOutQueue_, 1, tiling.baseM * tiling.baseN *
    sizeof(cType));
18      if (GetSysWorkSpacePtr() == nullptr) {
19          return;
20      }
21  }
```

在程序清单 3-22 中，第 2 行和第 3 行代码负责读取 tiling 和 alpha 的数据。第 4～7 行代码的作用是使用 SetGlobalBuffer()方法获取片外数据的存储位置，操作与向量编程相似。第 8～16 行代码的作用是计算并设置偏移量，其中第 12 行使用了 CalcOffset()函数进行偏移量的计算，这部分在矩阵编程部分已经详细阐述过，不再赘述。第 17 行代码负责初始化 VECOUT 队列 reluOutQueue_。

3. Process()函数

在融合算子 matmu_leakyrelu 中，Process()函数调用 3 个阶段函数完成其全部功能：MatmulCompute()、LeakyReluCompute()、CopyOut()。与向量编程不同的是，matmu_leakyrelu 算子的 Process()函数也需要进行计算操作。

Process()函数的实现全过程如程序清单 3-23 所示。然后依次介绍 Process()函数、MatmulCompute()函数、LeakyReluCompute()函数、CopyOut()函数的作用和实现。

程序清单 3-23　Process()函数的实现

```
1   template <typename aType, typename bType, typename cType, typename biasType>
2   template <bool setTmpSpace> __aicore__ inline void MatmulLeakyKernel<aType,
    bType, cType, biasType>::Process(TPipe *pipe)
```

```
3  {
4      uint32_t computeRound = 0;
5      if constexpr (setTmpSpace) {
6          TBuf<> tmpMMFormatUb;
7          LocalTensor<uint8_t> mmformatUb;
8          pipe->InitBuffer(tmpMMFormatUb, tiling.baseM * tiling.baseN *
   sizeof(cType));
9          mmformatUb = tmpMMFormatUb.Get<uint8_t>(tiling.baseM * tiling.baseN *
   sizeof(cType));
10         matmulObj.SetLocalWorkspace(mmformatUb);
11     }
12     matmulObj.SetTensorA(aGlobal);
13     matmulObj.SetTensorB(bGlobal);
14     matmulObj.SetBias(biasGlobal);
15     while (matmulObj.template Iterate<true>()) {
16         MatmulCompute();
17         LeakyReluCompute();
18         CopyOut(computeRound);
19         computeRound++;
20     }
21     matmulObj.End();
22 }
23
24 template <typename aType, typename bType, typename cType, typename
   biasType>__aicore__ inline void MatmulLeakyKernel<aType, bType, cType,
   biasType>::MatmulCompute()
25 {
26     reluOutLocal = reluOutQueue_.AllocTensor<cType>();
27     matmulObj.template GetTensorC<true>(reluOutLocal, false, true);
28 }
29
30 template <typename aType, typename bType, typename cType, typename biasType>
31 __aicore__ inline void MatmulLeakyKernel<aType, bType, cType,
```

```
biasType>::LeakyReluCompute()
32 {
33     LeakyRelu(reluOutLocal, reluOutLocal, (cType)alpha, tiling.baseM *
tiling.baseN);
34     reluOutQueue_.EnQue(reluOutLocal);
35 }
36
37 template <typename aType, typename bType, typename cType, typename biasType>
38 __aicore__ inline void MatmulLeakyKernel<aType, bType, cType,
biasType>::CopyOut(uint32_t count)
39 {
40     reluOutQueue_.DeQue<cType>();
41     const uint32_t roundM = tiling.singleCoreM / tiling.baseM;
42     const uint32_t roundN = tiling.singleCoreN / tiling.baseN;
43     uint32_t startOffset = (count % roundM * tiling.baseM * tiling.N + count
/ roundM * tiling.baseN);
44     DataCopyParams copyParam = {(uint16_t)tiling.baseM, (uint16_t)
(tiling.baseN * sizeof(cType) / DEFAULT_C0_SIZE), 0, (uint16_t)((tiling.N -
tiling.baseN) * sizeof(cType) / DEFAULT_C0_SIZE)};
45     DataCopy(cGlobal[startOffset], reluOutLocal, copyParam);
46     reluOutQueue_.FreeTensor(reluOutLocal);
47 }
```

（1）Process()函数的实现

程序清单 3-23 中，第 5～10 行代码在使用 SetLocalWorkspace 接口申请矩阵乘法过程中需要临时使用内存空间。对于某些场景，Matmul 内部需要额外占用 VECCALC 空间，如果用户希望在算子中复用这个额外占用的 VECCALC 空间，则需要用户预留该空间，并申请好 LocalTensor，将其起始物理地址传入 Matmul。满足以下几个条件之一就需要使用 SetLocalWorkspace 接口传入 UB 临时空间：矩阵 ***C*** 的 Position 为 TPosition::GM；矩阵 ***C*** 的 CubeFormat 为 CubeFormat::ND；矩阵 ***A*** 或矩阵 ***B*** 的 CubeFormat 为 CubeFormat::ND；存在 Bias，且 Bias 的 Position 不是 VECCALC。

在 Process()函数中，还需要进行矩阵乘法的初始化操作，其过程如程序清单 3-23 第 12～14 行所示。此外，由于融合算子采用多核计算，且引入了切分函数，因此需要定义一个常量记录各个输出结果对应的位置，且需要使用单次迭代 Iterate()函数叠加 while 循环完成矩阵乘法操作后，将所得输出逐个输入至后续操作中执行，如第 15 ~ 20 行所示；第 21 行代码完成结束矩阵计算功能。

（2）MatmulCompute()函数的实现

- 使用 AllocTensor()函数接口在 reluOutQueue_队列上为 reluOutLocal 分配内存，如程序清单 3-23 第 26 行代码所示。
- 使用 GetTensorC()函数接口获取循环条件中 Iterate()函数计算得到的输出，如第 27 行代码所示。

（3）LeakyReluCompute()函数的实现

- 使用 LeakyRelu()函数接口完成一个大小为 tiling.baseM×tiling.baseN 的矩阵的 LeakyReLU 计算，如程序清单 3-23 第 33 行代码所示。
- 使用 EnQue 将得到的 reluOutLocal 结果移入队列，如第 34 行代码所示。

（4）CopyOut()函数的实现

- 使用 DeQue 将队列中的 reluOutLocal 移出队列，如第 40 行代码所示。
- 计算两个维度需要循环的次数 roundM 和 roundN，如第 41 行和第 42 行代码所示。
- 计算起始偏置 startOffset，如第 43 行代码所示，startOffset 的值与计算轮数 count、矩阵横轴维度循环次数 roundM，以及矩阵 Tiling 结构体中的数据设置有关。
- 定义 DataCopy 所需参数 DataCopyParams 的内容，并使用 DataCopy 将结果从 VECOUT 搬运至全局内存上对应的内存偏移地址中，如第 44 行和第 45 行代码所示。
- 使用 FreeTensor()方法释放 reluOutLocal，如第 46 行代码所示。

3.6 更多 Ascend C 算子样例

扫码观看视频

通过前文介绍的如何编写基础的向量算子、矩阵算子及混合算子的内容，读者已经逐渐体会到 Ascend C 的核心是基于 C++语法上合理使用其提供的功能全面且强大的 API。针对深度学习中常用的算子核函数，本节会展示更多 Ascend C 核心实现部分的编程思路及实现方式，帮助读者进一步理解 Ascend C 并能灵活运用它去完成更多编程任务。

本书中所有完整算子样例都会收录到本书配套代码仓中，开发者也可以前往码云昇腾官方代码仓，获得更多开源 Ascend C 算子样例。

码云昇腾官方代码仓中含有多个分支，例如 Ascend C 高阶类库、基于昇腾硬件的融合算子库、基于昇腾硬件的高性能集合通信库、昇腾大模型仓库、昇腾 PyTorch 适配仓库和昇腾大模型加速库等。

3.6.1　双曲正弦函数算子核函数的实现

1. 算子分析

此算子核函数为本书原创，暂未收录在昇腾开源代码仓中。

双曲正弦函数（Hyperbolic Sine Function，Sinh）是一种常见的双曲函数，在形式上与普通正弦函数类似，但有着不一样的性质。

Sinh 函数的数学表达式如式（3.1）所示。

$$\sinh(x)=\frac{e^{x}-e^{-x}}{2} \tag{3.1}$$

式中，e 是自然对数的底，约等于 2.71828。

Sinh 函数的图像呈现出典型的“山谷”形状，类似于普通正弦函数，但是它的幅度更大，增长速度更快。当 x 接近正无穷大时，sinh(x)也趋向于正无穷大；而当 x 接近负无穷大时，sinh(x)趋向于负无穷大。Sinh 函数如图 3-23 所示。

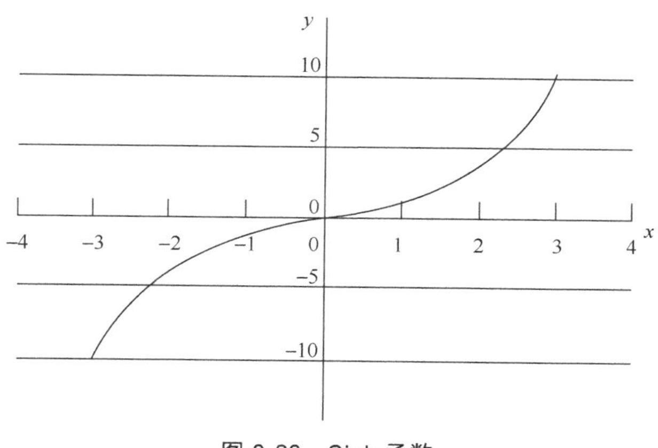

图 3-23　Sinh 函数

了解了 Sinh 函数后，即可着手设计如何使用 Ascend C 完成 Sinh 函数的功能。

根据 Sinh 函数的数学表达式，此算子不需要涉及矩阵计算，且 Sinh 函数只需要一个输入 x、一个输出 z 即可，故可以按照向量算子的模板来进行编写。其中最关键的部分在于如何实现 e^{x} 与 e^{-x}。Ascend C 提供了按元素取自然对数的接口 Exp()，可以用来实现 e^{x}；同时根据数学特性，e^{x} 与 e^{-x} 互为倒数，Ascend C 也提供了按元素取倒数的接口 Reciprocal()，在计算完 e^{x} 后可用此接口计算 e^{-x}。此外，可以使用逐元素求差接口 Sub() 来实现 e^{x} 与 e^{-x} 作差；可以使用标量双目指令接口 Muls()实现最后除以 2 的操作，此接口的作用是向量内每个元素都与一个标量进行乘法计算，设置标量为 0.5 即可完成除以 2 的操作。上述内容只为一种解决方法，读者可以使用任意合理的运算过程来实现 Sinh 算子。

2. 核函数核心部分的实现

在确定了所需使用的 API 后，整个计算流程也清晰起来，我们可以着手进行代码编写。

在前文的分析中已经知道，Sinh 算子是一个标准的向量算子，可以很大程度上套用向量编程范式。整个核函数也可以分为 CopyIn、Compute、CopyOut 3 个部分，其中 CopyIn 和 CopyOut 只需要在向量编程范式的基础上减少一个输入即可，Compute 部分需要重新实现算子计算逻辑。

（1）CopyIn 的实现

CopyIn 数据搬入阶段只涉及一个输入的搬入，实现代码如程序清单 3-24 所示。

程序清单 3-24　Sinh 算子 CopyIn 的实现

```
1   __aicore__ inline void CopyIn(int32_t progress)
2   {
3   LocalTensor<half> xLocal = inQueueX.AllocTensor<half>();
4   DataCopy(xLocal, xGm[progress * TILE_LENGTH], TILE_LENGTH);
5   inQueueX.EnQue(xLocal);
6   }
```

在程序清单 3-24 中，第 3 行代码为分配板上 x 的内存空间 xLocal。第 4 行代码为使用 DataCopy 接口将输入数据从板外搬入板上。第 5 行代码为将 xLocal 传入队列中，方便后续操作。

（2）Compute 的实现

Compute 部分为实现 Sinh 的计算逻辑，实现代码如程序清单 3-25 所示。

程序清单 3-25　Sinh 算子 Compute 的实现

```
1   __aicore__ inline void Compute(int32_t progress)
2   {
3   LocalTensor<half> xLocal = inQueueX.DeQue<half>();
4   LocalTensor<half> zLocal = outQueueZ.AllocTensor<half>();
5   half scalar = 0.5;
6   Exp(zLocal,xLocal,TILE_LENGTH);
7   Reciprocal(zLocal,xLocal,TILE_LENGTH);
8   Sub(zLocal,xLocal,zLocal,TILE_LENGTH);
9   Muls(zLocal,xLocal,scalar,TILE_LENGTH);
10  outQueueZ.EnQue<half>(zLocal);
11  inQueueX.FreeTensor(xLocal);
12  }
```

在程序清单 3-25 中，第 3 行和第 4 行代码为准备工作，将 xLocal 从队列中取出，并为输出 z 分配板上内存空间 zLocal。核心的运算部分为第 5～9 行代码：第 5 行代码设置后续使用的标量 scalar = 0.5；第 6 行代码使用 Exp()接口实现 e^x，使用 Exp()接口的二级接口模式，第一个参数为输出结果向量，第二个参数为输入向量，第三个参数为运算元素个数，这里将输入向量与输出向量都定位在 xLocal 进行自我覆写，运算结束后 xLocal 里的值已经发生改变，其中每个元素已经是原数值进行自然指数运算后的结果；第 7 行代码进行 e^{-x} 的运算，使用 Reciprocal()接口的二级接口模式，第一个参数为输出结果向量，第二个参数为输入向量，第三个参数为运算元素个数，这里将原定分配给最终输出结果的 zLocal 暂时征用以存储 e^{-x}，故输出参数为 zLocal，输入参数为 xLocal，计算完成后 zLocal 中每个元素为原输入元素进行 e^{-x} 运算后的结果；第 8 行代码使用 Sub()接口完成 $e^x - e^{-x}$ 计算，其中 Sub()接口第一个参数为输出结果向量，第二个参数为被减数，第三个参数为减数，第四个参数为计算元素个数，这里将输出结果设置为 zLocal，被减数设置为 xLocal，减数设置为 zLocal，完成 $e^x - e^{-x}$ 计算，结果覆写在 zLocal 中；第 9 行代码使用 Muls()接口实现最后的除以 2 操作，其中第一个参数为输出结果向量，第二个参数为输入向量，第三个参数为参与运算的标量，第四个参数为运算元素个数，故将结果设置为 zLocal，输入向量设置为 zLocal，运算标量设置为第 5 行声明的 scalar，实现 zLocal 的覆写，得到最终的计算结果。第 10 行代码将 zLocal 入队，方便后续使用，第 11 行代码为释放内存空间。

（3）CopyOut 的实现

CopyOut 函数涉及一个输出的搬出，与向量编程范式一致，此处不再赘述。

3.6.2　Strassen 矩阵乘法算子核函数的实现

1. 算子分析

为了完整展示一个新算子的实现过程，本小节选择的算子核函数是本书专门设计，暂未收录在昇腾开源代码仓中。

本小节会实现一个基于 Strassen 算法的矩阵乘法算子，算子输入为两个固定 Shape 为 32×32 的矩阵，算子输出为一个 32×32 的矩阵。

Strassen 算法是一种用于矩阵乘法的分治算法，旨在减少标准矩阵乘法的乘法次数。在标准矩阵乘法中，如果我们有两个矩阵 $\boldsymbol{A}$ 和 $\boldsymbol{B}$，它们的维度分别为 $n\times m$ 和 $m\times p$，则乘积 $\boldsymbol{C}$ 的维度为 $n\times p$，且共需要执行 $n\times p\times m$ 次操作，故标准矩阵乘法计算的时间复杂度为 $\Theta\left(n^3\right)$。1969 年，Volker Strassen 提出了第一个算法时间复杂度低于 $\Theta\left(n^3\right)$ 的矩阵乘法算法——Strassen 算法，该算法复杂度为 $\Theta\left(n^{\log_2 7}\right)=\Theta\left(n^{2.807}\right)$。

Strassen 算法本质上是一种递归分治算法，其核心思想是将两个大矩阵 $\boldsymbol{A}$ 和 $\boldsymbol{B}$ 分割成更小的子矩阵，然后通过优化过后的递归调用方式来计算它们的乘积。整个算法可以分为如下 5 步。

第一步，Strassen 算法将大小为 $n \times n$ 的左矩阵 $\boldsymbol{A}$ 和右矩阵 $\boldsymbol{B}$ 进行分解，分别分解为 4 个 $\left(\frac{n}{2}\right) \times \left(\frac{n}{2}\right)$ 的子矩阵：

$$\boldsymbol{A} = \begin{bmatrix} \boldsymbol{A}_{11} & \boldsymbol{A}_{12} \\ \boldsymbol{A}_{21} & \boldsymbol{A}_{22} \end{bmatrix} \qquad \boldsymbol{B} = \begin{bmatrix} \boldsymbol{B}_{11} & \boldsymbol{B}_{12} \\ \boldsymbol{B}_{21} & \boldsymbol{B}_{22} \end{bmatrix}$$

第二步，Strassen 算法创建了 10 个新的 $\left(\frac{n}{2}\right) \times \left(\frac{n}{2}\right)$ 矩阵 $\boldsymbol{S}_1$，$\boldsymbol{S}_2$，…，$\boldsymbol{S}_{10}$，其由 $\boldsymbol{A}$、$\boldsymbol{B}$、$\boldsymbol{C}$ 矩阵分解出来的矩阵进行相互加减得来，共执行 10 次矩阵之间的加减法计算：

$$\boldsymbol{S}_1 = \boldsymbol{B}_{12} - \boldsymbol{B}_{22}$$
$$\boldsymbol{S}_2 = \boldsymbol{A}_{11} + \boldsymbol{A}_{12}$$
$$\boldsymbol{S}_3 = \boldsymbol{A}_{21} + \boldsymbol{A}_{22}$$
$$\boldsymbol{S}_4 = \boldsymbol{B}_{21} - \boldsymbol{B}_{11}$$
$$\boldsymbol{S}_5 = \boldsymbol{A}_{11} + \boldsymbol{A}_{22}$$
$$\boldsymbol{S}_6 = \boldsymbol{B}_{11} + \boldsymbol{B}_{22}$$
$$\boldsymbol{S}_7 = \boldsymbol{A}_{12} - \boldsymbol{A}_{22}$$
$$\boldsymbol{S}_8 = \boldsymbol{B}_{21} + \boldsymbol{B}_{22}$$
$$\boldsymbol{S}_9 = \boldsymbol{A}_{11} - \boldsymbol{A}_{21}$$
$$\boldsymbol{S}_{10} = \boldsymbol{B}_{11} + \boldsymbol{B}_{12}$$

第三步，Strassen 算法使用原始矩阵分解的子矩阵和新创建的 10 个矩阵，递归地计算得到 7 个新的矩阵 $\boldsymbol{P}_1$，$\boldsymbol{P}_2$，…，$\boldsymbol{P}_7$，共执行 7 次矩阵之间的乘法计算：

$$\boldsymbol{P}_1 = \boldsymbol{A}_{11} \times \boldsymbol{S}_1$$
$$\boldsymbol{P}_2 = \boldsymbol{S}_2 \times \boldsymbol{B}_{22}$$
$$\boldsymbol{P}_3 = \boldsymbol{S}_3 \times \boldsymbol{B}_{11}$$
$$\boldsymbol{P}_4 = \boldsymbol{A}_{22} \times \boldsymbol{S}_4$$
$$\boldsymbol{P}_5 = \boldsymbol{S}_5 \times \boldsymbol{S}_6$$
$$\boldsymbol{P}_6 = \boldsymbol{S}_7 \times \boldsymbol{S}_8$$
$$\boldsymbol{P}_7 = \boldsymbol{S}_9 \times \boldsymbol{S}_{10}$$

第四步，Strassen 算法使用 $\boldsymbol{P}_1$，$\boldsymbol{P}_2$，…，$\boldsymbol{P}_7$ 进行加减法计算，得到输出矩阵 $\boldsymbol{C}$ 的子矩阵 $\boldsymbol{C}_{11}$、$\boldsymbol{C}_{12}$、$\boldsymbol{C}_{21}$、$\boldsymbol{C}_{22}$，共执行 8 次矩阵之间的加减法计算：

$$\boldsymbol{C}_{11} = \boldsymbol{P}_5 + \boldsymbol{P}_4 - \boldsymbol{P}_2 + \boldsymbol{P}_6$$
$$\boldsymbol{C}_{12} = \boldsymbol{P}_1 + \boldsymbol{P}_2$$
$$\boldsymbol{C}_{21} = \boldsymbol{P}_3 + \boldsymbol{P}_4$$
$$\boldsymbol{C}_{22} = \boldsymbol{P}_5 + \boldsymbol{P}_1 - \boldsymbol{P}_3 - \boldsymbol{P}_7$$

第五步，Strassen 算法将 $\boldsymbol{C}_{11}$、$\boldsymbol{C}_{12}$、$\boldsymbol{C}_{21}$、$\boldsymbol{C}_{22}$ 这 4 个子矩阵合并起来，成为最终的结果矩阵 $\boldsymbol{C}$。

综上所述，同时考虑到 Ascend C 语言的特性，Strassen 算子的整体数据通路设计如图 3-24 所示。

Strassen 算子的输入数据是 2 个尺寸为 32×32 的方阵，数据类型为 half（FP16）；输出数据是 1 个尺寸为 32×32 的方阵，数据类型为 FP32。整体数据通路共分为 5 步。第一步，使用 DataCopy 接口将存储在 Host 侧的数据搬入 Device 侧，同时实现将 32×32 矩阵切分成 16×16 矩阵的功能；第二步，使用 Add()与 Sub()等接口计算得到 $\boldsymbol{S}_1$，$\boldsymbol{S}_2$，…，$\boldsymbol{S}_{10}$，同时处理在后续矩阵乘法阶段还会使用到的 $\boldsymbol{A}_{11}$、$\boldsymbol{A}_{22}$、$\boldsymbol{B}_{11}$、$\boldsymbol{B}_{22}$ 这 4 个子矩阵，将其 TPosition 调整规范，为下一步做好准备；第三步，使用高级矩阵乘法 API，实现 7 组矩阵乘法计算并得到 $\boldsymbol{P}_1$，$\boldsymbol{P}_2$，…，$\boldsymbol{P}_7$；第四步，使用 Add()与 Sub()接口，计算得到 $\boldsymbol{C}$ 的子矩阵 $\boldsymbol{C}_{11}$、$\boldsymbol{C}_{12}$、$\boldsymbol{C}_{21}$、$\boldsymbol{C}_{22}$；第五步，使用 DataCopy 接口将 Device 侧的数据搬运到 Host 侧，并实现结果矩阵的合并。

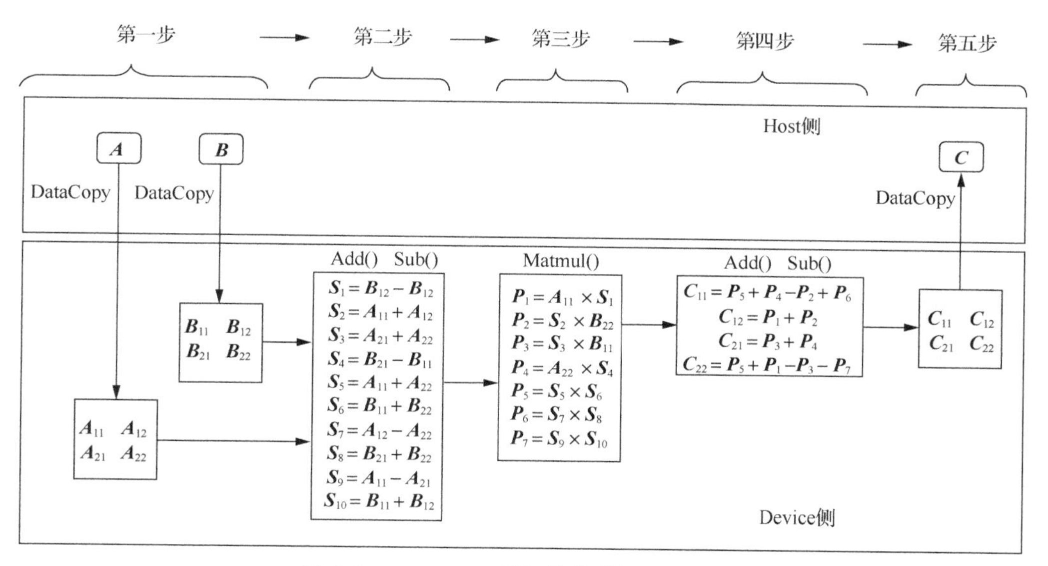

图 3-24　Strassen 算子整体数据通路设计

整个核函数仍然分为两个主要部分，分别是初始化函数 Init()和计算执行函数 Process()。其中 Process()包含 5 个成员函数，分别是 CopyIn()、AddandSub1()、MatmulCompute()、AddandSub2()、CopyOut()，对应图 3-24 中的第一步～第五步。

2. 核函数核心部分实现

（1）strassenKernel 类定义

在本算子中，将用户自定义类命名为 strassenKernel。其中主要包括对成员函数的声明、对矩阵乘法类的声明、对矩阵 Tiling 函数引入结构体的声明、对板外输入输出的定义，以及对板上 TQue 类型变量的声明。

由于 Ascend C（Atlas A2 训练系列产品）限制了单个核函数内处于同一 TPosition 的 TQue 数量不得超过 8 个，故不能为每一个中间变量都分配一个单独的 TQue，而是需要分配一块内存更大的 TQue，再通过地址偏移的方式为每一个中间变量分配内存。同时需要使单个 TQue 分配空间长度不超过 Ascend C 的限制，本算子定义了常量关键字 quarterSize = 256，该关键字代表切分过后 1 个子矩阵的数据长度，限制每一个 TQue 所分配的板上内存空间不得超过 4×quarterSize 个对应数据类型（half 或 FP）的大小。例如声明一块长度为 4×quarterSize*sizeof(half)的 TQue A，由其分配 LocalTensor ALOCAL，用于存储矩阵 $\boldsymbol{A}$ 切分后的 4 个子矩阵，则 $\boldsymbol{A}_{11}$、$\boldsymbol{A}_{12}$、$\boldsymbol{A}_{21}$、$\boldsymbol{A}_{22}$ 这 4 个子矩阵的存储位置首地址为 ALOCAL[0]、ALOCAL[quarterSize]、ALOCAL[2*quarterSize]、ALOCAL[3*quarterSize]。

strassenKernel 类定义如程序清单 3-26 所示。

程序清单 3-26　strassenKernel 类定义

```
1  class strassenKernel{
2  public:
3  __aicore__ inline strassenKernel(){};
4  __aicore__ inline void Init(GM_ADDR a, GM_ADDR b, GM_ADDR c, GM_ADDR workspace, 
GM_ADDR tilingGm, TPipe* pipe);
5  __aicore__ inline void Process(TPipe* pipe);
6  __aicore__ inline void CopyIn();
7  __aicore__ inline void AddandSub1();
8  __aicore__ inline void MatmulCompute();
9  __aicore__ inline void AddandSub2();
10 __aicore__ inline void CopyOut();
11 Matmul<MatmulType<TPosition::VECOUT, CubeFormat::ND, half>,
          MatmulType<TPosition::VECOUT, CubeFormat::ND, half>,
          MatmulType<TPosition::VECIN, CubeFormat::ND, float>,
          MatmulType<TPosition::VECOUT, CubeFormat::ND, float>>
   mm1;
12 TCubeTiling tiling;
13 GlobalTensor<half> GMmatrixA, GMmatrixB;
14 GlobalTensor<float> GMmatrixC;
15 TQue<TPosition::VECIN,1> A;
16 TQue<TPosition::VECIN,1> B;
17 TQue<TPosition::VECOUT,1> S1234;
18 TQue<TPosition::VECOUT,1> S5678;
```

```
19 TQue<TPosition::VECOUT,1> S910;
20 TQue<TPosition::VECOUT,1> N;
21 TQue<TPosition::VECIN,1> P1234;
22 TQue<TPosition::VECIN,1> P567;
23 TQue<TPosition::VECOUT,1> C;
24 };
```

在程序清单 3-26 中，第 3～10 行代码进行 strassenKernel 类及所有成员函数的声明。第 11 行代码注册 Matmul 类并命名为 mm1，由于本算子所执行的 7 次矩阵乘法使用的 Tiling 函数是相同的，故只用注册 1 个 Matmul 类即可。第 12 行代码声明了矩阵 Tiling 函数信息传入结构体 TCubeTiling，并命名为 tiling。第 13 行和第 14 行代码声明板外存储空间，定义输入为 GMmatrixA 和 GMmatrixB，定义输出为 GMmatrixC。第 15～23 行声明所有片上 TQue 变量，包括片上需要通过地址偏移法来存储矩阵 ***A***、***B*** 分块矩阵的 A 和 B，用于存储第一次矩阵加减法计算结果的 S1234、S5678 及 S910，用于进行 TPosition 转换的 N，用于存储矩阵乘法计算结果的 P1234 及 P567，用于存储 ***C*** 矩阵分块矩阵的 C。

（2）初始化函数 Init()

本算子的初始化函数 Init()主要进行 4 个操作。第一个操作是对矩阵切分信息进行搬入。第二个操作是定位片外输入输出内存位置，使用 SetGlobalBuffer()函数。第三个操作是针对 Ascend C 融合算子特有的 workspace 进行分配。第四个操作是对所有申请的 TQue 进行初始化操作，需要显式地分配内存空间大小。Strassen 算子初始化函数 Init()如程序清单 3-27 所示。

程序清单 3-27　Strassen 算子初始化函数 Init()

```
1  __aicore__ inline void strassenKernel::Init(GM_ADDR a, GM_ADDR b, GM_ADDR c,
   GM_ADDR workspace, GM_ADDR tilingGm, TPipe* pipe){
2  auto tempTilingGM = (__gm__ uint32_t*)tilingGm;
3  auto tempTiling = (uint32_t*)&tiling;
4  for (int32_t i = 0; i < sizeof(TCubeTiling) / sizeof(int32_t); ++i,
   ++tempTilingGM, ++tempTiling)
5  {
6  *tempTiling = *tempTilingGM;
7  }
8  GMmatrixA.SetGlobalBuffer((__gm__ half*)a);
9  GMmatrixB.SetGlobalBuffer((__gm__ half*)b);
10 GMmatrixC.SetGlobalBuffer((__gm__ float*)c);
```

```
11  SetSysWorkspace(workspace);
12  if(GetSysWorkSpacePtr() == nullptr){
13  return;
14    }
15  pipe->InitBuffer(A, 1,  4 * quarterSize * sizeof(half));
16  pipe->InitBuffer(B, 1,  4 * quarterSize * sizeof(half));
17  pipe->InitBuffer(S1234, 1, 4 * quarterSize * sizeof(half));
18  pipe->InitBuffer(S5678, 1, 4 * quarterSize * sizeof(half));
19  pipe->InitBuffer(S910, 1, 2 * quarterSize * sizeof(half));
20  pipe->InitBuffer(N, 1, 4 * quarterSize * sizeof(half));
21  pipe->InitBuffer(P1234, 1, 4 * quarterSize * sizeof(float));
22  pipe->InitBuffer(P567, 1, 3 * quarterSize * sizeof(float));
23  pipe->InitBuffer(C, 1, 4 * quarterSize * sizeof(float));
24  }
```

在程序清单 3-27 中，第 2～7 行代码搬入 tiling 数据。第 8～10 行代码进行板外存储空间定位。第 11～14 行代码进行 workspace 分配，此项在融合算子中必须显式体现。第 15～23 行显式地对 TQue 进行初始化内存分配。

（3）计算执行函数 Process()

Strassen 算子计算执行函数 Process()如程序清单 3-28 所示。

程序清单 3-28　Strassen 算子计算执行函数 Process()

```
1   __aicore__ inline void strassenKernel::Process(TPipe* pipe){
2   CopyIn();
3   AddandSub1();
4   MatmulCompute();
5   AddandSub2();
6   CopyOut();
7   }
```

本算子的 Process()逻辑为执行 1 遍 5 步函数，各个阶段函数之间的数据流通方式为标准的 EnQue()、DeQue()方法。下面将依次介绍 5 步函数的核心部分实现方法。

第一步，CopyIn()，切分 ***A***、***B*** 矩阵。

原矩阵存储位置在板外，可以通过 DataCopy 接口直接将原矩阵中的对应块搬运到板上已经分配好的 LocalTensor 中，实现数据通路从 GM 到 VECIN。如图 3-25 所示，矩阵数据的物理存储在默认情况下是行主序的，也就是 ND 格式，图中虚线折线代表了数据在物理空间中的排布顺序。DataCopy 接口能实现数据搬运，且能设置总体搬运次数 blockCount、1 次搬运数据量 blockLen、源操作数搬运步长 srcStride、目的操作数接收数据步长 dstStride 等信息。1 次 DataCopy 搬运 16 个 half 类型数据，称作 1 个块，上述参数中 blockLen、srcStride 和 dstStride 都以块为单位。由图 3-25 可以分析得出，要得到 1 个块的子矩阵需要进行 16 次搬运，则 blockCount 设置为 16；每次搬运 1 个块即搬运 16 个 half 类型数据，则 blockLen 设置为 1；源操作数非连续搬运，搬运 1 次需要跳 16 个 half 类型数据即 1 个块，则 srcStride 设置为 1；目的操作数连续接收存储数据，则 dstStride 设置为 0。搬运 $\boldsymbol{A}_{11}$ 时，从源操作数 offset = 0 处开始；搬运 $\boldsymbol{A}_{12}$ 时，从源操作数 offset = 16 处开始；搬运 $\boldsymbol{A}_{21}$ 时，从源操作数 offset = 512 处开始；搬运 $\boldsymbol{A}_{22}$ 时，从源操作数 offset = 528 处开始。

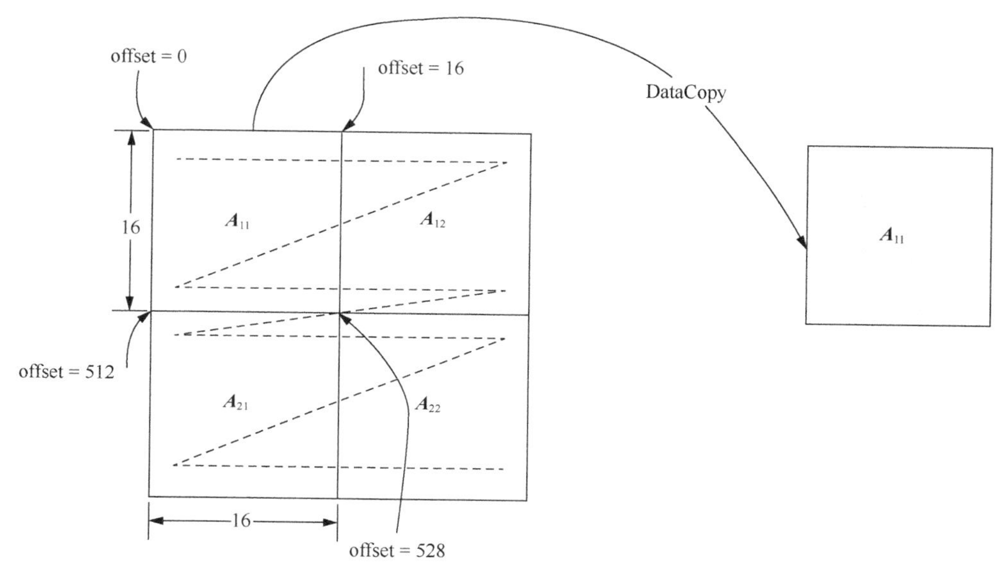

图 3-25　使用 DataCopy 接口切分矩阵

此部分代码的实现如程序清单 3-29 所示。

程序清单 3-29　切分矩阵 *A*、*B*

```
1    DataCopy(ALOCAL[0], GMmatrixA[0], {16, 1, 1, 0});//A11
2    DataCopy(ALOCAL[quarterSize], GMmatrixA[16], {16, 1, 1, 0});//A12
3    DataCopy(ALOCAL[2*quarterSize], GMmatrixA[512], {16, 1, 1, 0});//A21
4    DataCopy(ALOCAL[3*quarterSize], GMmatrixA[528], {16, 1, 1, 0});//A22
5    DataCopy(BLOCAL[0], GMmatrixB[0], {16, 1, 1, 0});//B11
6    DataCopy(BLOCAL[quarterSize], GMmatrixB[16], {16, 1, 1, 0});//B12
7    DataCopy(BLOCAL[2*quarterSize], GMmatrixB[512], {16, 1, 1, 0});//B21
8    DataCopy(BLOCAL[3*quarterSize], GMmatrixB[528], {16, 1, 1, 0});//B22
```

在程序清单 3-29 中，DataCopy()接口的 3 个入参分别是目的操作数、源操作数和数据搬运控制结构体。在数据搬运控制结构体中，4 个参数从前至后分别是 blockCount、blockLen、srcStride 和 dstStride，按照前文的分析填入即可。

第二步，AddandSub1()，计算得到中间矩阵 $\boldsymbol{S}_1$， $\boldsymbol{S}_2$， …， $\boldsymbol{S}_{10}$。

在第二步中，需要将第一步中得到的 8 个子矩阵相互进行加减法计算，使用 Ascend C 中的 Add()与 Sub()接口，得到 10 个中间矩阵 $\boldsymbol{S}_1,\boldsymbol{S}_2,\cdots,\boldsymbol{S}_{10}$，这 10 个中间矩阵的 TPosition 为 VECOUT。同时考虑到在第三步中进行矩阵乘法时，还要涉及 $\boldsymbol{A}_{11}$、$\boldsymbol{A}_{22}$、$\boldsymbol{B}_{11}$、$\boldsymbol{B}_{22}$ 这 4 个子矩阵，但因为矩阵乘法 API 的输入数据类型只能是 VECOUT，此时这 4 个子矩阵的 TPosition 还是 VECIN，故需要新分配 $\boldsymbol{NA}_{11}$、$\boldsymbol{NA}_{22}$、$\boldsymbol{NB}_{11}$、$\boldsymbol{NB}_{22}$ 共 4 个 TPosition 类型为 VECOUT 的中间矩阵，将 $\boldsymbol{A}_{11}$、$\boldsymbol{A}_{22}$、$\boldsymbol{B}_{11}$、$\boldsymbol{B}_{22}$ 中的数据转移到其中。这一步考虑使用 Adds 标量双目加法指令实现，作用是将其中每个数据加上相同的标量值，这里设置加上的标量值为 0，即可实现数据转移功能。

此部分的实现代码如程序清单 3-30 所示。

程序清单 3-30　计算得到 10 个中间矩阵 $\boldsymbol{S}_1$～$\boldsymbol{S}_{10}$

```
1   half scalar = 0;
2   Sub(S1234LOCAL[0], BLOCAL[quarterSize], BLOCAL[3*quarterSize], 256);//S1
3   Add(S1234LOCAL[quarterSize], ALOCAL[0], ALOCAL[quarterSize], 256);//S2
4   Add(S1234LOCAL[2*quarterSize], ALOCAL[2*quarterSize], ALOCAL[3*quarterSize],
    256);//S3
5   Sub(S1234LOCAL[3*quarterSize], BLOCAL[2*quarterSize], BLOCAL[0], 256);//S4
6   Add(S5678LOCAL[0], ALOCAL[0], ALOCAL[3*quarterSize], 256);//S5
7   Add(S5678LOCAL[quarterSize], BLOCAL[0], BLOCAL[3*quarterSize], 256);//S6
8   Sub(S5678LOCAL[2*quarterSize], ALOCAL[quarterSize], ALOCAL[3*quarterSize],
    256);//S7
9   Add(S5678LOCAL[3*quarterSize], BLOCAL[2*quarterSize], BLOCAL[3*quarterSize],
    256);//S8
10  Sub(S910LOCAL[0], ALOCAL[0], ALOCAL[2*quarterSize], 256);//S9
11  Add(S910LOCAL[quarterSize], BLOCAL[0], BLOCAL[quarterSize], 256);//S10
12  Adds(NLOCAL[0], ALOCAL[0], scalar, 256);//NA11
13  Adds(NLOCAL[quarterSize], ALOCAL[3*quarterSize], scalar, 256);//NA22
14  Adds(NLOCAL[2*quarterSize], BLOCAL[0], scalar, 256);//NB11
15  Adds(NLOCAL[3*quarterSize], BLOCAL[3*quarterSize], scalar, 256);//NB22
```

在程序清单 3-30 中，Add()与 Sub()接口的 4 个入参分别是目的操作数、源操作数 1、源操作数 2、计算数据个数。Adds()接口的 4 个入参分别是目的操作数、源操作数、参与运算的标量、计算数据个数。实际应用时根据前文分析的数据通路填入对应的 LocalTensor 即可，计算数据个数均为子矩阵数据个数，即 256 个。

第三步，MatmulCompute()，进行矩阵乘法得到 $\boldsymbol{P}_1$，$\boldsymbol{P}_2$，…，$\boldsymbol{P}_7$。

在第三步中，将使用 Ascend C 高级矩阵乘法 API 完成 7 次 16×16 的矩阵与16×16 的矩阵乘法，输出结果为 $\boldsymbol{P}_1$，$\boldsymbol{P}_2$，…，$\boldsymbol{P}_7$。由于高级矩阵乘法 API 对输出的 TPosition 限制与 Add()和 Sub()接口对输入的限制，考虑到后续仍需要 $\boldsymbol{P}_1$，$\boldsymbol{P}_2$，…，$\boldsymbol{P}_7$ 参与加减法计算，这 7 个 LocalTensor 的 TPosition 只能设置为 VECIN。

虽然需要进行 7 组矩阵乘法计算，但是所有矩阵乘法的信息参数及使用的 Tiling 函数都相同，只需要声明 1 组 Matmul 类，并对其进行 7 次复用即可。为了简化，这里 7 组矩阵乘法的 tiling 设置均相同，且为整块直接计算。

7 组矩阵乘法操作如程序清单 3-31 所示。

程序清单 3-31　7 组矩阵乘法操作

```
1   mm1.SetTensorA(NLOCAL[0]);
2   mm1.SetTensorB(S1234LOCAL[0]);
3   while (mm1.Iterate()) {
4       mm1.GetTensorC(P1234LOCAL[0]);//P1
5   }
6   mm1.End();
7   //重复 5 组矩阵乘法操作
8   mm1.SetTensorA(S910LOCAL[0]);
9   mm1.SetTensorB(S910LOCAL[quarterSize]);
10  while (mm1.Iterate()) {
11      mm1.GetTensorC(P567LOCAL[2*quarterSize]); //P7
12  }
13  mm1.End();
```

按照图 3-24 分析，将需要进行矩阵乘法的向量对填入这 7 组矩阵乘法的参数即可。由于 Ascend C 高级矩阵乘法 API 对于输入矩阵和输出矩阵的 TPosition 存在限制，若输出矩阵 TPosition 设置为 VECIN，则只能使用 Iterate()方法而不能使用 IterateAll()方法。

第四步，AddandSub2()，计算得到 $\boldsymbol{C}_{11}$、$\boldsymbol{C}_{12}$、$\boldsymbol{C}_{21}$、$\boldsymbol{C}_{22}$。

在第四步中，需要用第三步计算结果相加减得到 $\boldsymbol{C}_{11}$、$\boldsymbol{C}_{12}$、$\boldsymbol{C}_{21}$、$\boldsymbol{C}_{22}$ 这 4 个子矩阵。按照图 3-24 的数据通路分析使用 Add()和 Sub()接口实现即可。

此部分实现如程序清单 3-32 所示。

程序清单 3-32　计算得到 4 个子矩阵 C_{11}、C_{12}、C_{21}、C_{22}

```
1  Add(CLOCAL[0], P567LOCAL[quarterSize], P567LOCAL[0], 256);
2  Add(CLOCAL[0], CLOCAL[0], P1234LOCAL[3*quarterSize], 256);
3  Sub(CLOCAL[0], CLOCAL[0], P1234LOCAL[quarterSize], 256);//C11
4  Add(CLOCAL[quarterSize], P1234LOCAL[0], P1234LOCAL[quarterSize], 256);//C12
5  Add(CLOCAL[2*quarterSize], P1234LOCAL[3*quarterSize], P1234LOCAL
   [2*quarterSize], 256);//C21
6  Add(CLOCAL[3*quarterSize], P1234LOCAL[0], P567LOCAL[0], 256);
7  Sub(CLOCAL[3*quarterSize],CLOCAL[3*quarterSize],P1234LOCAL[2*quarterSize],
   256);
8  Sub(CLOCAL[3*quarterSize], CLOCAL[3*quarterSize], P567LOCAL[2*quarterSize],
   256);//C22
```

第五步，将 $\boldsymbol{C}_{11}$、$\boldsymbol{C}_{12}$、$\boldsymbol{C}_{21}$、$\boldsymbol{C}_{22}$ 合并成结果矩阵 $\boldsymbol{C}$。

在第五步中，需要使用 DataCopy 接口将 $\boldsymbol{C}_{11}$、$\boldsymbol{C}_{12}$、$\boldsymbol{C}_{21}$、$\boldsymbol{C}_{22}$ 数据传递到在板外存储的 $\boldsymbol{C}$ 矩阵中。此时数据的物理存储格式都是 ND，即按行主序存储。

如图 3-26 所示，搬运 1 个块的子矩阵需要进行 16 次数据搬运，故 blockCount 设置为 16；且由于此时数据类型为 FP，而 1 次数据搬运能搬运 1 个块即 16 个 half 类型的数据，因此要 1 次搬运一整行共 16 个 FP 类型的数据需要搬运 2 个块，故设置 blockLen 为 2；源操作数连续搬运，故 srcStride 设置为 0；目的操作数非连续接收，每接收 16 个 FP 数据需要跳 16 个 FP 数据，16 个 FP 数据为 2 个块，故 dstStride 设置为 2。$\boldsymbol{C}_{11}$ 搬运到 $\boldsymbol{C}$ 矩阵 offset = 0 的位置，$\boldsymbol{C}_{12}$ 搬运到 $\boldsymbol{C}$ 矩阵 offset = 16 的位置，$\boldsymbol{C}_{21}$ 搬运到 $\boldsymbol{C}$ 矩阵 offset = 512 的位置，$\boldsymbol{C}_{22}$ 搬运到 $\boldsymbol{C}$ 矩阵 offset = 528 的位置。

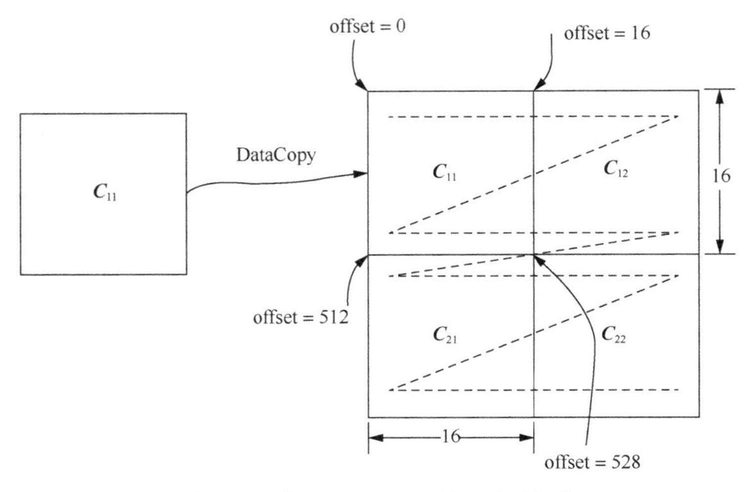

图 3-26　使用 DataCopy 接口合并矩阵

此部分代码的实现如程序清单 3-33 所示。

程序清单 3-33　将 C_{11}、C_{12}、C_{21}、C_{22} 合并成结果矩阵 C

```
1   DataCopy(GMmatrixC[0], CLOCAL[0], {16, 2, 0, 2});
2   DataCopy(GMmatrixC[16], CLOCAL[quarterSize], {16, 2, 0, 2});
3   DataCopy(GMmatrixC[512], CLOCAL[2*quarterSize], {16, 2, 0, 2});
4   DataCopy(GMmatrixC[528], CLOCAL[3*quarterSize], {16, 2, 0, 2});
```

在程序清单 3-33 中，第 1～4 行代码为使用 DataCopy()接口进行矩阵合并的过程，DataCopy 接口的 3 个入参分别是目的操作数、源操作数和数据搬运控制结构体。在数据搬运控制结构体中，4 个参数从前至后分别是 blockCount、blockLen、srcStride 和 dstStride，按照前文的分析填入即可。

（4）核函数主体

Strassen 算子核函数主体部分如程序清单 3-34 所示。

程序清单 3-34　Strassen 算子核函数主体

```
1   extern "C" __global__ __aicore__ void strassen_custom(GM_ADDR a, GM_ADDR b,
    GM_ADDR c, GM_ADDR workspace, GM_ADDR tilingGm)
2   {
3   strassenKernel op;
4   TPipe pipe;
5   op.Init(a,b,c,workspace,tilingGm,&pipe);
6   REGIST_MATMUL_OBJ(&pipe, GetSysWorkSpacePtr(), op.mm1, &op.tiling);
7   op.Process(&pipe);
8   }
```

程序清单 3-34 中第 3 行声明一个 strassenKernel 类，命名为 op。第 4 行申请 Ascend C 特有的片上内存管理系统 TPipe 类型，此为所有 Ascend C 算子的通用步骤。第 5 行执行 Init()函数。第 6 行执行对矩阵乘法计算的信息注册。第 7 行执行 Process()函数。至此 Ascend_Strassen 算子的核函数部分编写完毕。

3.6.3　LayerNorm 核函数的实现

1. 算子分析

层归一化（Layer Normalization，LayerNorm）是一种用于深度学习模型的归一化技术，通过对每个样本内部的特征进行独立归一化，有助于减少内部协变量偏移的影响，提升模型的训练稳定性和泛化能力。相较于批量归一化，LayerNorm 算子更适用于批次小或样本数量较少的情况。其核心思想是首先在每个样本的特征维度上计算均值和方差，然后对特征进行归一化，最终通过可学习的参数调整归一化后的特征。这种方法使模型更具鲁棒性，同时也削弱了对输入数据分布的依赖，因此在各种深度学习任务中都得到了广泛应用，如自然语言处理、计算机视觉等。

LayerNorm 算子的具体计算公式如下。

对于一个具有特征维度为 d 的输入 $\boldsymbol{x}=(x_1, x_2, \cdots, x_d)$，

$$\text{LayerNorm}(\boldsymbol{x})=\boldsymbol{\gamma}\cdot\frac{x-\mu}{\sqrt{\sigma^2+\epsilon}}+\boldsymbol{\beta} \tag{3.2}$$

式中：

- $\text{LayerNorm}(\boldsymbol{x})$ 表示对输入 $\boldsymbol{x}$ 进行层归一化的结果；
- $\boldsymbol{\gamma}$ 和 $\boldsymbol{\beta}$ 是可学习的参数向量，维度均为 d，它们用于对归一化的结果进行缩放和平移，以便让网络自由地学习调整数据的均值和方差；
- μ 是输入 $\boldsymbol{x}$ 在特征维度上的均值，计算方式为 $\mu=\frac{1}{d}\sum_{i=1}^{d}x_i$；
- σ 是输入 $\boldsymbol{x}$ 在特征维度上的标准差，计算方式为 $\sigma=\sqrt{\frac{1}{d}\sum_{i=1}^{d}(x_i-\mu)^2}$；
- ϵ 是一个小的常数，例如 10^{-5}，用于避免除以零的情况。

Ascend C API 没有能直接实现这种复杂操作的接口，故需要对其中的操作进行分解，通过运用存在的接口逐一完成计算。

首先明确此算子的输入输出。根据计算式可知 LayerNorm 算子存在 3 个输入，即向量 $\boldsymbol{x}$、参数 $\boldsymbol{\gamma}$、参数 $\boldsymbol{\beta}$；算子存在 1 个输出，设为 z。

由于输入向量 $\boldsymbol{x}$ 的数据量可能过大，故需要对其进行切分运算，为了简化，假设将 $\boldsymbol{x}$ 切分成 j 列，每列有 1024 个数据，一列的输入数据记为 $\boldsymbol{x}_j$。

目前仍需要进行计算得到的数据有均值 μ 与标准差 σ。

对于均值 μ，计算思路为将 $\boldsymbol{x}_j$ 中全部数据相加，再除以 1024。求和操作使用 ReduceSum() 接口即可实现，此接口的作用为将操作数向量中的所有元素求和。除法操作用向量与标量相乘接口 Muls()，并设置乘法标量为 $\frac{1}{1024}=0.0009765625$ 即可。同理，想要实现 $-\mu$，只需要设置乘法标量为 $-\frac{1}{1024}=-0.0009765625$ 即可。

对于标准差 σ，需要先计算 $\boldsymbol{x}_j-\mu$，这一步使用向量与标量相加接口 Adds()将向量 $\boldsymbol{x}_j$ 与标量 $-\mu$ 相加即可；随后计算 $(\boldsymbol{x}_j-\mu)^2$，使用向量与向量乘法接口 Mul()，入参都设置为 $\boldsymbol{x}_j-\mu$ 即可；最后取均值，同 μ 的计算一样，使用 ReduceSum()接口和 Muls()接口即可实现。这里已经计算得出 σ^2，因 LayerNorm 计算公式中需要用到 σ^2，故不需要进行开方操作。

在计算得到 σ^2 后，与 ϵ 使用 Adds()接口即可获得 $\sigma^2+\epsilon$。

到这里，已经得到了向量 $\boldsymbol{x}-\mu$，标量 $\sigma^2+\epsilon$，且分析了数学式 $\frac{\boldsymbol{x}-\mu}{\sqrt{\sigma^2+\epsilon}}=(\boldsymbol{x}-\mu)\cdot\frac{1}{\sqrt{\sigma^2+\epsilon}}$，故下一步需要对 $\sigma^2+\epsilon$ 进行开方并取倒操作。考虑到没有 API 能直接实现此操作，故对 $\sigma^2+\epsilon$ 进行取自然对数后乘 $-\frac{1}{2}$，随后取指数的操作得到 $\frac{1}{\sqrt{\sigma^2+\epsilon}}$。取自然对数操作使用 Ln()接口，乘 $-\frac{1}{2}$ 操作使用 Muls()接口，取指数操作使用 Exp()接口。至此可以完成主体部分 $\frac{\boldsymbol{x}-\mu}{\sqrt{\sigma^2+\epsilon}}$ 的计算。最后使用 Mul()接口进行与 $\boldsymbol{\gamma}$ 的相乘，使用 Add()接口进行与 $\boldsymbol{\beta}$ 的相加，即可完成整体函数的运算。

2. 核函数核心部分的实现

在 LayerNorm 核函数核心计算部分中，用 xLocalj、gammaLocal、betaLocal 来表示本轮参与计算的输入数据，即 $\boldsymbol{x}_j$、$\boldsymbol{\gamma}$ 和 $\boldsymbol{\beta}$；用 zLocalj 来表示本轮参与计算得到的输出数据，并设置两个临时变量 tmpTensor1j 和 tmpTensor2j 来存储中间运算数据，这些 LocalTensor 的长度（rowLength）均为 1024。同时设置两个标量，$\text{factor}=\frac{1}{1024}=0.0009765625$，$\text{mfactor}=-\frac{1}{1024}=-0.0009765625$。

根据上述分析，LayerNorm 核函数核心部分的运算流程如图 3-27 所示。

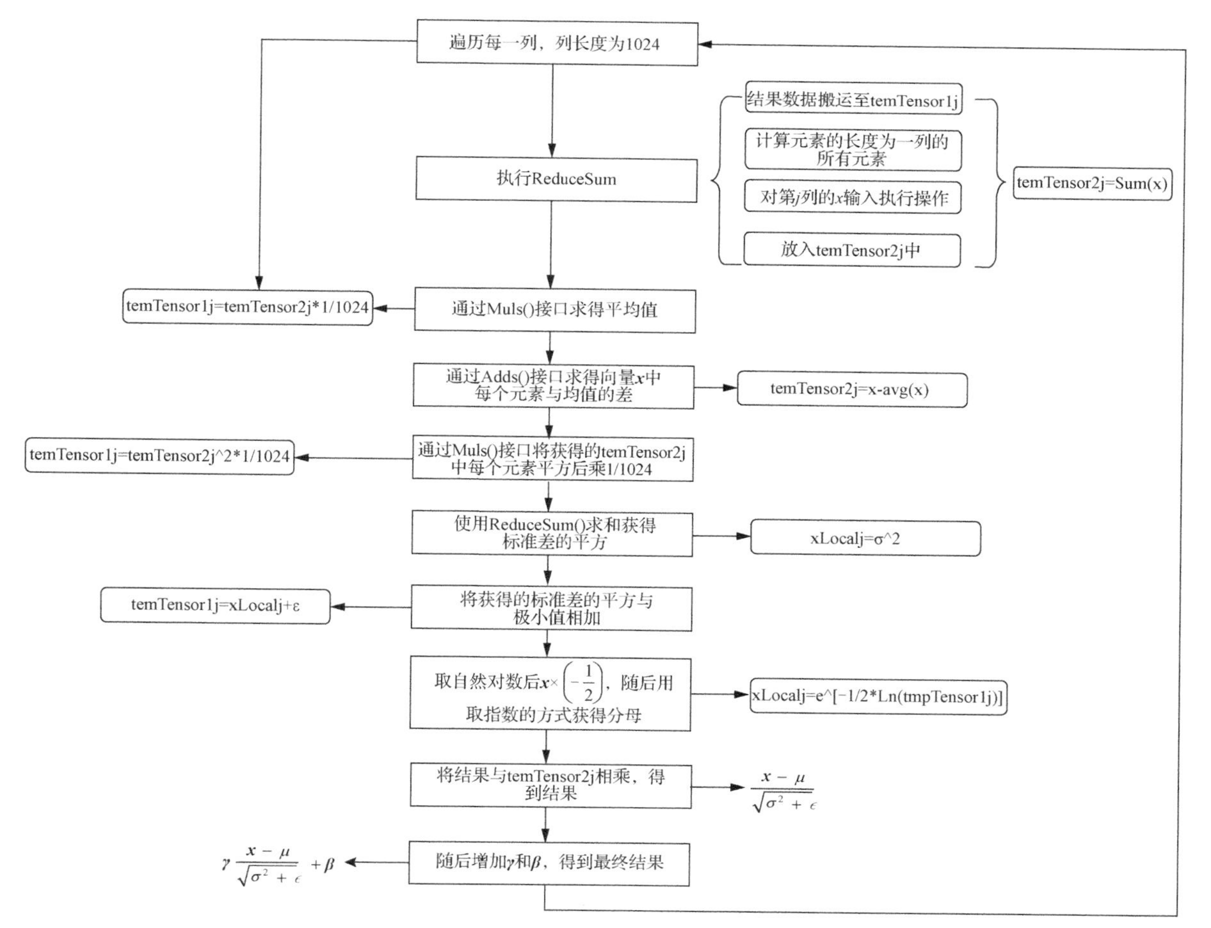

图 3-27 LayerNorm 核函数核心部分的运算流程

LayerNorm 核函数核心部分的实现如程序清单 3-35 所示。

程序清单 3-35　LayerNorm 核函数核心部分的实现

```
1   //计算 x-μ
2   ReduceSum<float>(tmpTensor2j, xLocalj, tmpTensor1j, this->rowLength);
3   Muls(tmpTensor1j, tmpTensor2j, this->mfactor, 1);
4   Adds(tmpTensor2j, xLocalj, tmpTensor1j.GetValue(0), this->rowLength);
5
6   //计算 σ^2
7   Mul(xLocalj, tmpTensor2j, tmpTensor2j, this->rowLength);
8   Muls(tmpTensor1j, xLocalj, this->factor, this->rowLength);
9   ReduceSum<float>(xLocalj, tmpTensor1j, zLocalj, this->rowLength);
10
11  //计算 1/√(σ^2+ε)
12  Adds(tmpTensor1j, xLocalj, this->eps, 1);
13  Ln(zLocalj, tmpTensor1j, 1);
14  Muls(tmpTensor1j, zLocalj, -0.5f, 1);
15  Exp(xLocalj, tmpTensor1j, 1);
16
17  //计算 (x-μ)/√(σ^2+ε)
18  Muls(tmpTensor1j, tmpTensor2j, xLocalj.GetValue(0), this->rowLength);
19
20  //计算 γ·(x-μ)/√(σ^2+ε)+β
21  Mul(tmpTensor2j, tmpTensor1j, gammaLocal, this->rowLength);
22  Add(zLocalj, tmpTensor2j, betaLocal, this->rowLength);
```

在程序清单 3-35 中，第 2～4 行代码为计算 $\boldsymbol{x}-\mu$ 操作，使用 ReduceSum()接口，此接口的第一个参数为目的操作数，第二个参数为源操作数，第三个参数为中间计算过程存储空间，第四个参数为计算数据量。ReduceSum()接口计算方法采用二叉树方式，两两相加：设源操作数为 128 个 FP16 类型的数据[data0,data1,data2,⋯,data127]，第一步 data0 和 data1 相加得到 data00，data2 和 data3 相加得到 data01,⋯⋯,data124 和 data125 相加得到 data62，data126 和 data127 相加得到 data63；第二步 data00 和 data01 相加得到 data000，data02 和 data03 相加得到 data001,⋯⋯,data62 和 data63 相加得到 data031；以此类推，最后得到目的操作数为 1 个 FP16 类型的数据[data]。此计算过程涉及数量较大，故一定要留够中间计算过程的存储空间。计算完成后，tmpTensor2j 的第 0 位存储 xLocal 所有元素的和。随后让 tmpTensor2j 与 mfactor 逐个相乘，即乘 $-\frac{1}{1024}$，得到 $-\mu$，结果存储于 tmpTensor1j 的第 0 位。接着让 xLocal 与 $-\mu$ 相加，即与 tmpTensor1j 的第 0 位逐个相加，得到向量 $\boldsymbol{x}-\mu$，使用 tmpTensor1j.GetValue(0)操作取出 $-\mu$ 的值，结果存入 tmpTensor2j。

第 7～9 行代码为计算 σ^2 操作。首先让 tmpTensor2j 自相乘，结果存入 xLocalj；然后让此时的 xLocalj 与标量 factor 逐个相乘，即乘 $\frac{1}{1024}$，结果存入 tmpTensor1j；最后对 tmpTensor1j 所有元素求和，计算得到 σ^2，并存储于 xLocalj。

第 12～15 行代码为计算 $\frac{1}{\sqrt{\sigma^2+\epsilon}}$ 操作。按照前文的分析，先使用 Adds()接口计算得到 $\sigma^2+\epsilon$，再使用 Ln()接口取自然对数，随后使用 Muls()乘 $-\frac{1}{2}$，最后使用 Exp()接口取对数，完成计算。计算结果存储在 xLocalj 的第 0 位。

第 18 行代码为计算 $\frac{\boldsymbol{x}-\mu}{\sqrt{\sigma^2+\epsilon}}$ 操作。此时向量 $\boldsymbol{x}-\mu$ 存储在 tmpTensor2j 中；标量 $\frac{1}{\sqrt{\sigma^2+\epsilon}}$ 存储在 xLocalj 的第 0 位，使用 xLocalj.GetValue(0)操作将其取出。使用 Muls()接口进行计算，将结果存储在 tmpTensor1j 中。

第 21 行和第 22 行代码为计算 $\boldsymbol{\gamma}\cdot\frac{\boldsymbol{x}-\mu}{\sqrt{\sigma^2+\epsilon}}+\boldsymbol{\beta}$ 操作。使用 Mul()接口和 Add()接口即可简单地完成计算。

至此 LayerNorm 核函数核心部分的实现代码编写结束。

3.7　小结

本章主要聚焦 Ascend C 算子核函数部分，即算子核心计算逻辑实现部分，重点介绍了 Ascend C 的编程模型与编程范式。通过精讲向量算子、矩阵算子及混合算子的核函数实现过程，让读者对 Ascend C 算子核函数的结构、数据通路及各类 API 应用有了初步的理解，拥有了一定的使用 Ascend C 进行算子开发的能力。最后展示了一些用 Ascend C 编写的深度学习中常见的算子核函数实现，让读者对如何灵活运用 Ascend C API 有了进一步的理解。

核函数只是一个完整算子工程的一部分，如何让核函数运行起来，如何验证自主开发的算子核函数逻辑是否正确，将在第 4 章中一一呈现。

3.8 测验题

1. 下列关于核函数的声明，哪一个正确？（　　）

   A. extern "c"_global_ _aicore_void Test1(_gm_uint8_t* x,uint8_t* y);

   B. extern "c"_aicore_void Test2(_gm_uint8_t*x,_gm_uint8_t* y);

   C. extern "c"_global_ _aicore_ int32_t Test3(_gm_uint8_t* x,uint8_t* y);

   D. extern "c"_global_ _aicore_void Test4(_gm_ half* x,_gm_uint8_t* y);

2. 使用 NPU 模式调用核函数时，哪个参数规定了核函数在几个核上执行？（　　）

   A. blockDim　　B. 12ctrl　　C. stream　　D. block_idx

3. 下列哪个接口会将 LocalTensor 放入 VECIN 的 TQue 中？（　　）

   A. DataCopy　　B. EnQue　　C. DeQue　　D. 以上均不会

4. 下列关于向量编程的任务间通信与同步的描述，哪一个正确？（　　）

   A. 向量编程涉及 VECIN 和 VECOUT 两种 TQue 的逻辑位置，VECIN 是搬出数据的存放位置，VECOUT 是搬入数据的存放位置。

   B. 数据通信与同步的管理者 TQue 提供了 EnQue 和 DeQue 两种 API，可以管理 GlobalTensor 这样的数据载体。

   C. Compute 任务中主要进行了数据的计算操作，需要从 VECIN 中取出 LocalTensor，最后将结果 LocalTensor 存入 VECOUT。

   D. CopyIn 和 CopyOut 任务中分别进行了将 LocalTensor 搬入 GlobalTensor 和将 GlobalTensor 搬入 LocalTensor 的操作。

   E. VECIN 的 TQue 置于 Compute 和 CopyOut 之间，在 Compute 中将 LocalTensor 进行 EnQue，在 CopyOut 中将 LocalTensor 进行 DeQue。

3.9 实践题

1. 本章重点是 Ascend C 算子核函数，请通过如下练习熟悉并掌握核函数实现代码的编写。

向量内积在计算机领域具有重要意义，它衡量了两个向量的相似度或相关性。请参考本章内容编写 Dot Product（向量点积）算子核函数的实现代码。

2. N-Body 问题的距离计算。

在计算机科学中，N-Body 问题常用于模拟多个行星之间的位置距离计算及在相互引力作用下的动态行为。请设计并实现一个高效的距离计算算子（可仅编写核函数部分）。要求减少冗余计算并利用并行化策略来加速计算过程。请在保持精度的同时提高整体计算性能。

3. 圆周率（Pi）估计的数值算法。

可根据一种用于估计 Pi 数值的算法（例如蒙特卡洛法、泰勒级数法、拉马努金公式等）编写一个 Pi 估计算子的核函数。要求考虑算法的收敛性和误差范围。

4. 逆平方根（Rsqrt）算子的计算。

开发一个 Rsqrt 算子的核函数，该函数能够快速且准确地计算一个数的逆平方根。请考虑在实现过程中如何利用近似算法来提高计算速度，同时保证足够的精度。

第 4 章 Ascend C算子开发流程

04

本章将介绍完整的 Ascend C 算子开发流程。首先概述 Ascend C 算子完整的开发流程，以及如何使用工具自动创建一个工程模板。随后分别从 Kernel 侧和 Host 侧介绍如何编写一个完整的 Ascend C 算子，以及如何对算子工程进行编译部署。接着介绍如何在 PyTorch 框架中调用 Ascend C 算子。最后展示如何使用自定义的 Ascend C 算子对整网中某一个算子进行替换，让使用 Ascend C 编写的算子真正在神经网络模型中发挥作用。

扫码观看视频

4.1 算子开发流程概述

扫码观看视频

第 2 章和第 3 章分别介绍了 Ascend C 算子快速入门及编程模型和编程范式，这样的算子开发流程被称为算子快速开发流程。它可以快速实现对于 Ascend C 算子的初步开发和使用，并验证算子核心逻辑的正确性。然而使用这种方式完成的算子只能通过内核符的方式进行调用，无法部署到网络中在其他计算任务中使用。此外，在实际网络中使用算子时，算子的输入数量和格式是多变的，快速开发流程无法很好地适应这种更加复杂的开发场景。使用算子快速开发流程进行算子开发的验证仅能作为一个试用 Ascend C 的过程，用于帮助理解 Ascend C 的基本概念，而且快速开发流程支持的算子比较简单，使用上也存在一些约束。而实际的算子开发场景更加复杂：算子的输入 shape 等信息不是固定不变的；开发者需要根据此信息来决定数据的并行切分策略，也就是需要写 Tiling 算法；算子开发完成后要完成单算子调用或在网络中调用，不再局限于内核符调用。

本章将以 AddCustom 算子为例展开介绍。结合一个实际场景下的算子开发需求，介绍标准的算子开发流程，覆盖 Kernel 侧算子实现（动态 shape 等）、Host 侧算子实现（Tiling 开发等）、单算子调用、网络中算子调用等内容。Ascend C 算子完整的开发流程如图 4-1 所示。

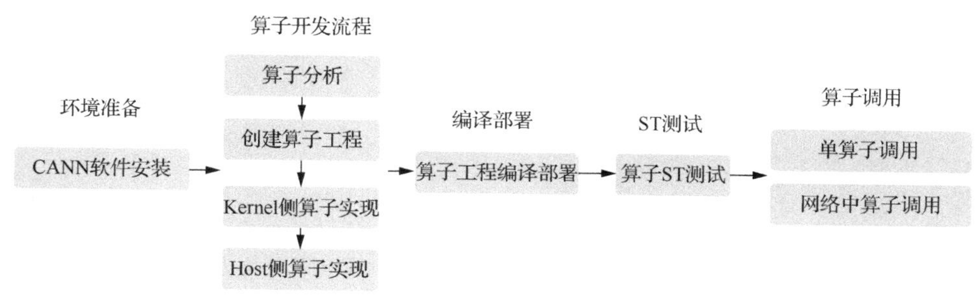

图 4-1　Ascend C 算子的完整开发流程

4.2　自动生成算子工程

首先明确生成算子工程的工具。CANN 开发套件包提供了自定义算子工程生成工具 msopgen。该工具可基于算子原型定义输出算子工程，包括算子 Host 侧代码实现文件、算子 Kernel 侧代码实现文件、算子适配插件及工程编译配置文件等。

在明确工具后，生成算子工程的第一步是编写 AddCustom 算子的原型定义 json 文件。假设 AddCustom 算子的原型定义文件名为 add_custom.json，存储路径为$HOME/sample，AddCustom 算子的原型定义 json 文件的样例如程序清单 4-1 所示。

程序清单 4-1　AddCustom 算子的原型定义 json 文件的样例

```
1  [
2      {"op": "AddCustom",
3          "language":"cpp",
4          "input_desc": [{
5                  "name": "x",
6                  "param_type": "required",
7                  "format": ["ND"],
8                  "type": ["fp16"]},
9              {
10                 "name": "y",
11                 "param_type": "required",
12                 "format": ["ND"],
13                 "type": ["fp16"]}],
14         "output_desc": [{
15                 "name": "z",
```

```
16            "param_type": "required",
17            "format": ["ND"],
18            "type": ["fp16"]}]
19     }
20  ]
```

在程序清单 4-1 中，第 2 行代码声明了该算子的名称和类型。第 3 行代码声明了算子编码语言。第 4～13 行代码声明了该算子的两个输入参数 x 和 y。第 14～18 行代码声明了算子输出参数 z。其中第 5、10、15 行代码声明了参数名称，第 6、11、16 行代码声明了参数的类型，第 7、12、17 行代码声明了参数的存储格式，第 8、13、18 行代码声明了参数的类型和数据格式。

然后就可以使用 msopgen 工具生成算子的开发工程。在${INSTALL_DIR}/python/site-packages/bin/路径下输入命令行语句，具体内容见命令行清单 4-1。

命令行清单 4-1 生成 AddCustom 算子工程文件

```
msopgen gen -i $HOME/sample/add_custom.json -c ai_core-<soc_version> -lan cpp -out
$HOME/sample/AddCustom
```

参数-i 后为算子原型定义文件的路径；-c 后为算子使用的计算资源，ai_core 表示算子在 AI Core 上执行；-lan 后为算子编码语言，可选 cpp 或 py；-out 后为生成文件的所在路径。

生成的算子工程目录如下所示，其中文件名加粗的文件需要开发者重点关注。本节余下部分也将介绍这些重点文件。

```
add_custom
|-- build.sh                 // 编译入口脚本
|-- cmake
|   |-- config.cmake
|   |-- func.cmake
|   |-- intf.cmake
|   |-- makeself.cmake
|   └util                   // 算子工程编译所需脚本及公共编译文件存放目录
|-- CMakeLists.txt           // 算子工程的 CMakeLists.txt
|-- CMakePresets.json        // 编译配置项
|-- framework    // 算子插件实现文件目录，单算子模型文件的生成不依赖算子适配插件，无须关注
|-- op_host                         // Host 侧实现文件——交付给主机完成数据切分工作
```

```
|  |-- add_custom_tiling.h   // 算子 Tiling 定义文件
|  |-- add_custom.cpp        // 算子原型注册、shape 推导、信息库、Tiling 实现等内容文件
|   └CMakeLists.txt
|-- op_kernel               // Kernel 侧实现文件——实现算子逻辑
|  |-- CMakeLists.txt
|  |-- add_custom.cpp        // 算子代码实现文件
|-- scripts                 // 自定义算子工程打包相关脚本所在目录
```

4.3 算子开发流程：Kernel 侧

我们在算子工程目录下的“op_kernel/add_custom.cpp”文件中实现算子的核函数。核函数的定义模板已通过 msopgen 工具自动生成。注意这里的参数按照“输入、输出、workspace、tiling”的顺序排布，开发者不要调整其顺序。

第 3 章已经介绍了固定 shape Add 算子的 Kernel 侧实现，其中算子的 shape、数据类型都是固定的。在实际的算子开发场景中，这些信息都是动态变化的，场景也会更加复杂。动态 shape 算子可以将 shape 通过核函数的入参传入核函数，参与内部逻辑计算，从而适配不同 shape 下的使用场景。

因此，本节将结合动态 shape Add 算子核函数部分代码，展示动态 shape 算子和固定 shape 算子在开发上的不同。Kernel 侧动态 shape Add 算子核函数需要重点关注的部分如程序清单 4-2 所示。

程序清单 4-2　Kernel 侧动态 shape Add 算子核函数需要重点关注的部分

```
1  constexpr int32_t BUFFER_NUM = 2;    // 每一个队列的张量数
2  class KernelAdd {
3  public:
4      __aicore__ inline KernelAdd() {}
5      __aicore__ inline void Init(GM_ADDR x, GM_ADDR y, GM_ADDR z, uint32_t
   totalLength, uint32_t tileNum)
6      {
7          ASSERT(GetBlockNum() != 0 && "block dim can not be zero!");
8          this->blockLength = totalLength / GetBlockNum();
9          this->tileNum = tileNum;
```

```
10          ASSERT(tileNum != 0 && "tile num can not be zero!");
11                  this->tileLength = this->blockLength / tileNum / BUFFER_NUM;

12                     xGm.SetGlobalBuffer((__gm__ DTYPE_X*)x + this->blockLength *
    GetBlockIdx(), this->blockLength);
13                     yGm.SetGlobalBuffer((__gm__ DTYPE_Y*)y + this->blockLength *
    GetBlockIdx(), this->blockLength);
14                     zGm.SetGlobalBuffer((__gm__ DTYPE_Z*)z + this->blockLength *
    GetBlockIdx(), this->blockLength);
15          pipe.InitBuffer(inQueueX, BUFFER_NUM, this->tileLength * sizeof(DTYPE_X));
16          pipe.InitBuffer(inQueueY, BUFFER_NUM, this->tileLength * sizeof(DTYPE_Y));
17          pipe.InitBuffer(outQueueZ, BUFFER_NUM, this->tileLength * sizeof(DTYPE_Z));
18      }
19      __aicore__ inline void Process()
20      {
        //Process 函数主体
21      }
//核函数其余部分代码
22  private:
//其余私有类成员定义
23      uint32_t blockLength;
24      uint32_t tileNum;
25      uint32_t tileLength;
26  };

27  extern "C" __global__ __aicore__ void add_custom(GM_ADDR x, GM_ADDR y, GM_ADDR
    z, GM_ADDR workspace, GM_ADDR tiling)
28  {
29      GET_TILING_DATA(tiling_data, tiling);
30      KernelAdd op;
31      op.Init(x, y, z, tiling_data.totalLength, tiling_data.tileNum);
32      op.Process();
```

```
33 }

34 #ifndef __CCE_KT_TEST__
35 void add_custom_do(uint32_t blockDim, void* l2ctrl, void* stream, uint8_t* x,
   uint8_t* y, uint8_t* z, uint8_t* workspace, uint8_t* tiling)
36 {
37     add_custom<<<blockDim,l2ctrl,stream>>>(x, y, z, workspace, tiling);
38 }
39 #endif
```

4.3.1　函数原型的声明

相较于固定 shape 算子的函数原型声明，动态 shape 算子的函数原型中需要额外传入一个 Tiling 结构体。此结构体中存储着自主设计的结构体数据，包含控制核函数逻辑处理的几个至关重要的变量。如程序清单 4-2 第 8 行和第 9 行代码所示，结构体中包含数据全长 totalLength 和核内分块数量 tileNum。

另外，如程序清单 4-2 第 29 行代码所示，动态 shape 算子开发中的函数原型声明还添加了获得 tiling_data 结构体的宏函数调用 GET_TILING_DATA，它由文件 add_custom_tiling.h 引入。我们将在后文中介绍该文件。

4.3.2　算子类的实现

通过如上的操作，我们成功获得了动态 shape 算子需要计算的数据长度 totalLength 与每个核上数据分块的个数 tileNum。如程序清单 4-2 第 1 行代码所示，需要自行设置是否开启 double buffer 机制。如第 7 行代码所示，可以通过硬件感知接口 GetBlockNum() 获取参与计算任务的核的数量。在获取了上述这些信息后，我们就可以计算每个核需要计算的数据长度 blockLength 和单个数据块的数据长度 tileLength，并将后续执行算子操作时需要的数据进行私有成员声明并存储，如程序清单 4-2 第 7～11 行代码和第 23～25 行代码所示。

在算子类成员函数中使用这些数据时，可以通过“this->数据名称”的方式进行调用，如程序清单 4-2 第 11 行代码所示。需要注意的是，由于动态 shape 算子不仅修改了数据的长度，还可能修改数据类型，因此使用相应的数据类型处理每一个入参，如第 15～17 行代码中 InitBuffer()函数分配核上内存时，对每个参数分配的内存大小可能不同。

4.4 算子开发流程：Host 侧

对于单算子开发而言，Host 侧算子开发流程包括 Tiling 实现、shape 推导等函数的实现及算子原型的注册。具体介绍如下。

① Tiling 实现计算数据切分过程相关的参数，例如每次计算的数据量大小。

② shape 推导等函数的实现根据算子的输入张量描述、算子逻辑及算子属性，推理出算子的输出张量描述，包括张量的 shape、数据类型及数据排布格式等信息。这样算子在构图准备阶段就可以为所有的张量静态分配内存，避免动态内存分配带来的开销。

③ 算子原型的注册。除了上述函数的开发，还需要进行算子原型定义。原型定义描述了算子的输入输出、属性等信息及算子在 AI 处理器链接上相关的实现信息。算子原型注册会关联算子原型定义和上述 Tiling 实现等函数，并将其组合成一个整体。

上述内容均在 Host 侧的算子类中实现。完成上述实现后，需要通过 OP_ADD 接口，将该算子类注册到算子原型库中。

下文仍主要使用向量加法算子 add_custom 作为示例进行讲解，其中 Host 侧主要实现文件在下文中简称为 op_host/add_custom.cpp，TilingData 结构定义头文件在下文中简称为 op_host/add_custom_tiling.h。

4.4.1 Tiling 实现

1. Tiling 概念

在第 3 章中我们提到，本地内存的存储通常无法完整地容纳算子的输入与输出，需要每次搬运一部分输入，计算后搬出，再搬运下一部分输入进行计算，直到得到完整的最终结果。而对于动态 shape 算子而言，数据切分策略还需要考虑数据长度、数据类型等信息，从而确定数据切分算法的相关参数（例如每次搬运的块大小，以及总共循环多少次），这个确定动态 shape 算子数据切分策略的计算程序被称为 Tiling 实现。

Tiling 实现完成后，获取的切分算法相关参数会传递给 Kernel 侧，用于指导并行数据的切分。由于 Tiling 实现中完成的均为标量计算，AI Core 并不擅长，所以我们将其单独放在 Host 侧 CPU 上执行。

根据上述概念的简述，我们可知，Tiling 实现就是根据算子 shape 等信息来确定切分算法相关参数的过程。这里的算子 shape 等信息可以理解为 Tiling 实现的输入，切分算法相关参数可以理解为 Tiling 实现的输出。输入和输出都通过 Tiling 函数的参数（TilingContext* context，上下文结构）来承载。也就是说，我们可以从上下文结构中获取算子的输入、输出及属性信息，即 Tiling 实现的输入。经过 Tiling 计算后，我们获得 TilingData 数据结构（切分算法相关参数）、BlockDim变量、用于选择不同的内核实现分支的TilingKey、算子workspace的大小，即Tiling实现的输出，并将这些输出设置到上下文结构中。

TilingData、BlockDim、TilingKey、WorkspaceSize这些概念的具体解释如下。

TilingData：切分算法的相关参数，例如每次搬运的块大小，以及总共循环多少次，通过结构体存储，由开发者自行设计。

BlockDim：核数。例如，需要计算8 MB的数据，每个核上计算1 MB的数据，BlockDim设置为8。但是为了充分利用硬件资源，一般将BlockDim设置为硬件平台的核数，根据核数进行数据切分。

TilingKey（可选）：不同的内核实现分支可以通过TilingKey来标识。Host侧设置TilingKey后，可以选择对应的分支。例如，一个算子在不同的shape下有不同的算法逻辑，Kernel侧可以通过TilingKey来选择不同的算法逻辑，在Host侧Tiling算法也有差异，Host侧和Kernel侧通过相同的TilingKey进行关联。

WorkspaceSize（可选）：workspace是Device侧全局内存上的一块内存。在开发者需要使用全局内存时，可以考虑使用workspace。具体使用场景如需要使用UB和L1缓冲区上的空间，且空间不够用时，可以将数据暂存至workspace。在Tiling函数中可以设置workspace的大小，框架侧会为其申请对应大小的Device侧全局内存，对应的算子Kernel侧的实现可以使用这块workspace内存。

2. Tiling实现

在编写Tiling函数内容之前，要先编写完针对本算子的Tiling数据结构定义头文件。在本样例中，该文件命名为add_custom_tiling.h，位于Host侧代码工程目录下，其内容如程序清单4-3所示。

程序清单4-3 Tiling数据结构定义头文件

```
1  #ifndef ADD_CUSTOM_TILING_H
2  #define ADD_CUSTOM_TILING_H
3  #include "register/tilingdata_base.h"

4  namespace optiling {
5  BEGIN_TILING_DATA_DEF(TilingData)
6    TILING_DATA_FIELD_DEF(uint32_t, totalLength);
7    TILING_DATA_FIELD_DEF(uint32_t, tileNum);
8  END_TILING_DATA_DEF;
```

```
9  REGISTER_TILING_DATA_CLASS(AddCustom, TilingData)
10 }
11 #endif // ADD_CUSTOM_TILING_H
```

其中，第 1 行和第 2 行代码的作用是防止头文件重复包含。第 3 行代码所示的 tilingdata_base.h 头文件中定义了多个用于 TilingData 注册的宏。第 5～8 行代码进行 TilingData 的参数设计和结构定义，在本样例中包括 totalLength 和 tileNum 两个字段。第 9 行代码所示的 REGISTER_TILING_DATA_CLASS()接口用于完成 TilingData 类的注册，和自定义算子相关联，其第一个参数为 op_type（算子类型），本样例中传入 AddCustom；第二个参数为 TilingData 的类名。

在完成上述内容后，即可开始在 op_host/add_custom.cpp 中完成 Tiling 函数的开发，其内容如程序清单 4-4 所示。

程序清单 4-4　Tiling 函数的开发

```
1  namespace optiling {
2  const uint32_t BLOCK_DIM = 8;
3  const uint32_t TILE_NUM = 8;
4  static ge::graphStatus TilingFunc(gert::TilingContext* context)
5  {
6      TilingData tiling;
7      uint32_t totalLength = context->GetInputTensor(0)->GetShapeSize();
8      context->SetBlockDim(BLOCK_DIM);
9      tiling.set_totalLength(totalLength);
10     tiling.set_tileNum(TILE_NUM);
11             tiling.SaveToBuffer(context->GetRawTilingData()->GetData(),
   context->GetRawTilingData()->GetCapacity());
12     context->GetRawTilingData()->SetDataSize(tiling.GetDataSize());
13     size_t *currentWorkspace = context->GetWorkspaceSizes(1);
14     currentWorkspace[0] = 0;
15     return ge::GRAPH_SUCCESS;
16 }
17 }
```

其中，第 4 行代码 Tiling 函数的入参为 TilingContext 上下文。第 6 行代码用此前定义的 TilingData 类定义了一个具体的实例 tiling。第 7 行代码中，调用 GetInputTensor()接口获取输入 Tensor，再通过 GetShapeSize()获取当前 Tensor 的 shape 大小。第 8 行代码中，通过

SetBlockDim()接口设置 BLOCK_DIM，即参与运算的核数；第 9 行和第 10 行代码所示则为调用 TilingData 类的 set_<fieldname>()接口（其中<fieldname>为 TilingData 中的字段，例如总数据长度 totalLength 或切分块数 tileNum）来设置 TilingData 的字段值。

如程序清单 4-4 第 11 行代码所示，通过 SaveToBuffer()接口可以完成 TilingData 的序列化和保存，该接口的第一个参数为存储 Buffer 的首地址，第二个参数为 Buffer 的长度。在该行代码中，第一个参数通过调用 GetRawTilingData()获取无类型的 TilingData()的地址，再通过 GetData()获取数据指针，作为 Buffer 的首地址；第二个参数通过调用 GetRawTilingData()获取无类型的 TilingData()的地址，再通过 GetCapacity()获取 TilingData()的长度，作为 Buffer 的长度。完成 SaveToBuffer()操作后需要设置 TilingData 的长度，该长度通过 GetDataSize()接口获取，如第 12 行代码所示。

除了上述必须完成的操作，还可以通过 SetTilingKey()设置 TilingKey，或者通过 GetWorkspaceSizes()获取 WorkspaceSize 指针，并设置其大小，如程序清单 4-4 第 13 行和第 14 行所示。

4.4.2　shape 推导等函数的实现

假设图 4-2 所示的 shape 推导示意是我们需要使用的网络模型，读者可能会想直接逐个调用算子，根据输入 Tensor 得到输出 Tensor 就可以完成网络的运行，但在实际的网络模型生成过程中，会先进行 shape 及 dtype 的推导。这样可以让我们在图执行之前，就知道各 Tensor 的数据类型和 shape，提前校验其正确性；同时提前推理出算子的输出张量描述，包括张量的 shape、数据类型及数据排布格式等信息，在算子构图准备阶段就可以为所有张量静态分配内存，避免动态内存分配带来的开销。网络模型经过 shape 和 dtype 推导之后，可以得到图 4-2 右侧的推导信息。

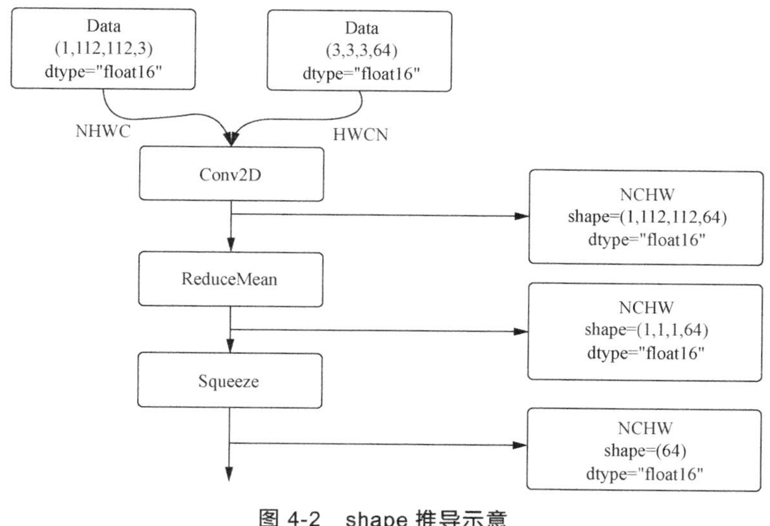

图 4-2　shape 推导示意

以 AddCustom 算子为例，InferShape 的实现如程序清单 4-5 所示。该样例中输出 Tensor 的描述信息与输入 Tensor 的描述信息相同，所以直接将任意一个输入 Tensor 的描述赋给输出 Tensor 即可。

程序清单 4-5　AddCustom 算子 InferShape 的实现

```
1   namespace ge {
2   static graphStatus InferShape(gert::InferShapeContext* context)
3   {
4   const auto inputShape = context->GetInputShape(0);
5   auto outputShape = context->GetOutputShape(0);
6   *outputShape = *inputShape;
7   return GRAPH_SUCCESS;
8   }
9   } // 命名空间 ge
```

4.4.3　算子原型的注册

算子原型的注册主要描述算子的输入输出、属性等信息，以及算子在 AI 处理器上相关的实现信息，并关联上述 Tiling 实现等函数。该功能的实现如程序清单 4-6 所示。

程序清单 4-6　算子原型的注册的实现

```
1   namespace ops {
2   class AddCustom : public OpDef {
3   public:
4         explicit AddCustom(const char* name) : OpDef(name)
5         {
6               this->Input("x")
                    .ParamType(REQUIRED)
                    .DataType({ge::DT_FLOAT16})
                    .Format({ge::FORMAT_ND})
                    .UnknownShapeFormat({ge::FORMAT_ND});
7               this->Input("y")
                    .ParamType(REQUIRED)
                    .DataType({ge::DT_FLOAT16})
                    .Format({ge::FORMAT_ND})
```

```
                .UnknownShapeFormat({ge::FORMAT_ND});
8           this->Output("z")
                .ParamType(REQUIRED)
                .DataType({ge::DT_FLOAT16})
                .Format({ge::FORMAT_ND})
                .UnknownShapeFormat({ge::FORMAT_ND});

9           this->AICore().SetTiling(optiling::TilingFunc);
10          this->AICore().AddConfig("ascend910");
11          this->AICore().AddConfig("ascend310p");
12          this->AICore().AddConfig("ascend910b");

13      }
14  };

15  OP_ADD(AddCustom);
16  }
```

程序清单 4-6 中第 6～8 行代码依次定义了算子入参的输入输出、参数类型、数据类型、存储格式等信息。第 9 行代码通过 SetTiling()接口关联对应的 Tiling 函数。第 10～12 行代码通过 AddConfig()注册算子支持的 AI 处理器型号以及相关的配置信息。在完成上述内容后，通过第 15 行代码的 OP_ADD()接口将该算子类注册到算子原型库中。

4.5　算子工程的编译部署

4.5.1　算子工程的编译

1. 编译操作的概述

开发完算子在 Kernel 侧和 Host 侧的实现后，需要对算子工程进行编译，生成自定义算子安装包*.run。算子工程的编译操作包括编译 Ascend C 算子 Kernel 侧代码实现文件*.cpp；编译 Ascend C 算子 Host 侧代码实现文件*.cpp、*.h。

编译 Kernel 侧代码实现文件的方式可以分为两种：源码发布和二进制发布。前者不对 Kernel 侧实现进行编译，保留相关文件，支持算子在线编译或通过 ATC（Ascend Tensor Compiler）模型转换方式编译算子；后者生成描述算子相关信息的 json 文件（*json）和二进制文件（*.o），支持单算子 API 执行、PyTorch 框架下的单算子调用、动态网络中的算子调用场景。

编译 Host 侧代码实现文件则可以细分为 4 个步骤：编译算子原型定义动态库，并生成算子原型对外接口；编译生成算子信息库定义文件；编译生成 Tiling 动态库；编译生成单算子 API 调用代码、头文件和动态库。

上述算子工程的编译过程如图 4-3 所示。

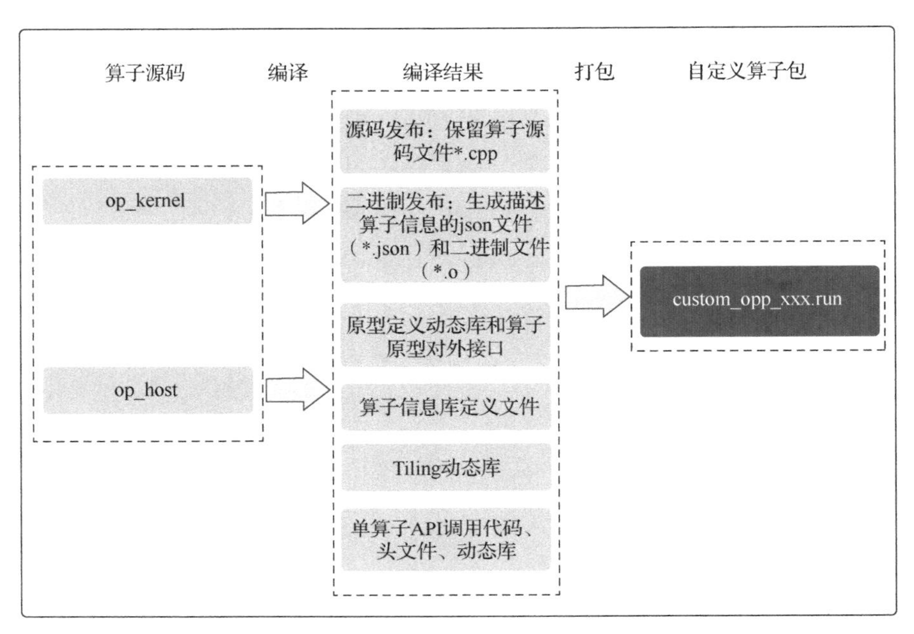

图 4-3　算子工程的编译过程

2. 编译步骤

第一步，需要修改工程目录下的 CMakePresets.json 文件中 cacheVariables 的配置项，完成算子工程编译相关配置。CMakePresets.json 文件内容中需要重点关注的内容如程序清单 4-7 所示。需要注意的是，其中第 13～16 行代码设置的 vendor_name 的取值会影响后续算子包部署时算子文件部署目录的名称。后文中我们将其描述为<vendor_name>，默认为“customize”。

程序清单 4-7　CMakePresets.json 文件内容中需要重点关注的内容

```
1   "ASCEND_CANN_PACKAGE_PATH": {
2       "type": "PATH",
3       "value": "/usr/local/Ascend/latest"//替换为 CANN 软件包安装后的实际路径
4   },
5   "ENABLE_CROSS_COMPILE": {                  //使能交叉编译，请根据实际环境进行配置
6       "type": "BOOL",
7       "value": "False"
```

```
8   },
9   "CMAKE_CROSS_PLATFORM_COMPILER": {     //请替换为交叉编译工具安装后的实际路径
10      "type": "PATH",
11      "value": "/usr/bin/aarch64-linux-gnu-g++"
12  }
13  "vendor_name": {
14      "type": "STRING",
15      "value": "customize"
16  },
```

第二步，在 CMakePresets.json 编写完成后，在算子工程目录下执行 build.sh 进行算子工程编译。

第三步，编译成功后，在当前目录下查看新创建的 build_out 目录及其中生成的自定义算子安装包 custom_opp_<target os>_<target architecture>.run。

4.5.2　算子包的部署

算子包的部署指执行自定义算子包的安装。算子工程的编译结果会自动部署到算子包的安装目录下。

在自定义算子包所在的路径下，执行如命令行清单 4-2 所示的第 1 行命令，即可安装自定义算子包。在该命令中，--install-path 参数为可选参数，其配置与否取决于是否希望自定义安装目录，并支持指定绝对路径，要求运行用户对指定的安装路径有可读写权限。

命令行清单 4-2　算子包部署所需命令

```
./custom_opp_<target os>_<target architecture>.run --install-path=<path>
source <path>/vendors/<vendor_name>/bin/set_env.bash
```

下文描述中的<vendor_name>为算子工程编译时 CMakePresets.json 配置文件中字段“vendor_name”的取值，默认为“customize”。

默认安装场景下，不配置--install-path 参数，安装成功后会将编译生成的自定义算子相关文件部署到如下目录：

```
$HOME/Ascend/ascend-toolkit/latest/opp/vendors/<vendor_name>
```

指定目录安装场景下，配置--install-path 参数，安装成功后会将编译生成的自定义算子相关文件部署到目录<path>/vendors/<vendor_name>，并在<path>/vendors/<vendor_name>/bin 目录下新增 set_env.bash，写入当前自定义算子包相关的环境变量。

需要注意的是，如果指定了安装目录，则需要在使用自定义算子前，执行命令行清单 4-2 中第 2 行命令，将自定义算子包的安装路径追加到环境变量 ASCEND_CUSTOM_OPP_PATH 中，使自定义算子在当前环境中生效。

4.6 PyTorch 算子调用

扫码观看视频

算子调用的方式是多样的，例如，对于通过快速开发流程开发的算子，我们在 CPU 侧可以直接通过 ICPU_RUN_KF()接口调用核函数，在 NPU 侧可以通过内核调用符<<<>>>进行核函数调用；对于通过完整开发流程进行开发的算子，我们可以通过 aclnn 方式调用部署的算子。

上述调用方式在前文中有所介绍，本节将介绍另一种调用方式：PyTorch 算子调用，即通过适配开发，在第三方 PyTorch 框架中调用该算子。在进行 PyTorch 框架环境准备前，我们需要先完成二进制算子包的下载与安装。

4.6.1 PyTorch 算子调用的基本原理

PyTorch 提供了常用的算子接口和接口的注册分发机制，可以将算子映射到不同的底层硬件设备。PyTorch 适配框架可对此功能进行扩展，提供将 PyTorch 算子映射到昇腾 AI 处理器的功能。PyTorch 适配框架的架构如图 4-4 所示。

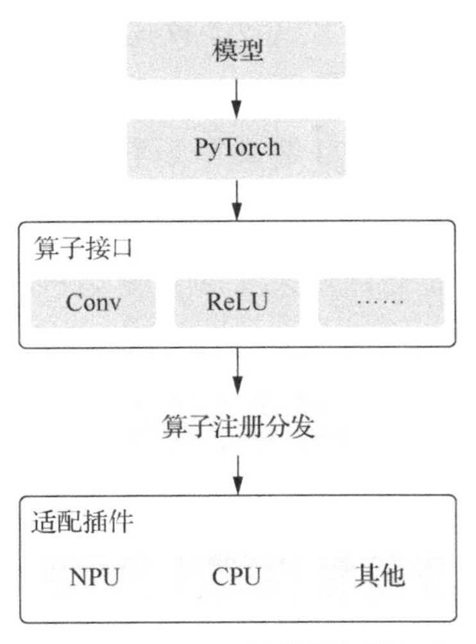

图 4-4　PyTorch 适配框架的架构

从图 4-4 可以看出，PyTorch 的适配流程主要包括两个步骤：算子注册分发和适配插件。在进行 PyTorch 的适配实现前，我们需要完成 3 个准备工作：第一，确定已经完成自定义算子的编译部署；第二，在编译部署时，将编译配置项文件 CMakePresets.json 中的 ENABLE_BINARY_PACKAGE 设置为 True，将算子的二进制部署到当前环境中，便于后续调用；第三，编译部署后，将算子接口库的路径设置到共享库的查找路径下。

4.6.2 安装 PyTorch 框架

使用命令行清单 4-3 所示的代码可以直接从 PyTorch 官方预编译包的下载页面中，选择与本地环境匹配的版本包来安装 PyTorch，包括匹配操作系统平台（例如 Linux）、匹配系统架构（例如 aarch64）和匹配系统的 Python 版本号（例如 cp38）。

命令行清单 4-3 安装 PyTorch 框架

```
# 下载并安装 1.11.0 版本
wget https://download.pytorch.org/whl/torch-1.11.0-cp38-cp38-manylinux2014_aarch64.whl
pip3 install torch-1.11.0-cp38-cp38-manylinux2014_aarch64.whl
# 下载并安装 2.1.0 版本
wget https://download.pytorch.org/whl/cpu/torch-2.1.0-cp38-cp38-manylinux_2_17_aarch64.manylinux2014_aarch64.whl
pip3 install torch-2.1.0-cp38-cp38-manylinux_2_17_aarch64.manylinux2014_aarch64.whl
```

其中，PyTorch 版本的配套关系如表 4-1 所示。

表 4-1 PyTorch 版本的配套关系

PyTorch 版本	PyTorch Ascend Adapter 插件版本	PyTorch Ascend Adapter 插件代码分支名称	PyTorch Ascend Adapter 插件安装包版本	Python 版本
1.11.0	5.0.rc3	v1.11.0-5.0.rc3	1.11.0.post4	3.7.x、3.8.x、3.9.x、3.10.x
2.1.0		v2.1.0-5.0.rc3	2.1.0.rc1	3.8.x、3.9.x、3.10.x

4.6.3 安装 torch_npu 插件

torch_npu 插件有两种安装方式：一是快速安装，即通过 wheel 格式的二进制软件包直接安装；二是源码编译安装，即选择对应的分支自行编译 torch_npu。

源码编译安装适用于进行算子适配开发、CANN 版本与 PyTorch 兼容适配的场景。源码编译安装时，支持安装 AscendPyTorch OP-Plugin 项目开发的 NPU PyTorch 算子插件，提供便捷的 NPU 算子库调用能力。OP-Plugin 算子插件与 CANN 版本耦合，源码编译 PyTorch 时指定 OP-Plugin 版本，可以实现 PyTorch 在版本不匹配的 CANN 上运行，从而实现灵活的版本兼容性。

快速安装 torch_npu 插件时，执行如命令行清单 4-4 所示的代码即可，具体版本信息需要根据自身环境配置自行修改。

命令行清单 4-4 快速安装 torch_npu 插件

```
# 下载插件包
wget https://gitee.com/ascend/pytorch/releases/download/v6.0.rc2-pytorch1.11.0/torch_npu-1.11.0.post14-cp38-cp38-linux_aarch64.whl
```

```
# 安装命令
pip3 install torch_npu-1.11.0.post14-cp38-cp38-linux_aarch64.whl
```

通过源码编译安装 torch_npu 插件时，需要首先进行依赖安装，如命令行清单 4-5 所示。

命令行清单 4-5 依赖安装

```
apt-get install -y patch build-essential libbz2-dev libreadline-dev wget curl
llvm libncurses5-dev libncursesw5-dev xz-utils tk-dev liblzma-dev m4 dos2unix
libopenblas-dev git
apt-get install -y gcc==9.4.0 cmake==3.12.0
```

随后编译生成 torch_npu 插件的二进制安装包，并安装 pytorch/dist 目录下生成的插件 torch_npu 包，如命令行清单 4-6 所示。

命令行清单 4-6 源码编译安装 torch_npu 插件

```
git clone -b v2.1.0-6.0.rc2 https://gitee.com/ascend/pytorch.git
cd pytorch
git submodule init && git submodule update
cd third_party/op-plugin/
# 拉取特定版本的代码并切换到该版本，此处以 master 为例
git fetch origin master && git checkout master
cd ../../
# 指定 Python 版本编包方式，以 Python 3.8 为例，其他 Python 版本请使用 --python=3.9 或
# --python=3.10
bash ci/build.sh --python=3.8
# 请用户根据实际情况更改命令中的 torch_npu 包名
pip3 install --upgrade dist/torch_npu-1.11.0.post1-cp38-cp38-linux_aarch64.whl
```

无论使用何种方式，我们都可以通过输入如命令行清单 4-7 所示的代码观察其回显，从而验证 PyTorch 框架与插件是否安装成功。

命令行清单 4-7 验证 PyTorch 框架与插件是否安装成功

```
python3 -c "import torch;import torch_npu; a = torch.randn(3, 4).npu(); print
(a + a);"
```

4.6.4 安装 APEX 模块

当进行混合精度训练时，我们需要安装 APEX 模块。APEX Patch 以代码补丁的形式发布，

用户通过对原始 APEX 打补丁，可以在华为昇腾 AI 处理器上使用 APEX 的自动混合精度训练功能进行模型训练，以提升 AI 模型的训练效率，同时保持模型的精度和稳定性。此外，APEX Patch 额外提供了梯度融合、融合优化器等功能，以提升部分场景下模型在昇腾 NPU 上的训练效率，供用户选择使用。

在安装 APEX 模块前，需要确保已经安装了命令行清单 4-5 所示的依赖，并已经安装了 PyTorch 框架且 setuptools 65.7.0 及以下。

获取适配 APEX 源码并安装的对应命令行如命令行清单 4-8 所示，具体版本信息需要根据自身环境配置自行修改。

命令行清单 4-8　安装 APEX 模块

```
git clone -b 分支名称 https://gitee.com/ascend/apex.git
cd apex
bash scripts/build.sh --python=3.7 # 支持 Python 3.7、3.8、3.9、3.10
cd apex/dist/
pip3 uninstall apex # 可选，若当前 Python 未安装 APEX 模块，可不执行
pip3 install apex-0.1_ascend-cp3x-cp3x-arch.whl # x 指 Python 版本尾号，arch 指 CPU 架构
```

4.6.5　调用测试脚本

编译部署后，我们将算子接口库的路径设置到共享库的查找路径下，具体操作如命令行清单 4-9 所示。

命令行清单 4-9　将算子接口库的路径设置到共享库的查找路径下

```
export
LD_LIBRARY_PATH=$ASCEND_OPP_PATH/vendors/customize/op_api/lib/:$LD_LIBRARY_PATH
```

调用脚本进行 PyTorch 调用算子测试时，可以通过 Python 运行程序清单 4-8 所示的测试脚本来测试 torch_npu.npu_add_custom()的功能。该测试脚本的核心逻辑为调用此前注册完成的算子 torch_npu.npu_add_custom()接口进行加法计算，如第 14 行代码所示。此外，程序清单 4-8 第 7～10 行代码负责生成输入数据并输出，第 16 行代码负责将计算结果输出。

程序清单 4-8　调用测试脚本

```
1  import torch
2  import torch_npu
3  from torch_npu.testing.testcase import TestCase, run_tests
4  torch.npu.config.allow_internal_format=False
```

```
5  class TestCustomAdd(TestCase):
6      def test_add_custom(self):
7          length = [8, 2048]
8          x = torch.randn(length, dtype=torch.float16).npu()
9          y = torch.rand(length, dtype=torch.float16).npu()
10         print(x, '\n', y)

11         prof_path = "./prof_total"
12         with torch.npu.profile(prof_path) as prof:
13             torch.npu.synchronize()
14         output = torch_npu.npu_add_custom(x, y)
15             torch.npu.synchronize()

16         print(output)
17         self.assertRtolEqual(output, x + y)

18 if __name__ == "__main__":
19     run_tests()
```

4.7 Ascend C 算子在整网中的替换

扫码观看视频

前文已经介绍了如何实现完整的算子开发流程，本节主要介绍将 Ascend C 编写的自定义算子融入网络模型中的流程。需要注意的是，部署自定义算子的网络模型需要使用开源 ModelZoo 仓中已经适配过昇腾芯片的网络模型，否则会出现错误。

本节中使用的网络模型样例是开源 ModelZoo 仓中已适配过昇腾芯片的 YOLOv3 网络，并将使用 Ascend C 编程语言自定义开发的 add_custom 算子（实现向量相加的算子）替换原整网中的 Add 算子。

4.7.1 替换算子的工程开发及编译部署

需要注意的是，由于 YOLOv3 网络中 Add 算子的输入 shape 较大，为确保自定义 add_custom 算子能够在 YOLOv3 网络中正常运行，需要调整 Tiling 策略以满足 Kernel 中单核数据大小的处理要求。

我们首先对原工程中 Host 侧的 Tiling 实现代码做出修改，即修改原工程目录下的 op_host/add_custom.cpp 程序。如程序清单 4-9 所示，第 2 行代码为原工程代码，设置使用的逻辑核为 8 个，即将数据分到 8 个核中进行运算。在 YOLOv3 中，输入总体数据量更大，但单核能处理的数据量有限，需要将逻辑核数量增大，让更多的逻辑核来分摊运算数据量，故设置参与运算的逻辑核数量为 40，如第 3 行代码所示。add_custom 算子工程的其余部分无须修改。

程序清单 4-9 修改 add_custom.cpp 程序

```
1   namespace optiling {
2   //const uint32_t BLOCK_DIM = 8;
3   const uint32_t BLOCK_DIM = 40;
4   const uint32_t TILE_NUM = 8;
5   static ge::graphStatus TilingFunc(gert::TilingContext* context)
6   {
```

完成工程修改后，可参考 4.5 节对修改后的 add_custom 算子进行算子工程的编译及算子包的部署操作。

4.7.2 PyTorch 适配插件的开发

前文已讲过，PyTorch 的适配流程主要包括两个步骤：算子注册分发（yaml 文件中配置算子的定义等）和适配插件。PyTorch 适配插件开发的环境准备等具体操作可参考 4.6 节，主要步骤为获取 PyTorch Ascend Adapter 中的 OP-Plugin 算子插件并成功进行编译安装，本小节以 PyTorch 1.11.0 为例介绍适配插件的步骤。

具体到 add_custom 算子，在成功编译部署后，我们需要完成如下几个步骤。

（1）算子接口库路径设置

算子工程编译部署后，执行 PyTorch 脚本前，需要将算子接口库的路径设置到共享库的查找路径下。如下示例仅作为参考，请根据实际情况进行设置。

```
export LD_LIBRARY_PATH=
$ASCEND_OPP_PATH/vendors/customize/op_api/lib/:$LD_LIBRARY_PATH
```

（2）自定义算子注册

对于自定义算子，由于没有具体的算子定义，我们需要在 op_plugin_functions.yaml 文件中给出定义，以便对算子进行结构化解析，从而实现自动化注册和 Python 接口绑定。

针对 add_custom 算子，需要在 op_plugin_functions.yaml 文件末尾添加两行代码，具体如程序清单 4-10 所示。

程序清单 4-10　自定义算子注册

```
1   - func: npu_add_custom(Tensor x, Tensor y) -> Tensor
2   impl_ns: op_api
```

op_plugin_functions.yaml 文件所在位置如下所示：

op-plugin/build/pytorch/third_party/op-plugin/op_plugin/config/v1r11/op_plugin_functions.yaml

（3）实现算子适配插件文件

开发算子适配插件可以实现 PyTorch 原生算子的输入参数、输出参数和属性的格式转换，并使转换后的格式与自定义算子的输入参数、输出参数和属性的格式相同。

Ascend C 算子适配插件文件命名采用大驼峰命名法，命名格式为<算子名> + <KernelNpu>.cpp。

针对 add_custom 算子，其算子适配插件文件名为 AddCustomKernelNpu.cpp。故在 op-plugin/build/pytorch/third_party/op-plugin/op_plugin/ops/v1r11/opapi 目录下，新建 AddCustomKernelNpu.cpp 文件并实现算子适配插件文件主体函数。此函数如程序清单 4-11 所示。

程序清单 4-11　算子适配插件文件主体函数

```
1   #include "op_plugin/OpApiInterface.h"
2   #include "op_plugin/AclOpsInterface.h"
3   #include "op_plugin/utils/op_api_common.h"
4
5   namespace op_api {
6   using npu_preparation = at_npu::native::OpPreparation;
7   at::Tensor npu_add_custom(const at::Tensor& x, const at::Tensor& y){
8   at::Tensor result = npu_preparation::apply_tensor_without_format(x);
9   EXEC_NPU_CMD(aclnnAddCustom, x, y, result);
10  return result;
11  }
12  }
```

在程序清单 4-11 中，第 1～3 行代码为引入依赖的头文件，第 8～10 行代码为算子适配主体函数的核心内容。

第 1 行代码引入对外接口的头文件，包含 op_plugin 所有 aclnn 算子对外的函数原型；第 2 行代码引入基于图 IR 执行算子的头文件；第 3 行代码引入 torch 调用 aclnn 算子时所依赖的基础函数对应的头文件。

第 8 行代码为构造输出 Tensor 并将其命名为 result；第 9 行代码为计算输出结果，调用了 EXEC_NPU_CMD()接口以完成输出结果的计算，其中第一个入参形式为 aclnn+Optype，后续参数分别为算子所有涉及的输入输出；第 10 行代码为返回输出结果。

（4）编译并安装 PTA 插件

进入 op-plugin/build/pytorch 文件夹，进行 PTA 插件的编译及安装，操作如程序清单 4-12 所示。

程序清单 4-12　PTA 插件的编译及安装

```
1  bash ci/build.sh --python=3.7
2  pip3 install dist/*.whl --force-reinstall
```

程序清单 4-12 中第 1 行代码的 Python 版本需要根据开发者自身环境自行修改。

4.7.3 算子替换

编译并安装好 torch_npu 后，即可在 YOLOv3 网络中通过 torch_npu 接口调用自定义 add_custom 算子替换原有的 Add 算子，具体操作如下。

（1）梳理需要替换的 Add 算子

首先需要梳理 YOLOv3 网络结构，并找到其中调用了 Add 算子的地方（整网中以“+”方式调用 Add 算子）。

例如 YOLOv3 网络中 backbone 模块使用 Darknet 结构，ResBlock 模块就用到了 Add 算子，具体文件目录为./mmdet/models/backbones/darknet.py。调用位置如程序清单 4-13 中第 5 行代码所示。

程序清单 4-13　YOLOv3 中调用 Add 算子的位置

```
1  def forward(self, x):
2    residual = x
3    out = self.conv1(x)
4    out = self.conv2(out)
5    out = out + residual
```

本节样例只为展示替换效果，故不在整网中找到所有的 Add 算子调用位置，仅以此处替换为例。

（2）使用自定义算子 add_custom 进行替换

使用双同指令 torch_npu.npu_add_custom()接口调用自定义 add_custom 算子替换原有的 Add 算子。具体操作如程序清单 4-14 中第 6 行代码所示。

程序清单 4-14 使用自定义算子 add_custom 替换原 Add 算子

```
1 def forward(self, x):
2 residual = x
3 out = self.conv1(x)
4 out = self.conv2(out)
5 # out = out + residual
6 out = torch_npu.npu_add_custom(out, residual)
```

至此完成了在 YOLOv3 整网中使用自定义算子 add_custom 替换一处原有 Add 算子的操作，再次运行整网就有 add_custom 算子参与运算。

4.8 小结

本章介绍了完整的 Ascend C 算子开发流程，包括如何完成一个算子工程的 Host 侧交付件及 Kernel 侧交付件，并完成对算子的编译部署；同时介绍了如何在第三方框架 PyTorch 中调用昇腾算子；最后以 YOLOv3 网络中 Add 算子为实例，展示如何使用自定义的 Ascend C Add 算子替换原网络中的 Add 算子。

与算子开发相关的内容至此告一段落。接下来将介绍如何在算子的计算结果出错时对算子进行调试，查找错误发生的位置；还将介绍如何使用性能分析工具查看算子运行时的性能情况。

4.9 测验题

1. 动态 shape 场景下，核函数使用下面哪个函数获取参与并行计算的核数量信息？（ ）

   A. GetBlockDims() B. GetBlockNums() C. GetBlockDim() D. GetBlockNum()

2. 核函数中传入的 Tiling 指针，需要调用哪一个宏函数进行解析？（ ）

   A. CONVERT_TILING_DATA B. CONVERT_TILING_BUFFER

   C. GET_TILING_DATA D. GET_TILING_BUFFER

3. [多选]以下关于 Tiling 的基本概念中正确的是？（ ）

   A. 每次搬运一部分输入数据进行计算然后搬出，再搬运下一部分输入数据进行计算，直到得到完整的最终结果，这个数据切分、分块计算的过程被称为 Tiling 策略。

   B. 算子中实现 Tiling 算法的函数（一般定义在 Host 侧的 Tiling 头文件中），叫作 Tiling 函数。

   C. 根据算子中不同输入 shape 确定搬入基本块大小的相关算法，叫作 Tiling 算法。

D. 算子中实现 Tiling 算法的函数（一般定义在 Kernel 侧的 Tiling 头文件中），叫作 Tiling 函数。

4. [多选]关于自定义算子工程，以下说法正确的是？（　　）

A. 自定义算子工程是通过 msopgen 工具生成的。

B. 自定义算子工程包含算子 Host 侧代码实现文件、算子 Kernel 侧实现文件、算子适配插件及工程编译配置文件等。

C. 算子包的编译和部署都可以通过自定义算子工程来实现。

D. 自定义算子工程需要通过算子的原型定义来生成。

4.10 实践题

1. 使用 Ascend C 完成一个 LeakyReLU 算子的完整开发流程，包括其 Host 侧和 Kernel 侧的代码实现。

2. 基于双曲正弦函数（Sinh），完成其函数功能。首先通过使用内核符方式调用算子的测试，然后通过使用单算子 API 调用方式调用算子的测试。

第 5 章 Ascend C算子调试调优

05

本章着重介绍 Ascend C 算子调试调优的方法。首先展示如何使用 CANN 工具包中提供的各种工具在各种环境下对 Ascend C 算子调试调优，随后从算子编写的角度讲解目前优化昇腾算子性能的推荐方法。

5.1 算子调试工具

5.1.1 孪生调试

Ascend C 提供孪生调试方法，即相同的算子代码可以在 CPU 域调试精度，在 NPU 域调试性能。

孪生调试的整体方案如下：开发者通过调用 Ascend C 类库编写 Ascend C 算子 Kernel 侧源码；在 CPU 域，Kernel 侧源码通过通用的 GCC 编译器进行编译，生成通用的 CPU 域的二进制文件（*.so），可以通过 gdb 调试方法、printf 打印命令等手段进行调试；在 NPU 域，Kernel 侧源码通过毕昇编译器进行编译，生成 NPU 域的二进制文件（*.bin），可以通过 msdebug 调试工具进行调试。孪生调试整体方案如图 5-1 所示。

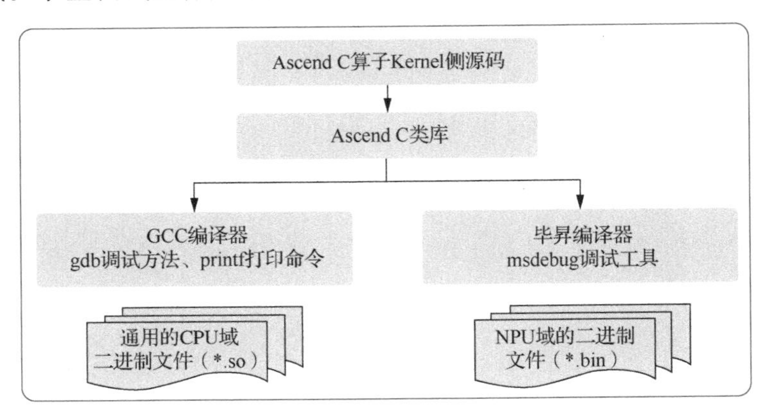

图 5-1　孪生调试整体方案

5.1.2 CPU 域的调试

CPU 域的仿真调试是核函数运行验证的第一步。在 CPU 域的仿真调试更加关注算子本身功能逻辑的正确性，并不用过多关注算子的运行性能等问题，故学习如何在CPU域将算子功能调整正确十分重要。本节介绍CPU域调试的两种主要方法：使用gdb进行调试和使用printf打印命令进行调试。

1. 使用gdb进行调试

Ascend C算子拥有基础的gdb使用能力。由于CPU调测已转为多进程调试，每个核都会拉起独立的子进程，故gdb需要转换成子进程调试的方式。需要注意的是，不同系列的昇腾硬件中每个核拉起的子进程数量不一样。在Atlas推理、Atlas训练系列产品中，每个核只拉起1个子进程；在Atlas A2训练系列产品中每个核会拉起3个子进程，即1个矩阵计算进程和2个向量计算进程。

（1）单个子进程调试

单个子进程的gdb调试方法如下。在执行完KernelLaunch算子的CPU仿真后，会在当前目录下生成一个可执行程序“xxx_cpu”。以LeakyReLU算子为例，执行完CPU仿真后，在当前目录下生成了一个可执行文件leakyrelu_custom_cpu。使用gdb拉起该可执行文件，并进入gdb界面进行调试。下面介绍一个自定义LeakyReLU算子的调试案例。

在执行完自定义LeakyReLU算子的CPU仿真后，发现算子输出结果与真值输出结果有差异。一般来说，算子精度出现问题是算子的实现逻辑有误导致的，故首先观察屏显反馈信息的日志报错，也可搜索关键词“failed”。如程序清单5-1所示的报错信息示例，错误出现在代码中调用LeakyReLU接口的地方。

程序清单5-1 报错信息示例

```
    leakyrelu_custom_cpu: /usr/local/Ascend/CANN-7.0/x86_64-linux/tikcpp/tikcfw/
interface/kernel_operator_vec_binary_scalar_intf.h:447: void AscendC::LeakyRelu
(const AscendC::LocalTensor<T>&, const AscendC::LocalTensor<T>&, const T&, const
int32_t&) [with T = float16::Fp16T; int32_t = int]: Assertion `false && "check vlrelu
instr failed"' failed
```

通过报错日志，一般只能定位到报错的代码行，无法明确具体错误。接下来需要通过gdb调试或printf打印命令的方式进一步精确定位。本样例程序会直接抛出异常，即直接使用gdb运行，查看调用栈信息并分析定位。单个子进程调试的gdb命令示例如程序清单5-2所示。

程序清单5-2 单个子进程调试的gdb命令示例

```
1   gdb leakyrelu_custom_cpu
2   (gdb) set follow-fork-mode child
3   (gdb) r
```

```
4   (gdb) bt
5   (gdb) f 5
6   #5  0x000055555555d364 in KernelLeakyRelu::Compute (this=0x7fffffffd7d0,
    progress=0) at /root/AscendC_DemoCode-master/precision-error/vector/
    leakyrelu_custom.cpp:59
7   59              LeakyRelu(yLocal, xLocal, scalar, tileLength);
8   (gdb) p tileLength
9   $1 = 1024
10  (gdb) p xLocal
11  $1 = {<AscendC::BaseTensor<float16::Fp16T>> = {<No data fields>}, address_ =
    {logicPos = 9 '\t', bufferHandle = 0x7fffffffd930 "\003\005\377\377", dataLen =
    1024,bufferAddr = 0,absAddr = ...}
```

在程序清单 5-2 中，第 1 行代码使用 gdb 拉起 leakyrelu_custom_cpu，进入 gdb 界面进行调试。第 2 行代码设置单独调试一个子进程。第 3 行代码开始运行程序。第 4 行代码通过 bt 查看程序调用栈。第 5 行代码选择需要查看的具体层堆栈信息，选择显示 5 号帧栈。第 6 行和第 7 行代码为屏显信息，定位到 leakyrelu_custom.cpp 文件中第 59 行，即调用 LeakyReLU 接口完成计算操作的一行代码。第 8 行代码打印了 tileLength；第 9 行代码显示 tileLength 的值为 1024，表示该程序中需要处理 1024 个 half 类型的数据，大小为 1024×sizeof(half)=2048 字节。第 10 行代码打印 xLocal 的值；第 11 行代码屏显中 dataLen 表示 LocalTensor 的大小为 1024 字节，只能计算 1024 字节的数据。由此可以看出两者的长度不匹配，从而定位问题并做出修改。

这种调试方式只会停留在遇到断点的第一个子进程中，其余子进程和主进程会继续执行直到退出。涉及核间同步的算子无法使用这种方法进行调试。

（2）多个子进程调试

如果需要调试的算子涉及核间同步的算子，那么要同时调试多个子进程。多个子进程调试的 gdb 命令示例如程序清单 5-3 所示。

程序清单 5-3　多个子进程调试的 gdb 命令示例

```
1   (gdb) set detach-on-fork off
2   (gdb) show detach-on-fork
3   (gdb) catch fork
4   (gdb) info inferiors
5   Num  Description
```

```
    * 1    process 19613
6   (gdb) info inferiors
7   Num  Description
    * 1    process 19613
      2    process 19626
8   (gdb) inferior 2
9   [Switching to inferior 2 [process 19626] ($HOME/demo)]
10  (gdb) info inferiors
11  Num  Description
      1    process 19613
    * 2    process 19626
```

在 gdb 启动后，首先设置调试模式为只调试一个进程，挂起其他进程，程序清单 5-3 中第 1 行代码实现这个设置。第 2 行代码是一个查看当前调试模式的命令。中断 gdb 程序要使用捕捉事件的方式，即 gdb 程序监控 fork 这一事件并中断，这样在每一次拉起子进程时就可以中断 gdb 程序，程序清单 5-3 中第 3 行代码完成此操作。当程序运行后，执行第 4 行代码可以查看当前的进程信息，屏显如第 5 行代码所示。可以看到，当第一次执行 fork 的时候，程序在主进程 fork 的位置中断，子进程还未生成。继续执行后，通过第 6 行代码再次查看进程信息。如第 7 行代码屏显所示，可以看到此时第一个子进程已经启动。第 8 行代码切换到第二个进程，也就是第一个子进程。第 9 行代码用于屏显反馈，可以看到已经成功完成进程切换，随后打上断点进行调试，此时主进程是暂停状态。执行第 10 行代码查看具体信息，屏显反馈为第 11 行代码所示。请注意，inferior 后跟的数字是进程的序号，而不是进程号。如果遇到同步阻塞，可以切换回主进程继续生成子进程，然后再切换到新的子进程进行调试。等到同步条件完成后，再切回第一个子进程继续执行。

2. 使用 printf 打印命令进行调试

用户可以在代码中直接编写 printf()代码来观察数值的输出，示例如程序清单 5-4 所示。

程序清单 5-4 printf 打印命令示例

```
1   printf("xLocal size: %d\n", xLocal.GetSize());
2   printf("tileLength: %d\n", tileLength);
```

5.1.3 NPU 域的调试

1. NPU 域代码行的调试方法

NPU 域上板数据打印功能包括 DumpTensor、printf 两种，其中 DumpTensor 用于打印指定 Tensor 的数据，printf 主要用于打印标量和字符串信息。

NPU 域上板数据打印功能仅支持如下 3 种场景。

场景一：基于 Kernel Launch 的算子工程，通过基础调用（Kernel Launch）方式调用算子。

场景二：通过单算子 API 执行的方式开发单算子调用应用。

场景三：间接调用单算子 API(aclnnxxx)接口，例如 PyTorch 框架单算子调用的场景。

NPU 域上板数据打印功能的具体使用方法如下。

（1）增加算子工程编译选项-DASCENDC_DUMP

修改算子工程 op_kernel 目录下的 CMakeLists.txt 文件，首行增加编译选项，打开 DUMP 开关，使用代码：add_ops_compile_options(ALL OPTIONS -DASCENDC_DUMP)。

（2）打印相关信息

在算子 Kernel 侧实现代码中需要输出日志信息的地方调用 DumpTensor 接口或 printf 接口打印相关内容。

我们来看一个 DumpTensor 使用示例：DumpTensor(srcLocal,5, dataLen)。其中，srcLocal 表示待打印的 Tensor；5 表示用户自定义的附加信息，如当前的代码行号；dataLen 表示元素个数。Dump 时，每个块核的 Dump 信息前会增加对应信息头 DumpHead（32 字节），用于记录核号和资源使用信息；每次 Dump 的 Tensor 数据前也会添加信息头 DumpTensorHead（32 字节），用于记录 Tensor 的相关信息。DumpTensor 打印结果的样例如程序清单 5-5 所示。

程序清单 5-5　DumpTensor 打印结果

```
    DumpHead: block_id=0, total_block_num=16, block_remain_len=1048448, block_
initial_space=1048576, magic=5aa5bccd
    DumpTensor: desc=5, addr=0, data_type=DT_FLOAT16, position=UB
    [40, 82, 60, 11, 24, 55, 52, 60, 31, 86, 53, 61, 47, 54, 34, 62, 84, 29, 48, 95,
16, 0, 20, 77, 3, 55, 69, 73, 75, 40, 35, 13]
    DumpHead: block_id=1, total_block_num=16, block_remain_len=1048448, block_
initial_space=1048576, magic=5aa5bccd
    DumpTensor: desc=5, addr=0, data_type=DT_FLOAT16, position=UB
    [58, 84, 22, 54, 41, 93, 1, 45, 50, 9, 72, 81, 23, 96, 86, 45, 36, 9, 36, 34, 78,
7, 2, 29, 47, 26, 13, 24, 27, 55, 90, 5]
    ...
    DumpHead: block_id=7, total_block_num=16, block_remain_len=1048448, block_
initial_space=1048576, magic=5aa5bccd
    DumpTensor: desc=5, addr=0, data_type=DT_FLOAT16, position=UB
```

```
[28, 27, 79, 39, 86, 5, 23, 97, 89, 5, 65, 69, 59, 13, 49, 2, 34, 6, 52, 38, 4,
90, 11, 11, 61, 50, 71, 98, 19, 54, 54, 99]
```

printf 的使用方法也非常简单，可参考示例代码：printf("fmt string %d", 0x123)。

2. NPU 域算子的调试工具

在上板调试 NPU 域算子时，我们可以使用 CANN 提供的算子调试工具 msdebug。msdebug 是面向算子开发场景的代码调试工具，支持在昇腾系列 AI 处理器上对算子编程语言 Ascend C 开发的算子核函数进行断点设置、单步运行、变量打印等功能的调试，协助算子开发者高效完成代码编写与功能纠正工作。

msdebug 调试算子的原理如图 5-2 所示，msdebug 作为代码调试器，本质上是把用户输入的调试命令翻译为机器语言，并完成程序控制。类似于使用 ptrace API 控制 CPU 程序。在算子核函数代码调试中，msdebug 通过驱动层的调试通道，调用任务管理器提供的 Debug API 实施对 AI 处理器的控制，从而实现对算子核函数的程序控制功能。

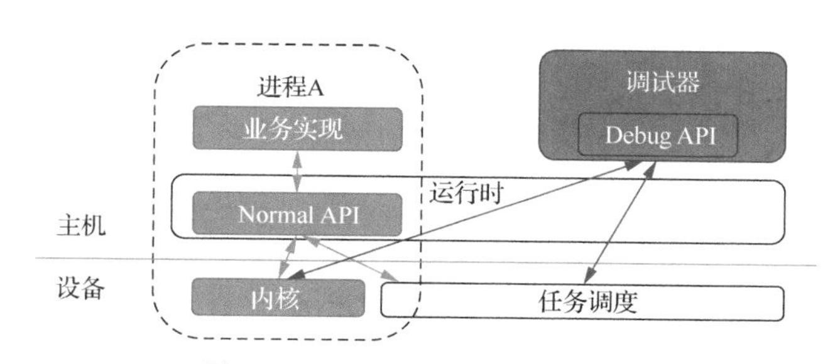

图 5-2　msdebug 调试算子的原理

msdebug 的调试功能如下。

（1）断点设置

msdebug 支持对 Ascend C 编程语言开发的算子核函数进行断点设置，即在算子核函数运行至设置好的断点位置时，程序会进入暂停状态。

设置断点的方法有多种，下列代码是根据函数名在函数入口处设置断点的方法。

```
(msdebug) breakpoint set --name CopyIn
(msdebug) br s -n CopyIn
(msdebug) b CopyIn
```

下列代码是在代码源文件的特定代码行设置断点的方法。

```
(msdebug) breakpoint set --file test.cpp --line 12
(msdebug) br s -f test.cpp -l 12
(msdebug) b test.cpp:12
```

下列代码是对特定地址设置断点的方法。

```
(msdebug) b 0x1000
```

要实现断点的设置，首先需要调试器根据算子二进制中的 dwarf 调试信息，解析出算子程序在执行断点所在的代码行时程序计数器（Program Counter，PC）的偏移值；然后等待算子程序被运行管理器加载到 AI 处理器内存中后，保存算子程序所需 PC 偏移地址上的指令，并使用暂停命令对其替换，在该暂停指令触发后，算子程序进入暂停状态。断点设置的原理如图 5-3 所示。

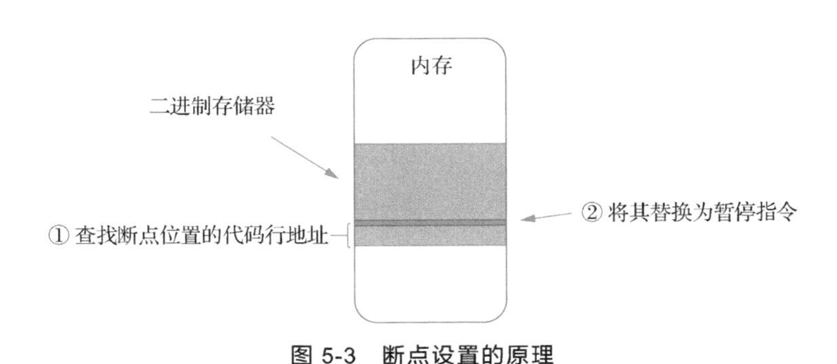

图 5-3　断点设置的原理

（2）单步运行

在算子程序进入暂停状态后，msdebug 支持让算子核函数跳过当前代码行，停在逻辑上应执行的后一行代码前，方法如下。

```
(msdebug) n
```

为实现单步运行，msdebug 先通过对算子核函数反汇编，找到逻辑上应执行的后一行代码的位置，并在此设置断点；然后通过 Debug API，使算子程序从暂停状态脱离，重新运行，直到其命中新设置的断点后停下。单步运行的原理如图 5-4 所示。

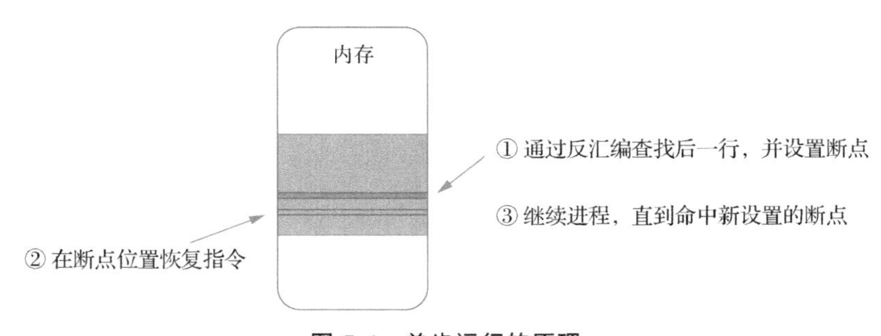

图 5-4　单步运行的原理

（3）变量打印

在算子程序处于暂停状态时，msdebug 支持打印断点代码行作用域内的变量值，方法如下。

```
(msdebug) p variable
(msdebug) variable = 0
```

为获取变量的值，msdebug 会在算子程序的调试信息中找到与该变量相关的 dwarf 信息，通过解析该信息获得该变量在 AI 处理器栈上的内存偏移地址。然后调试器调用调度管理器的 Debug API，读取堆上该位置的内存数值。通过这种方式可从堆中提取变量的实际存储值，并将其还原为变量的取值，以便在调试过程中查看。在这一过程中，堆的布局使调试工具可以准确地访问变量并打印其值。变量打印的原理如图 5-5 所示。

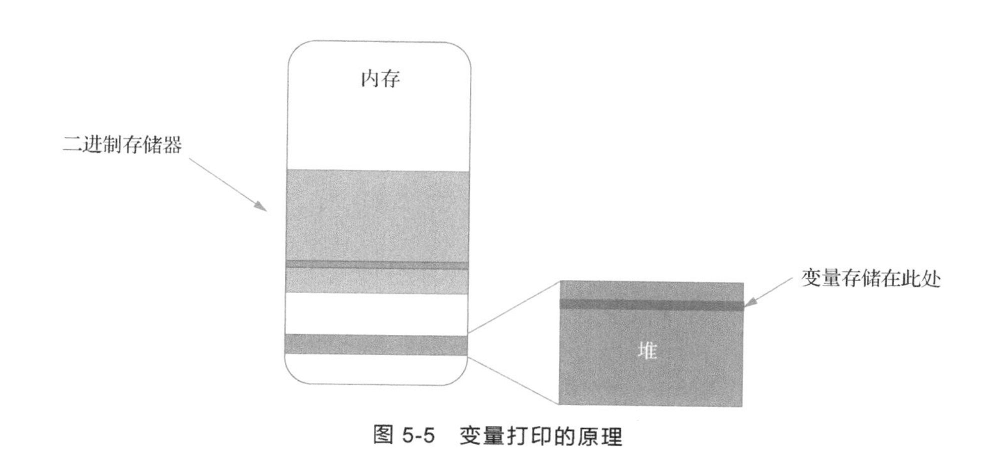

图 5-5 变量打印的原理

5.2 算子调优工具

msprof 是基于昇腾芯片架构的性能调优工具，能够协助开发者完成在算子开发过程中对算子性能的优化任务。算子调优工具可用于采集和分析昇腾 AI 处理器算子运行阶段的关键性能指标，诸如计算类指令耗时、搬运类指令耗时、搬运带宽、资源冲突、Cache 命中率等信息。同时，该工具也能够根据昇腾 CANN 软件栈中提供的仿真能力，给出算子在仿真状态下的指令流水线图、算子代码热点图及指令到代码行映射表等性能数据。开发者可根据调优工具输出的性能数据，快速定位软、硬件性能瓶颈，提升算子性能分析的效率。

5.2.1 算子性能调优原理

算子调优工具 msprof 支持从算子上板和仿真的运行模式进行调优。上板指的是算子运行在真实的昇腾 AI 处理器上。仿真则是指算子运行在 CANN 提供的昇腾性能仿真器上，不需要真实的昇腾 AI 处理器，依靠 CPU 即可模拟出昇腾 AI 处理器的计算过程。图 5-6 展示了算子调优工具 msprof 的调优原理。

在上板调优中，调优工具在开发者算子程序执行的过程中，通过采集昇腾芯片硬件上实时的硬件数据，并经过解析和计算后，生成最终的调优性能数据文件。根据开发者使用调优工具开启的性能采集开关，生成的算子性能数据可以分为以下几类。

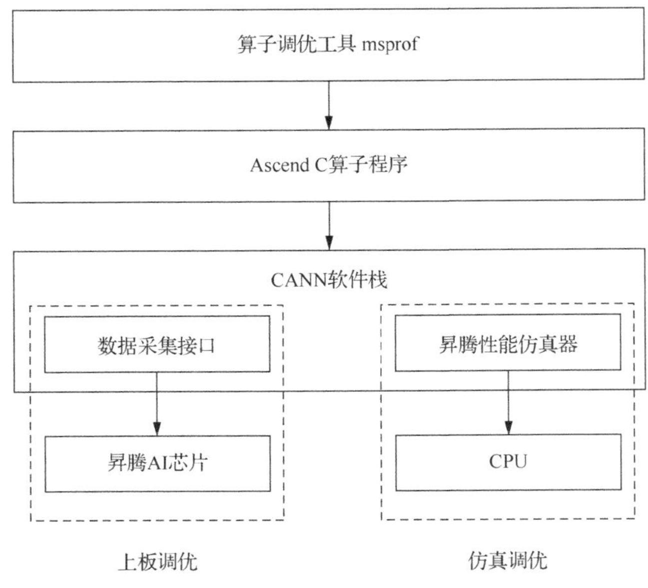

图 5-6 算子调优工具 msprof 的调优原理

（1）计算类指令耗时与占比

计算类指令是指涉及昇腾芯片架构中矩阵计算单元和向量计算单元计算的相关指令。计算类指令是实现算子逻辑的关键，属于算子本身不可避免的耗时。一个算子通过不同计算指令的组合形成不同的计算逻辑。当计算类指令耗时占比较高时，开发者可以优化算子计算逻辑和减少不必要的计算指令，从而提升算子性能。

（2）搬运类指令耗时与占比

搬运类指令是指让算子需要的相关数据在昇腾芯片上的不同内存间搬运的指令。最初的所有计算数据都在 Host 侧的 DDR 内存中。对于矩阵类计算，数据搬运涉及 GM、L1 缓冲区、L0A 缓冲区、L0B 缓冲区和 L0C 缓冲区；对于向量类计算，数据搬运涉及 GM 和 UB。理想情况下，一个算子在计算单元持续地进行计算，因此搬运类指令的耗时属于可避免的耗时。开发者可以将搬运数据的过程和计算的过程并行，减少计算单元等待准备数据的时间，以提高算子的整体性能。

（3）搬运带宽速率

算子的数据搬运效率可以通过搬运带宽速率直观地呈现。搬运带宽速率表示在单位时间内搬运的数据量，速率越高，搬运相同数据量所耗费的时间越少。开发者可以在保持计算单元利用率的情况下，调整数据搬运逻辑，以提升带宽速率，优化算子整体性能。

（4）资源冲突

昇腾设备上的部分内存单元（具体单元取决于昇腾芯片型号）中存在 bank 和 bank group 的内存架构。一个 bank 由多个最小内存访问单元块组成，多个 bank 则组成一个 bank group。资源冲突有两种：同一个 bank group 中会有读读冲突，同一个 bank 中会有读写冲突。bank

和 bank group 在昇腾芯片架构上的组合方式如图 5-7 所示，其具体数量和结构会因芯片型号而异。

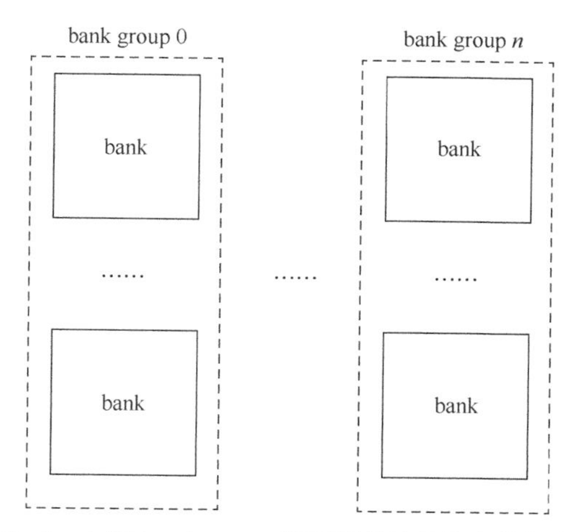

图 5-7　bank 和 bank group 在昇腾芯片架构上的组合方式

（5）缓存命中率

基于最优化性能的考虑，昇腾芯片架构中设计了缓存，以提高数据搬运速率。在 GM/HBM 上包含的 L2 缓冲区，就可以极大地提升数据从 GM/HBM 到 L1 缓冲区或 UB 的速率。为了提高算子计算时对于同一块 GM/HBM 上数据的复用率，可以增加缓存命中率，进而缩短数据搬运所耗费的时间。L2 缓冲区的搬运通路如图 5-8 所示。

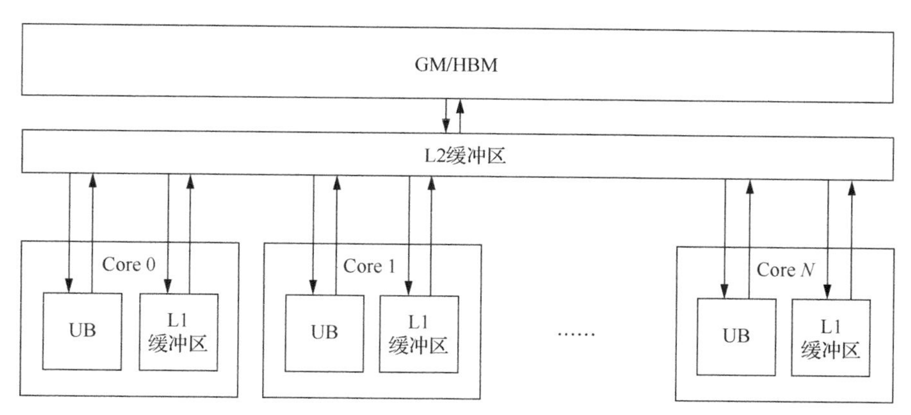

图 5-8　L2 缓冲区的搬运通路

在仿真调优中，基于 CANN 软件栈提供的强大仿真能力，开发者可以获得更多的算子运行细节和算子性能数据可视化的呈现，包括算子指令流水线图、算子代码热点图及指令到代码行映射表等功能，从而对算子性能瓶颈有更加直观的了解，快速定位到性能瓶颈的代码，完成对于算子性能瓶颈的优化。仿真调优的原理是分析和计算算子在仿真器上运行所记录的算子执行信息，给出最终的性能结果数据。

5.2.2 算子调优基本流程

算子调优基本流程通常分为 5 个步骤，以充分利用算子调优工具提供的能力。

第一步，使用 msprof 工具对算子进行上板级数据采集，进行初步的性能摸底，以获得当前算子在功能正确的情况下的基础性能。

第二步，根据算子在昇腾 AI 平台上的性能数据，找到算子较为耗时的部分，确定当前性能的瓶颈点是计算还是搬运。

第三步，使用 msprof 工具进行算子性能仿真，对仿真性能数据进行可视化，并获得指令流水线图和代码热点图。

第四步，通过分析指令流水线图，找到性能较差或耗时较高的指令或指令片段，或通过热点图直观地定位到高耗时代码行。

第五步，综合性能数据，并分析代码片段逻辑，尝试对结果进行针对性优化。

对优化后的算子采集上板性能数据，确定优化效果。当前 CANN 工具包在不断更新迭代，最新的 msprof 工具使用方法可以参考昇腾社区中 CANN 对应版本的使用说明文档（可以按照开发工具、算子开发工具、使用 msprof 调优算子尝试进行检索）。

在 Ascend C 算子开发中，有如下 3 种常用的优化思路和技巧，这些技巧不一定对所有算子有效，开发者应根据各自算子的实际情况进行优化。

（1）提高算子的并行度

在昇腾的计算架构中，不同流水线上的指令可以并行执行，其中指令按照大类可以分为计算类指令和搬运类指令。提高并行度的目的是让计算和数据搬运同步进行，尽可能让计算耗时掩盖数据搬运耗时。计算指令和搬运指令的理想排布和非理想排布分别如图 5-9 和图 5-10 所示。通过图 5-9 和图 5-10 的对比，可以看到，在计算逻辑不变的情况下，通过让流水线上的指令并行，DataCopy2 和 DataCopy3 的搬运耗时被计算耗时掩盖，进而使得算子在搬运类和计算类指令总耗时不变的情况下，降低了整体算子的运行耗时。

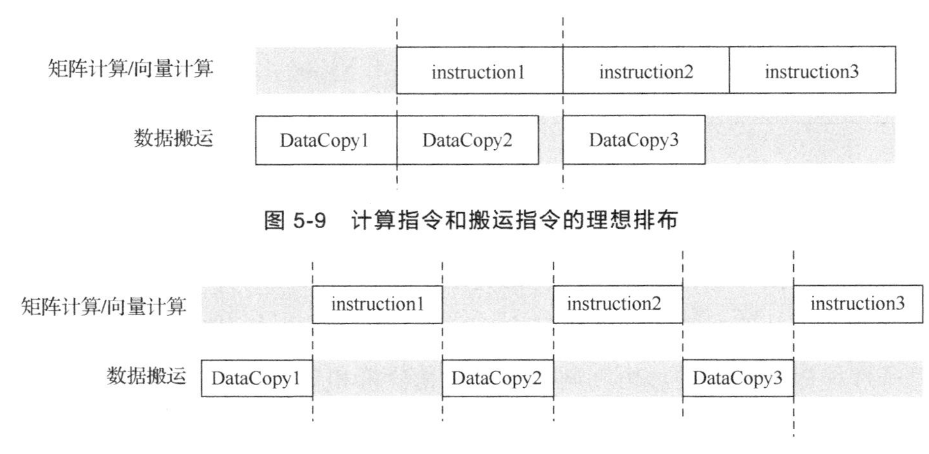

图 5-9 计算指令和搬运指令的理想排布

图 5-10 计算指令和搬运指令的非理想排布

（2）优化算子逻辑

由于计算类指令是实现算子逻辑的关键，计算类算子指令的耗时越少，算子的速度越快。因此可以通过合并相关逻辑，诸如尝试使用指令 repeat 代替 for 循环，使用融合的计算指令替换多个基础的指令等方式，降低计算耗时。

（3）优化算子的 Tiling 策略

算子切分作为算子实现的关键部分之一，不同的数据尾块切分策略会影响指令的下发和调度数量，进而影响 Scalar 单元的耗时。开发者可以根据算子的应用场景，选取合适的 Tiling 策略。

5.3 算子异常检测工具

扫码观看视频

mssanitizer 是基于昇腾芯片架构的异常检测工具，包含内存检测和竞争检测两种功能。内存检测功能可以在用户开发算子过程中，协助定位并解决诸如内存非法读写、多核踩踏、非对齐访问、内存泄露、非法释放等内存问题。同时内存检测工具也支持对 CANN 软件栈的内存检测，帮助用户定界软件栈内存异常发生的模块。竞争检测功能可以协助用户定位由于竞争风险可能导致的数据竞争问题。

5.3.1 算子内存的检测原理

在昇腾芯片架构中，为了最优化性能而设计了多级内存。在内核执行过程中，数据会在不同内存之间进行搬运，开发者需要小心地处理搬运的范围与时机。图 5-11 展示了 Host 侧与 Device 侧之间及 Device 侧内部多级内存的关系。

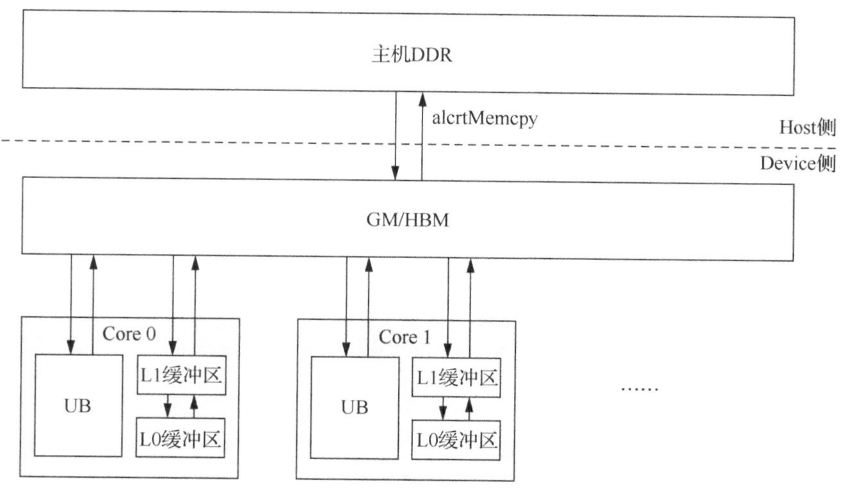

图 5-11 昇腾芯片多级内存的关系

当我们聚焦某一块特定内存时，内存检测就是当发生内存事件时，通过特定算法检查相关内存的状态，从而确定内存事件是否合法。下面对一些常见的内存异常进行说明。

（1）非法读写

非法读写异常信息的产生是由于算子程序通过读或写的方式访问了一块未分配的（unaccessable）内存。此错误一般发生在 GM/HBM 上，由用户为 GM 分配的大小与实际算子程序访问的范围不一致导致。如图 5-12 所示，0x50～0x7f 的内存处于未分配状态，此时针对 0x00 地址发生 0xa0 长度的读或写事件，会在未分配的内存位置产生一个长度为 0x30 的非法读写异常。

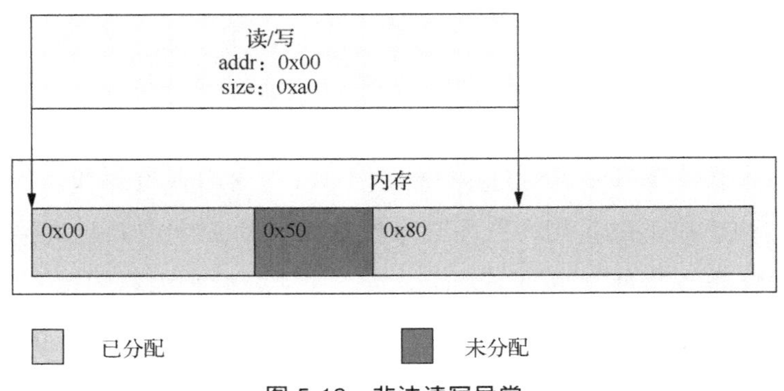

图 5-12　非法读写异常

（2）多核踩踏

昇腾芯片中会发生多个 AI Core 芯片同时参与计算的情况，这些 AI Core 芯片在计算过程中从 GM 搬入或搬出数据。当没有显式地进行核间同步时，如果各个核之间访问的 GM 存在重叠则会发生多核踩踏问题。这里我们通过所有者的概念来保证多核之间不会发生踩踏问题，即当一块内存被某一个核写入后，这块内存就由该核所有。当其他核对这块内存进行读写访问时就会产生“out of bounds”异常。如图 5-13 所示，当两个 AI Core 访问的内存区域发生重叠时，重叠的内存区域就可能会发生多核踩踏异常。

（3）非对齐访问

昇腾芯片上包含多种类型的内存，当通过 DMA 接口对内存进行访问时，不同类型的内存在不同芯片上有不同的基础访问粒度。当访问的内存地址或长度与基础访问粒度不能对齐时，会发生数据异常或 AI Core 异常等问题。如图 5-14 所示，访问对齐检测可以在对齐问题发生时输出对齐异常信息。

（4）内存泄露

内存检测工具可以检测出 Device 侧的内存泄露问题，这些问题通常是开发者没有正确释放使用 ACL 接口申请的内存导致的。由于片上内存目前不存在内存分配的概念，内存泄露只能出现在 GM/HBM 上。通过指定命令行参数--leak-check=on 可以开启内存泄露检测。

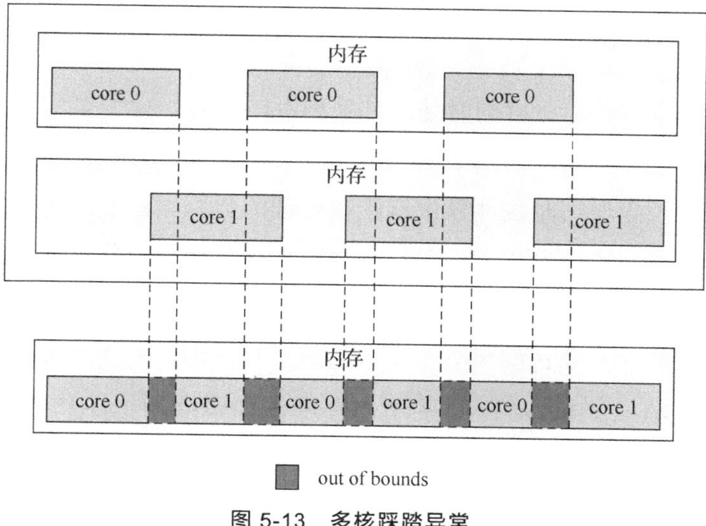

图 5-13　多核踩踏异常

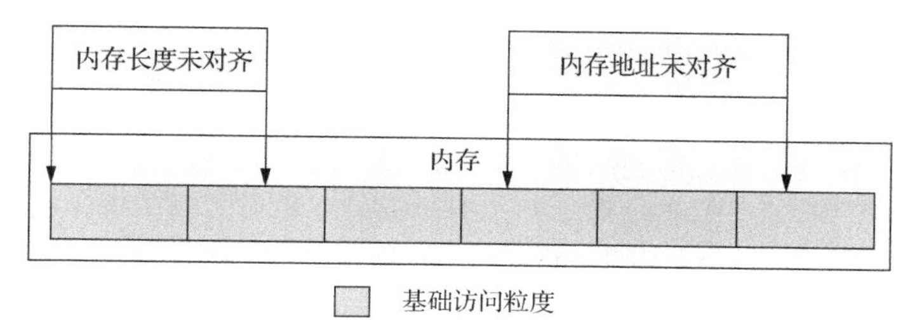

图 5-14　非对齐访问异常

（5）非法释放

非法释放是指对一个未分配的地址或已释放的地址进行了释放操作，一般发生在 GM 上。与 CPU 侧类似，GM 上的地址在申请与释放时也是整块进行操作，释放时需要指定申请时 aclrtMalloc 接口返回的地址。如图 5-15 所示，如果对一个不指向内存块首地址的指针调用释放接口会产生“illegal free”错误，对一个已释放的地址重复调用释放接口会产生“double free”错误。

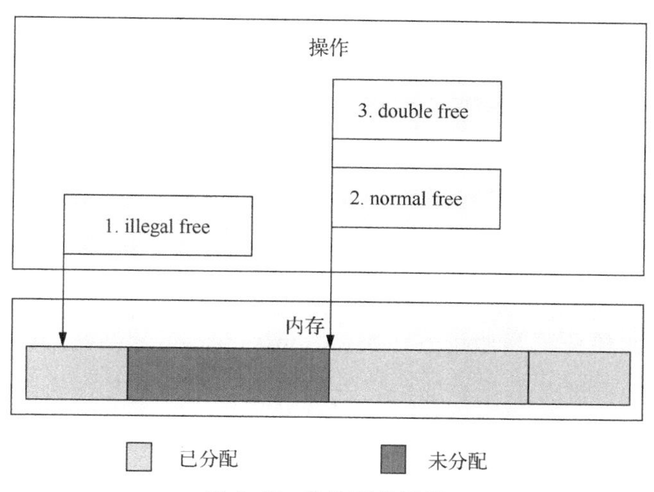

图 5-15　非法释放异常

5.3.2 算子竞争的检测原理

竞争检测工具用于检测运行时同时访问共享内存的风险，此工具的主要用途是帮助用户识别内存数据的竞争访问风险。在昇腾芯片架构下，AI Core 的片上内存可以被多个流水线访问，片上内存经常被用作临时缓冲区保存正在处理的数据。由于这些数据可以同时被多个流水线访问，如果算子程序没有正确处理流水线同步，就可能会导致数据竞争问题。

竞争风险是指两个事件（其中至少有一个为写事件）尝试访问同一块内存时，基于两个事件的相对顺序发生的非预期访问风险。竞争检测工具能够识别 3 种类型的竞争风险。

① Write-After-Write（WAW）：当两个内存事件尝试向同一块内存写入时（如图 5-16 所示的事件 1 与事件 2），就会存在这种风险，而内存访问结果取决于两个内存事件的相对顺序。

② Write-After-Read（WAR）：当两个内存事件尝试访问同一块内存，且一个执行读操作、另一个执行写操作时（如图 5-16 所示的事件 3 与事件 4），就会存在这种风险。在这种情况下，读操作事件会在写操作事件提交之前读取到内存的值。

③ Read-After-Write（RAW）：当两个内存事件尝试访问同一块内存，且一个执行读操作、另一个执行写操作时（如图 5-16 所示的事件 2 与事件 3），就会存在这种风险。在这种情况下，写操作事件在读操作事件之前，所以返回给读操作事件的内存值并不是其原始值。

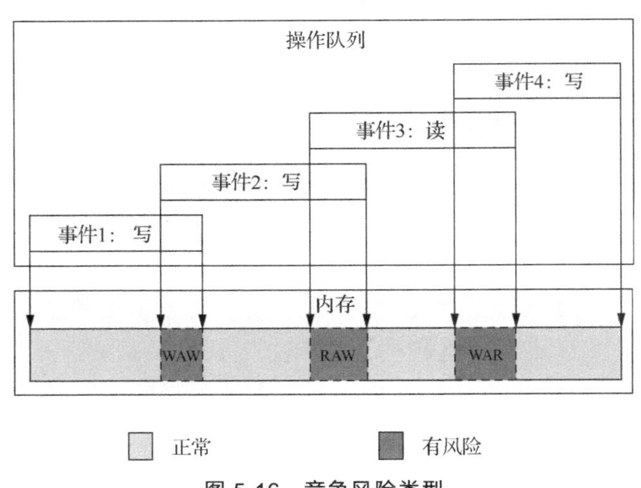

图 5-16 竞争风险类型

5.3.3 异常检测工具的使用方法

与业界其他的异常检测工具使用方法类似，mssanitizer 工具使用时也需要编译器进行协同。在算子编译过程中需要开启指定的编译选项支持异常检测功能，同时开启-g 选项获得更详细的定位信息。通过命令行的方式编译一个支持异常检测的算子的命令示例如下：

```
ccec -xcce --enable-sanitizer --cce-aicore-arch=dav-c220-vec -g -o sample sample.cpp
```

算子编译完成后，使用 mssanitizer 拉起单算子可执行程序，并指明使用的检测类型，对应的算子异常信息会回显在终端中。mssanitizer 命令的基本形式如下：

```
mssanitizer [options] <prog_name> [prog_options]
```

完整的命令行选项如表 5-1 与表 5-2 所示。

表 5-1 异常检测工具 mssanitizer 的通用选项

命令行选项	可选值	默认值	说明
help, h	—	—	输出 mssanitizer 帮助信息
version, v	—	—	输出 mssanitizer 版本信息
tool, t	memcheck, racecheck	memcheck	指定异常检测类型
log-file	filename	标准输出	指定检测报告输出到文件
log-level	debug, info, warn, error	warn	指定检测报告输出等级

表 5-2 异常检测工具 mssanitizer 的内存检测选项

命令行选项	可选值	默认值	说明
leak-check	yes, no	no	是否开启内存泄露检测
check-device-heap	yes, no	no	是否开启 Device 侧内存检测
check-cann-heap	yes, no	no	是否开启 CANN 软件栈内存检测

5.4 昇腾算子性能的优化方法

扫码观看视频

本节主要从 4 个方面讲解昇腾算子性能优化方法，分别是算子计算流程优化、代码实现优化、层次化访存优化及计算资源利用优化。在本书编写过程中，针对算子优化的理论与实践也在不断更新迭代，更多针对 Ascend C 算子高性能优化的详细内容请读者参考昇腾社区技术文档中的开发指南、算子开发、Ascend C 最佳实践等内容。

5.4.1 算子计算流程优化

在进行算子计算流程优化之前，需要学习如何分析算子的理论性能。首先需要充分了解输入条件，例如芯片参数、通路带宽、buffer 大小、计算指令的 cycle 数据、计算数据搬运量等。随后需要对整体算子执行过程进行评估，例如先评估计算所需时间 tc，再评估搬运数据所需时间 tb，通常包括 tbIn（搬入数据时间）和 tbOut（搬出数据时间）等。若 tc>tb，则理论时间可以按照 tc 作为上限值，通常可以要求算子达成 tc×80%以上；反之，若 tb>tc，则理论时间可以按照 tb 作为上限值，通常可以要求算子达成 tb×80%以上。达成的这个理论上限值被称为 bound。

需要注意的是，一个计算达成了某个执行单元的 bound，并不代表该算子已经达成了算子的性能可达上限。如果是计算单元已经达成了 bound，并且算法没有重复计算过程，那么认为算子性能已经最优；如果搬运单元已经达成了 bound，并且算法已经达成了搬运量最小的算法，那么可以认为算子性能已经达成最优。

算子计算流程优化通常考虑两个方面，分别是切分优化及核内异步流水线。

1. 切分优化

Tiling 通常是指对计算进行并行计算切分，以便可以启动并行实例进行并行计算。切分优化有如下几个基本原则。一是 Tiling 需要考虑部署环境，也就是说并行计算单元的个数，切分后的计算尽量负载均衡，避免有忙有闲而浪费资源；二是 Tiling 尽量用满所有可用资源，不要有闲置资源；三是核内切分的块要考虑 double buffer 机制（在 Ascend C 中，需要把流水线用的 TQue 缓冲区分配为 2 块）；四是核内切分的块要尽量大，一方面可以降低 Scalar 压力（循环次数少）；另一方面有利于 SIMD 发挥算力，降低指令启动开销。

在多核切分时需要注意，尽量不要设计多核同步算法，因为多核同步算法会导致计算流水线中断。若要使用多核同步算法，有个重要的注意事项，即在 Tiling 计算启动时设置的运行核数一定要小于当前实际的可运行核数量，否则会发生死锁。

以 Add 算子为例，通过比较其使用不同 Tiling 策略带来的性能差异，可直观地展示核内异步流水对于算子性能的影响。Add 算子需要实现 $z = x + y$ 的功能。输入 x、y 的 shape 为 (8,2048)，数据类型为 FP16。这里共使用 8 个核，每个核的计算量为 2048 个数据。若使用合理的 Tiling 策略，单核内切分成 16 份，让向量计算单元在一拍内尽可能饱和工作，完成 128 个 FP16 类型数据的运算，这样算子整体执行时间更短，如图 5-17 所示。若使用 Tiling 策略不合理，如单核内切分成 32 份，向量计算单元在一拍内未饱和工作，只完成 64 个 FP16 类型数据的运算，这样会导致算子执行时间更长，如图 5-18 所示。一般来说，一个合理的 Tiling 策略会对性能产生明显的提升。

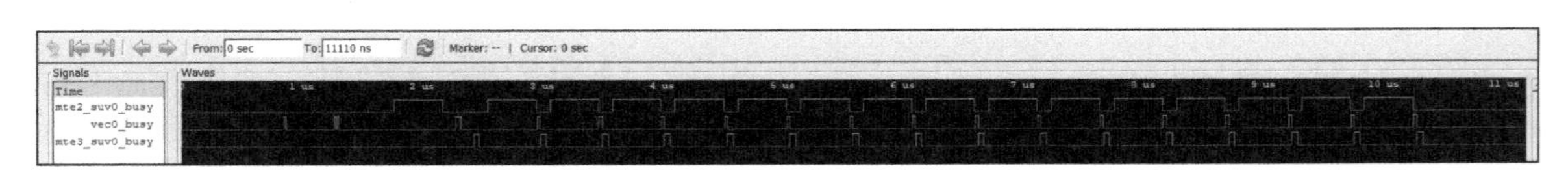

图 5-17　使用合理 Tiling 策略的 Add 算子执行流水线

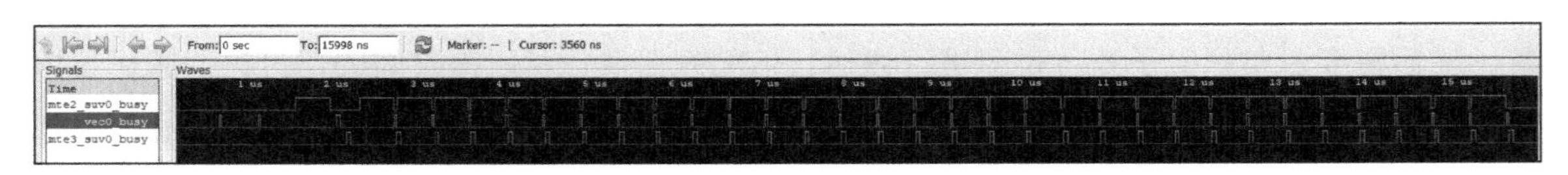

图 5-18　使用不合理 Tiling 策略的 Add 算子执行流水线

2. 核内异步流水线

核内异步流水线其实就是指前文中提到的 double buffer 机制，Ascend C 提供的编程范式会帮助开发者自动实现流水线并行能力，通常只要把流水线的 TQue 缓冲区数量设置为 2，就会自动形成流水线效果，即在核函数中的 Init()代码 pipe.InitBuffer(inQueueX, BUFFER_NUM, TILE_LENGTH * sizeof(half))中，将 BUFFER_NUM 设置为 2。核内流水线并行通常会将算子性能提升 20%～100%。

double buffer 机制详细介绍如下。执行于 AI Core 的指令队列主要包括向量指令队列、矩阵指令队列和存储转换指令队列（MTE2、MTE3）。不同指令队列间的相互独立性和可并行执行特性是 double buffer 机制的基石。

图 5-19 所示是一个完整的 UB 数据搬运和向量计算过程，MTE2 将数据从全局内存搬运到 UB，向量计算单元完成计算后将结果写回 UB，最后由 MTE3 将计算结果搬回全局内存。

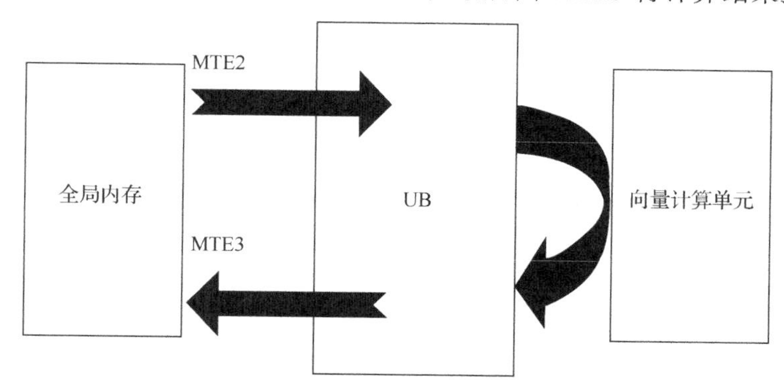

图 5-19 UB 数据搬运与向量计算过程

在此过程中，数据搬运与向量计算串行执行，向量计算单元不可避免存在资源闲置问题。若 MTE2、向量计算、MTE3 这 3 个阶段共耗时 t，则向量计算的时间利用率仅为 $t/3$，等待时间过长，利用率严重不足。

为减少向量计算单元等待时间，double buffer 机制将 UB 一分为二，即 UB_A、UB_B。如图 5-20 所示，当向量计算单元对 UB_A 中数据进行读取和计算时，MTE2 可将下一份数据搬入 UB_B 中；而当向量计算单元切换到计算 UB_B 时，MTE3 将 UB_A 的计算结果搬出，而 MTE2 则继续将下一份数据搬入 UB_A 中。由此，数据的进出搬运和向量计算实现并行执行，向量计算单元闲置问题得到有效解决。

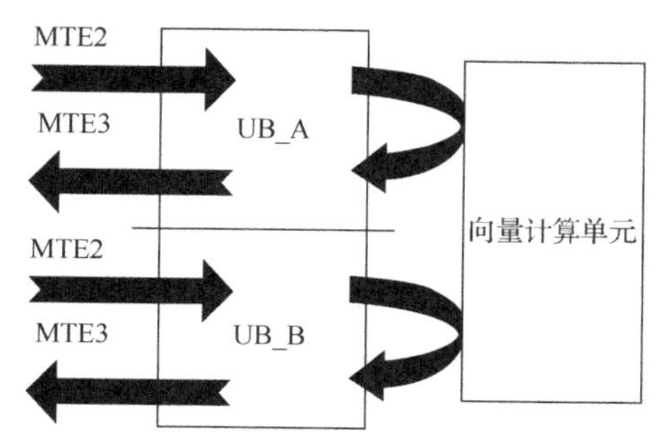

图 5-20 double buffer 机制

总体来说，double buffer 机制是基于 MTE 指令队列与向量指令队列的独立性和可并行性，通过将数据搬运与向量计算并行执行以隐藏数据搬运时间并降低向量指令的等待时间，最终提高向量计算的利用效率。

需要注意的是，多数情况下，采用 double buffer 机制能有效提升向量计算的时间利用率，缩减算子执行时间。然而，double buffer 机制缓解向量计算单元闲置问题并不代表它总能带来整体的性能提升。

- 当数据搬运时间较短，而向量计算时间显著较长时，由于数据搬运在整个计算过程中的时间占比较低，double buffer 机制带来的性能收益会偏小。
- 当原始数据较小且向量计算单元可一次性完成所有计算时，强行使用 double buffer 机制会降低向量计算资源的利用率，最终效果可能适得其反。

因此，double buffer 机制的性能收益需综合考虑向量计算单元算力、数据量大小、搬运与计算时间占比等多种因素。

以 MaxPool3DGrad 算子为例，通过比较其是否使用 double buffer 机制的性能，可直观地展示核内异步流水线对于算子性能的影响。使用 double buffer 机制的流水线如图 5-21 所示。观察 mte2_busy_status 信号，发现 MTE2（数据搬入单元）已经连续运行，达到 bound。不使用 double buffer 机制的流水线如图 5-22 所示。可以看出所有单元均未能连续运行，即所有单元均没有达到 bound。一般来说，使用核内异步流水处理的算子性能可以提升 20%～100%。

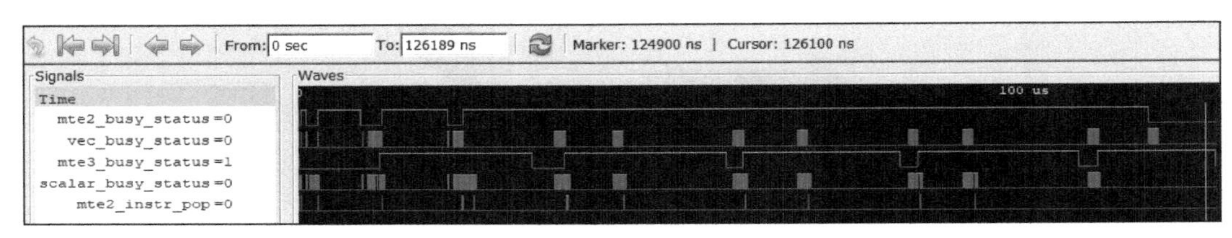

图 5-21 使用 double buffer 的 MaxPool3DGrad 算子执行流水线

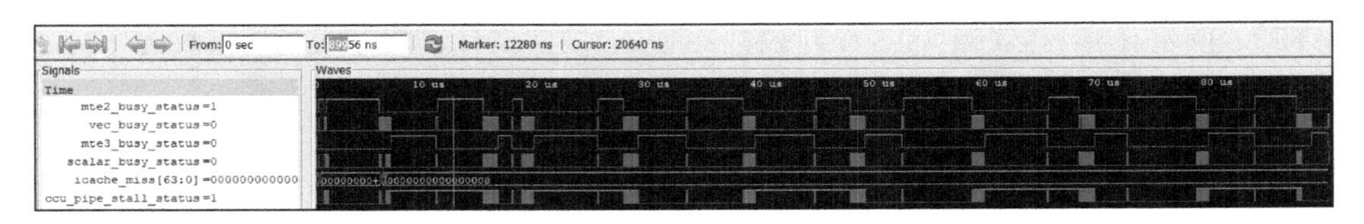

图 5-22 不使用 double buffer 的 MaxPool3DGrad 算子执行流水线

5.4.2 代码实现优化

代码实现优化是指在进行 Ascend C 编程时代码层面的优化，使用特定的编程技巧可以提升代码运行性能。本节从以下 3 个方面对代码实现优化进行讲解，分别是 Scalar 优化、避免阻塞 Scalar、ICache 优化。

1. Scalar 优化

Scalar 优化主要针对 AI Core 中标量计算单元进行优化。标量计算单元的任务是完成地址计算、循环控制、条件控制、指令发射，期望的模式是无阻塞地一直完成所有指令的发射。如果程序中 Scalar CPU 计算任务太重，就会导致出现性能瓶颈；如果 VEC/DMA 单元的计算出现空闲，则会导致资源利用率低。不正确的阻塞标量计算单元会阻断整个异步并行的流水线，降低执行性能。

标量计算单元常用的优化技术与对 CPU 的取指优化技术类似，下面简单列举几个常见的优化方法。一是外提循环变量，消除循环内重复计算；二是消减计算强度，例如将循环内的随迭代偏移的数值计算 i*offset 修改为加法计算；三是将计算提到板外执行，有些计算尽量放到板外，然后以 Tiling 数据方式传递到板上；四是使用大块的切分块数据进行计算，这样会减少循环次数，也降低标量计算需求，同时计算时间长可以掩盖标量计算单元的计算时间；五是写的小函数要 inline，表示为内联函数，避免一些频繁调用的小函数大量消耗栈空间，而且多处调用的大函数不要 inline（会增加执行代码大小）。

在实际进行调优时，可以通过观察上板数据来判断是否达到了标量计算单元的运行瓶颈，也可以通过 NPU 仿真工具分析流水线图和 log 来观察标量计算单元的占用情况。

2. **避免阻塞 Scalar**

避免标量计算单元参与数据计算，就可以避免阻塞 Scalar。下面通过一个例子来说明，程序清单 5-6 所示是一个标量计算单元直接参与向量计算的样例程序。

程序清单 5-6 标量计算单元直接参与向量计算的样例程序

```
1   S=vreducesum(TensorA);
2   S=S+1.0;   //Scalar 计算，S 是 UB 数据
3   A1=muls(TensorB, S);
```

标量计算单元直接参与向量计算的运行如图 5-23 所示。可以看出，若让标量计算单元直接参与向量计算，会导致执行的指令不断在向量指令队列及标量指令队列中来回切换，增加等待以及切换的运行耗时。

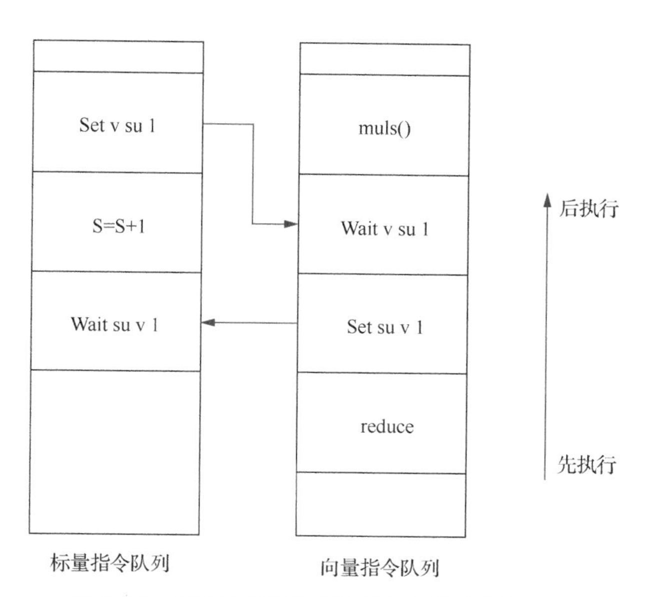

图 5-23 标量计算单元直接参与向量计算的运行

如程序清单 5-7 所示，其实现的功能与程序清单 5-7 中的完全相同，但是并没有让标量计算单元直接参与向量的计算，而是相应地使用了向量计算指令。

程序清单 5-7　使用向量计算指令计算数据的样例程序

```
1    S=vreducesum(TensorA);
2    S=Vadds(S, 1.0, mask=1);   //向量计算指令计算数据，但是这个指令只计算一个数
3    A1=muls(TensorB, S);
```

向量计算数据样例程序的运行如图 5-24 所示，从图中可以看到，标量指令队列一直没有参与计算过程的流水线，而是一直在做自己的本职工作，所以没有产生切换计算单元的延迟等时延，程序整体运行效果更好。

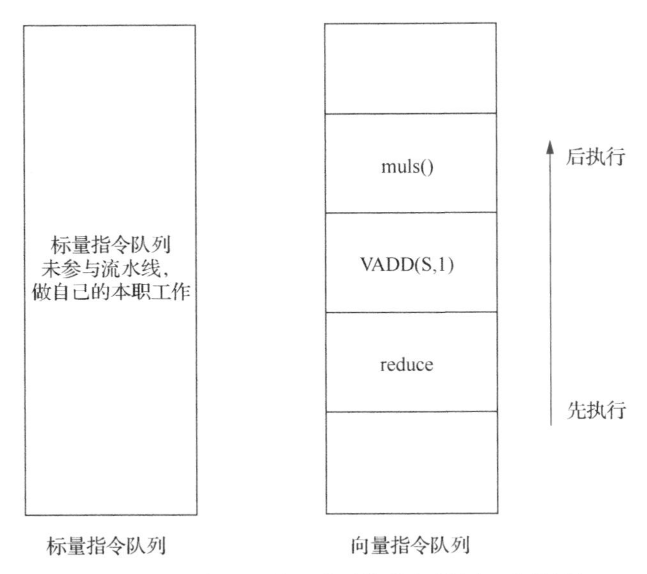

图 5-24　使用向量计算指令计算数据样例程序的运行

3. ICache 优化

ICache 用于缓存即将执行的指令。通过对上板运行数据的结果统计并分析可发现，算子会存在 ICachemiss（缓存未命中）的情况。导致 ICachemiss 的原因一般是内核大小超过 ICache 大小，或是存在内部循环、条件分支和长跳转的现象。如果跳转距离超过 ICache 大小而导致 ICachemiss，计算单元会重新从外部存储取指令，从而造成计算中断。

ICachemiss 的优化建议措施有两点。一是减小代码段，让 ICache 能存放代码，减小的办法之一是把大的条件分支编译为 2 个二进制文件；二是先执行次数多的分支代码。

5.4.3　层次化访存优化

层次化访存优化主要涉及对流水线缓冲区的分配及访问。本小节将从合理使用 TBuf 和

合并相同生命周期的变量两方面进行介绍。

1. 合理使用 TBuf

在第 3 章中介绍过 TBuf 数据结构，用于申请临时变量空间。在使用 TBuf 数据结构时会申请 TMP Buffer（临时变量缓冲区），并将这个临时变量保存到算子类成员变量中，以便后期反复使用时不需要反复申请并释放。

2. 合并相同生命周期的变量

对拥有相同生命周期的变量，可以对其分配的 TQue 进行合并，以降低标量计算单元的操作开销。例如 $Z=X+Y$ 这样的计算，X 和 Y 操作数的生命周期实际是相同的，需要各自搬运一个操作数到 UB，然后开始计算，计算完成同时释放。那么我们可以只申请一个 TQue 和一个缓冲区，存放 xLocal 和 yLocal，通过"xLocal+offset"获得 yLocal 并使用。

5.4.4 计算资源利用优化

计算资源利用优化着重关注数据搬运及数据复用，对矩阵计算的效率会有比较大的提升。本小节将通过 2 个样例介绍计算资源利用优化，分别是大型矩阵 reduce_sum 实现和矩阵计算对各缓冲区的充分利用。

1. 大型矩阵 reduce_sum 实现

大型矩阵 reduce_sum 实现的主要思路是通过构造辅助矩阵，利用 matmul 计算 reduce_sum。如图 5-25 所示，对一个 shape 为(16, 32)的张量的最后一根轴做 reduce_sum。由于向量计算单元对 FP16 数据类型只有 128 个元素的并行度，我们可通过构造一个 shape 为(32, 1)的全 1 矩阵，将 reduce_sum 转为矩阵乘法计算。通过计算单元的转换，只要 M 轴和 K 轴足够长，即可达到最大 256 个元素的并行度。

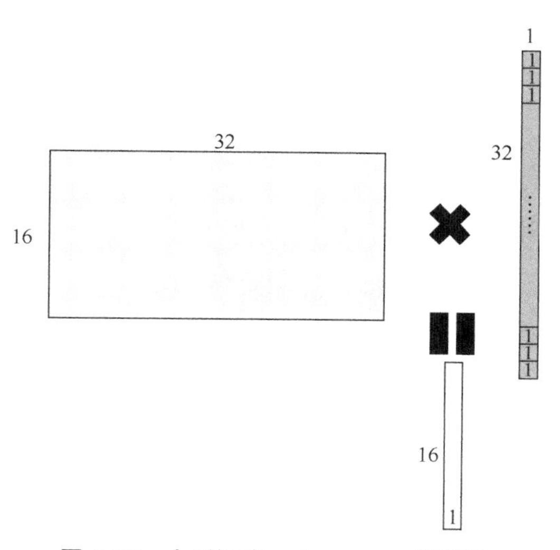

图 5-25 大型矩阵 reduce_sum 的实现

2. 矩阵计算对各缓冲区的充分利用

在进行矩阵计算时，要想充分利用各层级缓冲区，需要考虑多核复用内存，并充分利用L2、L1、L0 缓冲区的数据复用能力。例如 L0 缓冲区全载计算，即当一个矩阵小到足以放入L0A/B 缓冲区的 64 KB 空间时，则直接进行全量载入，这时另一个矩阵整体只需要进入 L0缓冲区一次就能完成全部计算。如果可以 L1 缓冲区全载计算，当一个矩阵小到足以放入 L1缓冲区的 504 KB 空间时，则可以直接全载 L1 缓冲区，这样另一个矩阵（高性能格式场景）只需要进入一次 L0 缓冲区则完成计算。如果采用正常 ND 格式，则这个矩阵因为要路过 L1缓冲区而预留 64 KB，所以矩阵如果小于 440 KB，才能够用这个场景。如果都不能全载 L1缓冲区，则需要对 ***A*** 或 ***B*** 矩阵进行合适的切分，实现 L1 缓冲区和 L0 缓冲区内的数据复用。同时需要考虑核内和多核的计算次序，有效利用 L2 缓冲区的 176 MB 缓存，进行数据复用，提升读带宽。

这种优化技术的影响因素较多。对于任意 shape 的矩阵到底如何达到最优化的性能，还有待持续的研究与实践。

5.5 小结

本章介绍了对 Ascend C 算子进行调试、调优、异常检测的工具和方法，包括如何在CPU 域进行仿真调试，如何在 NPU 域使用算子调试工具 msdebug，如何使用算子调优工具 msprof、算子异常检测工具 mssanitizer，并从算子计算流程优化、代码实现优化、层次化访存优化及计算资源利用优化 4 个方面展示如何对昇腾算子进行性能分析与优化。熟练地使用本章的工具和方法对 Ascend C 算子进行调试调优，将为开发出性能更优的算子打下坚实基础。

5.6 测验题

1. [多选]下列说法正确的是哪些？（　　）
   A. CPU 侧调试时，可以通过添加打印定位问题。
   B. CPU 调试通过，NPU 调试一定通过。
   C. 一般建议将 CPU 仿真作为核函数运行验证的第一步，CPU 仿真通过后再进行上板调试。
   D. CANN 工具包中提供了诸如 msprof、msdebug、mssanitizer 等算子调试、调优工具。

2. [多选]关于提升 Ascend C 算子性能，合理的方法有哪些？（　　）
   A. 算子计算流程优化　　B. 算子代码实现优化
   C. 访存优化　　D. 计算资源利用优化

5.7 实践题

以向量加法算子 add_custom 为例，请使用 msprof 算子调优工具，尝试采集、解析并导出性能数据，最后再用本章提供的分析方法，分析潜在的算子优化可能性，并给出优化方案。

第 6 章 Ascend C大模型算子优化

扫码观看视频

本章以案例方式介绍大模型中常用的自注意力机制在昇腾 AI 处理器和 Ascend C 中的加速方案和实现。首先介绍自注意力机制的作用，并分析流行的 GPU 加速计算方案；随后给出针对昇腾 AI 处理器的加速方案；最后围绕自注意力机制前向计算算子的核心操作给出加速设计与实现。

6.1 大模型与自注意力算子的基础知识

扫码观看视频

6.1.1 大模型的奠基石——Transformer

Transformer 及其衍生变体的出现奠定了大规模模型（简称大模型）研究发展的理论基础，并在解决复杂序列任务时发挥着至关重要的作用。例如，当前广泛使用的 GPT 模型就是基于 Transformer 解码器部分改进而来的一种变体，特别专注于自然语言生成。

在当前的大模型训练过程中，主要面临 2 个关键瓶颈：计算资源瓶颈和内存容量瓶颈。计算资源瓶颈主要是模型参数和数据量的急剧膨胀对计算能力的需求迅速增长而导致，同时也涉及计算资源利用率的低效问题。内存容量瓶颈则是现有设备的内存容量限制，往往难以满足大模型训练所需的主存规格要求而导致。

为了提高大模型训练的效率和质量，扩展 Transformer 以处理更长序列并加速其计算过程成为紧迫的任务。其中，自注意力（Self-Attention）机制的高效计算是 Transformer 在增加序列长度方面的一个显著瓶颈，它的运算时间和内存消耗会随着序列长度的增加而呈平方级增长。因此，研究如何编写算子以加速自注意力机制的计算，并突破大模型训练中计算和内存的瓶颈具有至关重要的意义。

6.1.2 自注意力算子在 GPU 上加速计算的发展

自注意力机制是 Transformer 的重要组成部分，其标准的计算公式如式（6.1）所示。

$$\boldsymbol{S}=\boldsymbol{Q}\boldsymbol{K}^{\mathrm{T}}\in\mathbf{R}^{N\times N},\ \boldsymbol{P}=\mathrm{Softmax}(\boldsymbol{S})\in\mathbf{R}^{N\times N},\ \boldsymbol{O}=\boldsymbol{P}\boldsymbol{V}\in\mathbf{R}^{N\times d} \tag{6.1}$$

式中 $\boldsymbol{Q}$、$\boldsymbol{K}$、$\boldsymbol{V}\in\mathbf{R}^{N\times d}$，分别表示查询（Query）、键（Key）、值（Value），N 表示序列长度（sequence length)，d 表示注意力头维度（head dimension），Softmax 按行（row-wise）进行归一化。

根据自注意力算子的计算公式，对自注意力算子进行运算分析。计算注意力相似度矩阵 $\boldsymbol{S}=\boldsymbol{Q}\boldsymbol{K}^{\mathrm{T}}$，其中 $\boldsymbol{Q}$、$\boldsymbol{K}$ 的形状为[N,d]，$[N,d]\times[d,N]\to[N,N]$，计算复杂度为 $\boldsymbol{O}\left(N^2 d\right)$。计算注意力权重矩阵 $\boldsymbol{P}=\operatorname{Softmax}(\boldsymbol{S})$，每行 Softmax 的计算复杂度为 $\boldsymbol{O}(N)$，一共 N 行，总计算复杂度为 $\boldsymbol{O}\left(N^2\right)$。对值进行加权求和 $\boldsymbol{O}=\boldsymbol{P}\boldsymbol{V}$，其中 $\boldsymbol{P}$ 的形状为[N,N]，$\boldsymbol{V}$ 的形状为[N,d]，$[N,N]\times[N,d]\to[N,d]$，计算复杂度为 $\boldsymbol{O}\left(N^2 d\right)$。在通常情况下，$N\gg d$，因此总的计算复杂度为 $\boldsymbol{O}\left(N^2\right)$，即自注意力算子的计算复杂度为序列长度的平方。

下面对自注意力算子进行空间复杂度分析和 I/O 访存分析。矩阵乘法具有分块和累加的特性，大矩阵乘法可以首先通过 Tiling 技术将大矩阵进行分块，然后计算各个分块的矩阵乘法，最后将各个分块矩阵乘法的结果进行累加获得最终的正确结果。但是自注意力算子中的 Softmax 导致自注意力算子失去累加的特性，因为 Softmax 依赖一个全局的分母项。这使得自注意力算子需要存储中间结果，从而引入了不必要的内存开销和 I/O 访存开销。

下面对 Softmax 进行分析，为何 Softmax 会引入不必要的内存开销和 I/O 访存开销。Native Softmax 标准计算公式如式（6.2）所示。

$$\text{Native Softmax}\left(\left\{x_1,\cdots,x_N\right\}\right)=\left\{\frac{\mathrm{e}^{x_1}}{\sum_{j=1}^{N}\mathrm{e}^{x_j}},\cdots,\frac{\mathrm{e}^{x_N}}{\sum_{j=1}^{N}\mathrm{e}^{x_j}}\right\} \tag{6.2}$$

由于指数运算容易溢出，如对于 FP16 类型，最大值是 65536，只要指数项 >11，就会发生溢出。于是引入 Safe Softmax，相比于 Native Softmax，在计算每个指数项时都减去最大值 m。Safe Softmax 计算公式如式（6.3）所示，m 的计算公式如式（6.4）所示。

$$\text{Safe Softmax}\left(\left\{x_1,\cdots,x_N\right\}\right)=\left\{\frac{\mathrm{e}^{x_1-m}}{\sum_{j=1}^{N}\mathrm{e}^{x_j-m}},\cdots,\frac{\mathrm{e}^{x_N-m}}{\sum_{j=1}^{N}\mathrm{e}^{x_j-m}}\right\} \tag{6.3}$$

$$m=\max\left(\left\{\left\{x_1,\cdots,x_N\right\}\right\}\right) \tag{6.4}$$

对于 Safe Softmax，在工程上可以采用以下的算法来实现。

for $i\leftarrow 1,N$ do :

$$m_i\leftarrow\max\left(m_{i-1},x_i\right)$$

end for

for $i\leftarrow 1,N$ do :

$$l_i\leftarrow\ l_{i-1}+\mathrm{e}^{x_i-m_N}$$

end for

for $i\leftarrow 1,N$ do :

$$s_i \leftarrow \frac{e^{x_i - m_N}}{l_N}$$

end for

根据 Safe Softmax 在工程上的实现，不难发现，Safe Softmax 是一个 3-pass 算法，即需要遍历 3 次输入。这就要求程序要么提前存储输入，要么在每个 pass 中重新计算输入。

在自注意力算子中，Safe Softmax 的输入是注意力相似度矩阵 $\boldsymbol{S}$，其计算公式为 $\boldsymbol{S}=\boldsymbol{Q}\boldsymbol{K}^{\mathrm{T}}$，其中 $\boldsymbol{Q}$、$\boldsymbol{K}$ 的形状为$[N,d]$，所以 $\boldsymbol{S}$ 的形状为$[N,N]$。在工程上，程序通常是存储注意力相似度矩阵 $\boldsymbol{S}$，所以自注意力算子的空间复杂度为 $\boldsymbol{O}\left(N^2\right)$，即自注意力算子的空间复杂度为序列长度的平方。在每个 pass 计算前都需要重新加载注意力相似度矩阵 $\boldsymbol{S}$，I/O 访问开销大。

为了解决这些问题，业界针对 GPU 提出了很多优化方法，下面简单介绍几种优化方案。

稀疏优化方案分为两种，分别是基于位置的稀疏注意力和基于内容的稀疏注意力。基于位置的稀疏注意力是根据位置信息来确定哪些位置之间的注意力权重是稀疏的。在基于位置的稀疏注意力中，可能会使用一些规则来确定哪些位置之间的交互是重要的，而其他位置之间的交互是可以忽略或减少的。基于内容的稀疏注意力是根据输入内容的特征来确定哪些位置之间的注意力权重是稀疏的。在基于内容的稀疏注意力中，可能会根据输入数据的特征向量来动态地确定哪些位置之间的交互是重要的，从而实现稀疏连接。

线性优化方案通过解耦 Softmax 的计算，将查询、键和值的计算顺序 $(\boldsymbol{Q}\cdot\boldsymbol{K})\cdot\boldsymbol{V}$ 调整为 $\boldsymbol{Q}\cdot(\boldsymbol{K}\cdot\boldsymbol{V})$，从而将自注意力的计算复杂度降低。例如，自注意力输出结果 $\boldsymbol{O}$ 第 i 行的计算公式如式（6.5）所示。

$$\boldsymbol{O}_i=\sum_{j=1}^{N}\frac{\mathrm{Sim}\left(\boldsymbol{Q}_i,\boldsymbol{K}_j\right)\boldsymbol{V}_j}{\sum_{j=1}^{N}\mathrm{Sim}\left(\boldsymbol{Q}_i,\boldsymbol{K}_j\right)} \tag{6.5}$$

在自注意力的标准计算公式中，

$$\mathrm{Sim}(\boldsymbol{Q},\boldsymbol{K})=\exp\left(\boldsymbol{Q}\boldsymbol{K}^{\mathrm{T}}\right) \tag{6.6}$$

指数运算使得自注意力的计算顺序必须是 $(\boldsymbol{Q}\cdot\boldsymbol{K})\cdot\boldsymbol{V}$，一种可行的方案是使用相似性函数 $\mathrm{Sim}(\boldsymbol{Q},\boldsymbol{K})$ 解耦，

$$\mathrm{Sim}(\boldsymbol{Q},\boldsymbol{K})=\varnothing(\boldsymbol{Q})\varnothing(\boldsymbol{K})^{\mathrm{T}} \tag{6.7}$$

将解耦后的 $\mathrm{Sim}(\boldsymbol{Q},\boldsymbol{K})$ 代入 $\boldsymbol{O}_i$ 的计算公式中可得式（6.8）。

$$\boldsymbol{O}_i=\sum_{j=1}^{N}\frac{\varnothing(\boldsymbol{Q}_i)\varnothing\left(\boldsymbol{K}_j\right)^{\mathrm{T}}\boldsymbol{V}_j}{\sum_{j=1}^{N}\varnothing(\boldsymbol{Q}_i)\varnothing\left(\boldsymbol{K}_j\right)^{\mathrm{T}}} \tag{6.8}$$

根据矩阵乘法的结合性质，将上述公式转化为式（6.9）。

$$
\boldsymbol{O}_i=\frac{\varnothing(\boldsymbol{Q}_i)\sum_{j=1}^{N}\varnothing(\boldsymbol{K}_j)^{\mathrm{T}}\boldsymbol{V}_j}{\varnothing(\boldsymbol{Q}_i)\sum_{j=1}^{N}\varnothing(\boldsymbol{K}_j)^{\mathrm{T}}} \tag{6.9}
$$

下面分别对分母和分子进行计算复杂度分析。

分母 $\varnothing(\boldsymbol{Q}_i)\sum_{j=1}^{N}\varnothing(\boldsymbol{K}_j)^{\mathrm{T}}$ 中，$\sum_{j=1}^{N}\varnothing(\boldsymbol{K}_j)^{\mathrm{T}}$ 求和部分的计算复杂度为 $\boldsymbol{O}(N)$，并且其形状为[d,1]，$\varnothing(\boldsymbol{Q}_i)$ 的形状为[1,d]，所以第 i 行自注意力输出结果 $\boldsymbol{O}_i$ 的计算复杂度为 $\boldsymbol{O}(d^2)$。一共有 N 行，总输出 $\boldsymbol{O}$ 的计算复杂度为 $\boldsymbol{O}(Nd^2)$。由于求和部分只需要计算一次，所以计算复杂度仍为 $\boldsymbol{O}(N)$。分母的总计算复杂度为 $\boldsymbol{O}(Nd^2+N)$，即序列长度的线性复杂度。

分子 $\varnothing(\boldsymbol{Q}_i)\sum_{j=1}^{N}\varnothing(\boldsymbol{K}_j)^{\mathrm{T}}\boldsymbol{V}_j$ 中，$\sum_{j=1}^{N}\varnothing(\boldsymbol{K}_j)^{\mathrm{T}}\boldsymbol{V}_j$ 求和部分等价于 $\varnothing(\boldsymbol{K})^{\mathrm{T}}\boldsymbol{V}$，$\varnothing(\boldsymbol{K})^{\mathrm{T}}$ 的形状为[d,N]，$\boldsymbol{V}$ 的形状为[N,d]，所以求和部分的计算复杂度为 $\boldsymbol{O}(Nd^2)$，并且其形状为[d,d]，$\varnothing(\boldsymbol{Q}_i)$ 的形状为[1,d]，所以第 i 行自注意力输出结果 $\boldsymbol{O}_i$ 的计算复杂度为 $\boldsymbol{O}(d^2)$。一共有 N 行，总输出 $\boldsymbol{O}$ 的计算复杂度为 $\boldsymbol{O}(Nd^2)$。由于求和部分只需要计算一次，所以计算复杂度仍为 $\boldsymbol{O}(Nd^2)$。分子的总计算复杂度为 $\boldsymbol{O}(2Nd^2)$，即序列长度的线性复杂度。

通过这样的调整，可以将自注意力算子的复杂度降低到序列长度的线性复杂度。而其中 $\varnothing$ 函数的选择不仅会影响自注意力的表达能力，也会影响性能。目前已有的 $\varnothing$ 函数有 $\varnothing(x)=\mathrm{ELU}(x)+1$、$\varnothing_p(x)=f_p(\mathrm{ReLU}(x))$、$f_p(x)=\frac{\|x\|}{\|x^{**p}\|}x^{**p}$。

FlashAttention 是一种优化 I/O 访存开销的精确注意力算法，其优化内容如下。

第一点，使用更高速的静态随机存储器（Static Random Access Memory，SRAM）代替 HBM。操作根据计算时间和内存访问时间的比率可以分为计算约束操作（如矩阵乘法）和内存约束操作（如 Softmax）。在完整的自注意力算子中，内存约束操作的数量大于计算约束操作的数量，即 I/O 访问所用时间占据比例大，所以为了减少 I/O 访问的时间，使用 SRAM 代替 HBM。

第二点，放弃中间结果写回，需要使用时再次计算。这是由于 FlashAttention 的反向计算中需要使用注意力相似度矩阵和注意力权重矩阵，通过前文对 Safe Softmax 的分析，当已知输入的全局最大值与全局指数和，可以快速计算出输出。通过存储注意力相似度矩阵的全局最大值 m 与全局指数和 l，即可快速计算出注意力权重矩阵，而注意力相似度矩阵可以通过载入查询和键重新计算。由此可以避免注意力相似度矩阵和注意力权重矩阵的存储，减轻了内存开销，将自注意力算子的空间复杂度降低到序列的线性复杂度。

第三点，基于 Tiling 使用一个 Kernel 完成整个计算过程。FlashAttention 通过数学公式转化将 Softmax 从 3-pass 算法转化为 1-pass 算法，这使得 FlashAttention 可以只载入一次输入就完成全部的计算，减少了 I/O 访问开销。

FlashAttention-2 进一步优化了 FlashAttention，其优化内容如下。

第一点，减少了 non-matmul FLOPs 的数量。在 FlashAttention 的计算过程中，产生两次局部计算结果，第二次局部计算需要先取消上一次计算结果的缩放操作，然后重新进行缩放。这主要是局部信息不完全导致的，而 FlashAttention 保留了 Softmax 的归一化参数——全局的指数和。基于此，FlashAttention-2 去掉了对局部结果的缩放操作，而在计算完成后，使用全局的指数和进行缩放操作，从而大大减少了 non-matmul FLOPs 的数量。

第二点，提出了在序列长度上并行优化。由于 FlashAttention 在并行优化上只对批次大小（Batch Size）进行切分，这导致当批次大小很小、输入序列很长时，GPU 中的线程块负载不均衡，GPU 利用率低。为了提高 GPU 利用率，FlashAttention-2 在查询（Query）的序列长度上进行切分。

第三点，调整内外循环的顺序。为了简化分析，FlashAttention-2 只关注注意力相似度矩阵。在 FlashAttention 中，外循环遍历 ***KV***，内循环遍历 ***Q***，这种遍历顺序从全局上看对于计算注意力相似度矩阵是一列一列地计算，而 Softmax 依赖一个全局的分母项，所以在每列计算的时候需要其上一列的计算结果，在这个过程中需要不断存储和载入上一列的计算结果。而 FlashAttention-2 将循环顺序对调，从全局上看新的遍历顺序对于计算注意力相似度矩阵是一行一行地计算，此时内循环可以一次性计算出结果，进一步减少了 I/O 访问的时间。

然而，FlashAttention-2 并不适合直接应用于推理过程，因为它针对训练时的批次大小和查询的序列长度进行了并行优化。在推理过程中，序列长度通常为 1，如果批次大小小于 GPU 上流处理器簇（Streaming Multiprocessor，SM）的数量（例如英伟达 A100 GPU 上有 108 个 SM），则整个计算过程只能使用 GPU 的一小部分资源，尤其在上下文较长且需要减小批次大小以适应 GPU 内存限制的情况下，FlashAttention-2 的 GPU 利用率可能低于 1%。

为解决这一问题，Flash-Decoding 在 FlashAttention-2 的基础上进行了改造，通过对键（Key）和值（Value）的序列长度进行块状处理和并行计算，将每个块分配给不同的片上 SRAM 执行。通过对所有输出块进行归约（reduction）来获取最终结果。只要上下文长度足够，这种方法就可以确保 GPU 得到充分的利用。

6.2 自注意力算子的优化算法

扫码观看视频

6.2.1 自注意力算子在昇腾 AI 处理器上的优化思路

鉴于 GPU 侧 FlashAttention-2 的成功，一种显然的优化 NPU 侧自注意力算法的思路就是将 GPU 侧实现的 FlashAttention-2 算法思想迁移到 NPU 侧。

由于 GPU 和 NPU 的硬件架构不同，迁移后，针对 GPU 的并行策略可能失灵或性能降低，需要考虑如何更好地让迁移后的算法适应昇腾 AI 处理器的计算单元结构。

昇腾 AI 处理器架构包括以下两种主要的计算单元。

矩阵计算单元：专门用于处理矩阵乘法计算，能够高效执行数据类型为 FP、大小为 16×16 的矩阵乘法。

向量计算单元：主要负责向量之间及向量与标量之间的计算。

在 NPU 中，矩阵计算单元的计算速度高于向量计算单元。如果一个算子中向量计算单元完成操作的占比大于矩阵计算单元完成操作的占比，将会使得整个算子的计算速度受限于向量计算单元，这称为向量计算受限问题。FlashAttention-2 中大部分计算都是向量计算单元完成的，所以迁移到 NPU 侧的 FlashAttention-2 算法将受限于向量计算单元的处理能力，使得整体计算的乘累加（Multiply Accumulate，MAC）操作利用率不高。一种可行的优化方案是在 FlashAttention-2 的基础上，通过算法调整或重新设计来减少向量计算指令，从而提升整体计算的 MAC 利用率。

在 NPU 中，根据以往的优化经验，循环间可能存在一些不必要的头开销，循环越多，性能可能越差。在 FlashAttention-2 中循环次数取决于查询、键和值的切分策略。一种可行的优化方案是在满足 UB（可以理解为向量计算单元上的 SRAM）最大空间限制的情况下，查询、键和值的切分越大，循环越少，计算时间越少。

由于矩阵计算指令和向量计算指令之间通常存在依赖性，即向量计算指令的输入需要矩阵计算指令的输出或矩阵计算指令的输入需要向量计算指令的输出。这意味着向量计算单元或矩阵计算单元存在空闲时间。一种可行的优化思路是参考流水线并行中的数据并行的方法，即将输入数据进一步切分，从而减少计算单元的空闲时间。在 FlashAttention-2 中，可以将注意力相似度矩阵进行切分，从而达到数据并行的效果。

其他可行的优化思路有核间负载均衡，通过对输入进行合理的切分，使得每个 AI Core 计算的数据量均衡；提升搬运效率，数据的地址是否对齐，数据是否能够连续寻址都会影响数据的搬运效率。

6.2.2 自注意力算子的前向传播优化

在训练场景中，我们采用了 FlashAttention-2 算法来高效地实现自注意力机制的计算。首先要明确以下 3 个核心的输入变量。

查询（Query, Q）：查询代表当前需要评估的目标特征表示，并用于计算与键的关联得分。

键（Key, K）：键由一系列与查询进行比较的向量构成。为了便于相关性评估，通常键和查询的维度相同。

值（Value, V）：值是与每个键配对的向量集合，其目的在于根据权重将值进行加权平均，从而产生最后的注意力加权表示。

注意力的计算公式如式（6.10）所示。

$$\text{Attention}(\boldsymbol{Q},\boldsymbol{K},\boldsymbol{V})=\text{Dropout}\left(\text{Softmax}\left(\text{Mask}\left(\frac{\boldsymbol{Q}\boldsymbol{K}^{\mathrm{T}}+\text{pse}}{\sqrt{d}}\right)\right)\right)\boldsymbol{V} \tag{6.10}$$

下面我们逐步拆解这一计算过程。

第一步，通过对查询矩阵 $\boldsymbol{Q}$ 和键矩阵 $\boldsymbol{K}$ 的转置 $\boldsymbol{K}^{\mathrm{T}}$ 进行矩阵乘法操作，获得一个表示查询和键相似度的矩阵 $\boldsymbol{S}$。

第二步，添加位置编码（Positional Encoding，PE），即公式中的 pse。位置编码的引入使得 Transformer 能够捕捉序列中单词的相对位置信息。

第三步，将相似度矩阵 $\boldsymbol{S}$ 进行缩放处理，即将相似度矩阵除以 $\sqrt{d}$ ，其中 d 代表查询和键的维数。这一步骤有助于防止结果过大，从而在训练期间保持梯度更新的稳定性。

第四步，执行 Mask 操作，此操作为可选操作。在自注意力机制中，掩码用于屏蔽相似度矩阵中的某些位置，以避免在计算注意力权重时考虑到这些位置。通过将相似度矩阵中的某些值设置为 $-\infty$，后续的 Softmax 计算就可以将这些值设置成 0，从而达到屏蔽的作用。通过使用合适的掩码，模型可以在计算自注意力时排除不相关的位置，从而更好地捕捉输入序列中的相关关系。

第五步，应用 Softmax 函数。回顾 6.1.2 小节对 Safe Softmax 的分析，Safe Softmax 是一个 3-pass 的算法，在工程上，其实现算法如下。

for $i \leftarrow 1, N$ do :

$$m_i \leftarrow \max\left(m_{i-1}, x_i\right)$$

end for

for $i \leftarrow 1, N$ do :

$$l_i \leftarrow l_{i-1} + \mathrm{e}^{x_i - m_N}$$

end for

for $i \leftarrow 1, N$ do :

$$s_i \leftarrow \frac{\mathrm{e}^{x_i - m_N}}{l_N}$$

end for

观察第二个 pass，如果在第一个 pass 计算过程中，存储每次计算出的 m_i，那么第二个 pass 计算就可以进行如下转化。

$$l_{i-1} + \mathrm{e}^{x_i - m_N} \rightarrow \mathrm{e}^{m_{i-1} - m_i} l_{i-1} + \mathrm{e}^{x_i - m_i} \tag{6.11}$$

通过对上一步的指数和 l_{i-1} 乘以一个修正项 $e^{m_{i-1}-m_i}$，就可以与当前元素的指数值相加，循环结束后同样可以得到最终的序列和 d_N。通过这样的调整不难发现，如果在第一个 pass 中，存储上一步的最大值 m_{i-1}，则将式（6.11）的右式放到第一个 pass 中，同样可以保持计算的正确性。于是研究人员提出了通过 Online Softmax 将 Save Softmax 从 3-pass 算法优化成 2-pass 算法。

for $i \leftarrow 1, N$ do :

$$m_i \leftarrow \max(m_{i-1}, x_i)$$

$$l_i \leftarrow e^{m_{i-1}-m_i} l_{i-1} + e^{x_i - m_i}$$

end for

for $i \leftarrow 1, N$ do :

$$s_i \leftarrow \frac{e^{x_i - m_N}}{l_N}$$

end for

基于 Online Softmax 的思路，Online Softmax 中的第二个 pass 能否通过同样的调整，将第二个 pass 的计算放到第一个 pass 中呢？显然不行，这是由于第二个 pass 是逐元素操作，而不是归约操作（累和）。但是在 FlashAttention 中，最后的 s_n 将用于对值进行加权求和。下面给出基于 Online Softmax 的 FlashAttention 的实现算法。

for $i \leftarrow 1, N$ do :

$$x_i \leftarrow \boldsymbol{Q}[\mathrm{k},:]\boldsymbol{K}^{\mathrm{T}}[:,i]$$

$$m_i \leftarrow \max(m_{i-1}, x_i)$$

$$l_i \leftarrow e^{m_{i-1}-m_i} l_{i-1} + e^{x_i - m_i}$$

end for

for $i \leftarrow 1, N$ do :

$$x_i \leftarrow \boldsymbol{Q}[\mathrm{k},:]\boldsymbol{K}^{\mathrm{T}}[:,i]$$

$$s_i \leftarrow \frac{e^{x_i - m_N}}{l_N}$$

$$o_k^{(i)} \leftarrow o_k^{(i-1)} + s_i \boldsymbol{V}[i,:]$$

end for

不难发现，第二个 pass 中的 $o_k^{(i)}$ 的更新可以按照相同方式进行调整，将第二个 pass 的计算放入第一个 pass 中。于是提出新的 Softmax 计算方法（FlashAttention Softmax）进一步优化 Online Softmax，将 2-pass 算法优化成 1-pass 算法。实现算法如下。

for $i \leftarrow 1, N$ do :

$$x_i \leftarrow \boldsymbol{Q}[k,:]\boldsymbol{K}^{\mathrm{T}}[:,i]$$

$$m_i \leftarrow \max\left(m_{i-1}, x_i\right)$$

$$l_i \leftarrow \mathrm{e}^{m_{i-1}-m_i} l_{i-1} + \mathrm{e}^{x_i - m_i}$$

$$o_k^{(i)} \leftarrow \frac{\mathrm{e}^{x_i - m_i}}{l_i}\boldsymbol{V}[i,:] + \frac{l_{i-1}}{l_i}\mathrm{e}^{m_{i-1}-m_i} o_k^{(i-1)}$$

end for

观察第 4 式，$o_k^{(i-1)}$的修正项为$\frac{l_{i-1}}{l_i}\mathrm{e}^{m_{i-1}-m_i}$，相比于指数和的修正项，多了一项$\frac{l_{i-1}}{l_i}$，这是由于$o_k^{(i-1)}$的计算使用$l_{i-1}$进行缩放，而计算$o_k^{(i)}$需要使用$l_i$缩放，所以对$o_k^{(i-1)}$进行修正时要先取消上一步的缩放，再进行当前步的缩放。这就引入了大量冗余的 non-matmul FLOPs 操作，因为最后一定是使用d_N进行缩放，所以 FlashAttention-2 在 FlashAttention 的基础上去掉了这些操作，在第一个 pass 完成后，使用l_n进行缩放同样能保证计算的正确性。

for $i \leftarrow 1, N$ do :

$$x_i \leftarrow \boldsymbol{Q}[k,:]\boldsymbol{K}^{\mathrm{T}}[:,i]$$

$$m_i \leftarrow \max\left(m_{i-1}, x_i\right)$$

$$l_i \leftarrow \mathrm{e}^{m_{i-1}-m_i} l_{i-1} + \mathrm{e}^{x_i - m_i}$$

$$o_k^{(i)} \leftarrow \mathrm{e}^{x_i - m_i}\boldsymbol{V}[i,:] + \mathrm{e}^{m_{i-1}-m_i} o_k^{(i-1)}$$

end for

$$o_k^{(N)} \leftarrow \frac{o_k^{(N)}}{l_N}$$

第六步，执行 Dropout 操作，此操作为可选操作。在每次注意力权重的计算中，可以随机丢弃一些权重值，即将过渡矩阵 $\boldsymbol{D}$ 中的某些值设置为 0。这样做的目的是通过随机丢弃一部分注意力权重，使模型不过度依赖某些特定的输入或关系，从而提高模型的泛化能力。

第七步，将权重结果与值矩阵 $\boldsymbol{V}$ 进行加权求和，即将过渡矩阵 $\boldsymbol{D}$ 和值矩阵 $\boldsymbol{V}$ 进行矩阵乘法计算获取最终结果 $\boldsymbol{O}$。

第八步，对最终结果 $\boldsymbol{O}$ 进行 rescale 操作，即用最终结果 $\boldsymbol{O}$ 除以 $l(x)$。

接下来探讨加速计算的过程。在 GPU 上，采用 FlashAttention-2 Softmax 算法，并使用伪代码中的 m 和 l 分别表示全局最大值和全局指数和。通过矩阵更新的方式，对输出 $\boldsymbol{O}$ 进行更新，利用片上 SRAM 取代 HBM，减少了对 HBM 的读写次数。通过在批次大小、多头数、序列长度等维度上进行数据分块和并行化处理，此方法显著提高了长序列输入（这种情况下批次大小通常较小）下的 GPU 利用率。算法 6-1 是 FlashAttention-2 在 GPU 上前向传播算法的伪代码示例。

算法 6-1 FlashAttention-2 在 GPU 上的前向传播算法

1：将输入 $\boldsymbol{Q}$ 分割为矩阵形状为 $B_r \times d$ 的 $T_r = \lceil \frac{N}{B_r} \rceil$ 块 $\boldsymbol{Q}_1, \cdots, \boldsymbol{Q}_{T_r}$，并且将输入 $\boldsymbol{K}$、$\boldsymbol{V}$ 分割为矩阵形状为 $B_c \times d$ 的 $T_c = \lceil \frac{N}{B_c} \rceil$ 块 $\boldsymbol{K}_1, \cdots, \boldsymbol{K}_{T_c}$ 和 $\boldsymbol{V}_1, \cdots, \boldsymbol{V}_{T_c}$。

2：将输出 $\boldsymbol{O} \in \mathbf{R}^{N \times d}$ 分割为矩阵形状为 $B_r \times d$ 的 T_r 块 $\boldsymbol{O}_1, \cdots, \boldsymbol{O}_{T_r}$，将对于反向计算重要的输出 logsumExp $\boldsymbol{L}$ 分割为矩阵形状为 B_r 的 T_r 块 $\boldsymbol{L}_1, \cdots, \boldsymbol{L}_{T_r}$。

3：for $1 \leqslant \mathrm{i} \leqslant T_r$ do。

4：将 $\boldsymbol{Q}_i$ 从 HBM 加载到片上 SRAM。

5：在芯片上，初始化 $\boldsymbol{O}_i^{(0)} = (0)_{B_r \times d} \in \mathbf{R}^{B_r \times d}$，$\boldsymbol{l}_i^{(0)} = (0)_{B_r} \in \mathbf{R}^{B_r}$，$\boldsymbol{m}_i^{(0)} = (-\infty)_{B_r} \in \mathbf{R}^{B_r}$。

6：for $1 \leqslant \mathrm{i} \leqslant T_c$ do。

7：将 $\boldsymbol{K}_j$、$\boldsymbol{V}_j$ 从 HBM 加载到片上 SRAM。

8：在芯片上，计算 $\boldsymbol{S}_i^{(j)} = \boldsymbol{Q}_i \boldsymbol{K}_j^{\mathrm{T}} \in \mathbf{R}^{B_r \times B_c}$。

9：在芯片上，计算 $\boldsymbol{m}_i^{(j)} = \max\left(\boldsymbol{m}_i^{(j-1)}, \mathrm{rowmax}\left(\boldsymbol{S}_i^{(j)}\right)\right) \in \mathbf{R}^{B_r}$，$\boldsymbol{P}_i^{(j)} = \exp\left(\boldsymbol{S}_i^{(j)} - \boldsymbol{m}_i^{(j)}\right) \in \mathbf{R}^{B_r \times B_c}$，$\boldsymbol{l}_i^{(j)} = \mathrm{e}^{\boldsymbol{m}_i^{(j-1)} - \boldsymbol{m}_i^{(j)}} \boldsymbol{l}_i^{(j-1)} + \mathrm{rowsum}\left(\boldsymbol{P}_i^{(j)}\right) \in \mathbf{R}^{B_r}$。

10：在芯片上，计算 $\boldsymbol{O}_i^{(j)} = \mathrm{diag}\left(\mathrm{e}^{\boldsymbol{m}_i^{(j-1)} - \boldsymbol{m}_i^{(j)}}\right)^{-1} \boldsymbol{O}_i^{(j-1)} + \boldsymbol{P}_i^{(j)} V_j$。

11：end for。

12：在芯片上，计算 $\boldsymbol{O}_i = \mathrm{diag}\left(\boldsymbol{l}_i^{(T_c)}\right)^{-1} \boldsymbol{O}_i^{(T_c)}$。

13：在芯片上，计算 $\boldsymbol{L}_i = \boldsymbol{m}_i^{(T_c)} + \log\left(\boldsymbol{l}_i^{(T_c)}\right)$。

14：将 $\boldsymbol{O}_i$ 运输到 HBM 作为 $\boldsymbol{O}$ 的第 i 块。

15：将 $\boldsymbol{L}_i$ 运输到 HBM 作为 $\boldsymbol{L}$ 的第 i 块。

16：end for。

17：返回输出 $\boldsymbol{O}$ 及 logsumExp $\boldsymbol{L}$。

当迁移到昇腾 AI 处理器时，自注意力算子对矩阵更新方式进行了调整。矩阵更新的方式变为 $\boldsymbol{O}_i^{(j)} = \boldsymbol{O}_i^{(j-1)} \times \mathrm{reduceExp} + \boldsymbol{P}_i^{(j)} \times \boldsymbol{V}_j$，实际与上文介绍的 GPU 方式等价。在分块过程中，与 GPU 处理一样，在批次大小、多头数及序列长度 3 个维度上实现了并行化，并对矩阵 $\boldsymbol{Q}$ 和 $\boldsymbol{K}$ 进行了切分，以及执行了双重循环处理。Attention 加速计算的主要架构如图 6-1 所示。

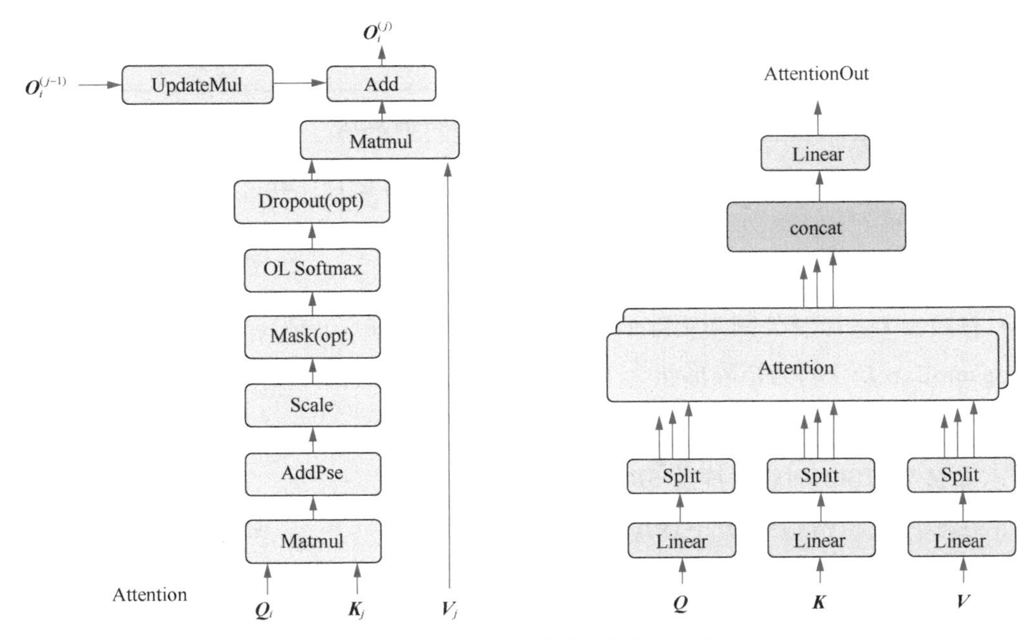

图 6-1　Attention 加速计算的主要架构

FlashAttention-2 在昇腾 AI 处理器上的前向传播算法如算法 6-2 所示。

算法 6-2　FlashAttention-2 在昇腾 AI 处理器上的前向传播算法

1：将输入 $\boldsymbol{Q}$ 分割为矩阵形状为 $B_r \times d$ 的 $T_r = \lceil \frac{N}{B_r} \rceil$ 块 $\boldsymbol{Q}_1, \cdots, \boldsymbol{Q}_{T_r}$，并且将输入 $\boldsymbol{K}$、$\boldsymbol{V}$ 分割为矩阵形状为 $B_c \times d$ 的 $T_c = \lceil \frac{N}{B_c} \rceil$ 块 $\boldsymbol{K}_1, \cdots, \boldsymbol{K}_{T_c}$ 和 $\boldsymbol{V}_1, \cdots, \boldsymbol{V}_{T_c}$。

2：将输出 $\boldsymbol{O} \in \mathbf{R}^{N \times d}$ 分割为矩阵形状为 $B_r \times d$ 的 T_r 块 $\boldsymbol{O}_1, \cdots, \boldsymbol{O}_{T_r}$。

3：for $1 \leqslant \mathrm{i} \leqslant M_r$ do。

4：将 $\boldsymbol{Q}_i$ 从全局内存加载到矩阵计算单元的局部内存 L1 缓冲区中。

5：for $1 \leqslant \mathrm{i} \leqslant M_c$ do。

6：将 $\boldsymbol{K}_j$、$\boldsymbol{V}_j$ 从全局内存加载到矩阵计算单元的局部内存 L1 缓冲区中。

7：在矩阵计算单元，计算 $\boldsymbol{S}_{ij} = \mathrm{Matmul}\left(\boldsymbol{Q}_i, \boldsymbol{K}_j^{\mathrm{T}}\right) \in \mathbf{R}^{B_r \times B_c}$。

8：将 pse 从全局内存加载到 UB 中。

9：将 mask 从全局内存加载到 UB 中。

10：将 $\boldsymbol{S}_{ij}$ 从矩阵计算单元的局部内存 L1 缓冲区搬出到全局内存中。

11：将 $\boldsymbol{S}_{ij}$ 从全局内存加载到 UB 中。

12：在向量计算单元，计算 $\boldsymbol{S}_{ij} = \mathrm{Add}(\boldsymbol{S}_{ij}, \mathrm{pse})$；

在向量计算单元，计算 $\boldsymbol{S}_{ij} = \mathrm{Mask}(\boldsymbol{S}_{ij})$。

13：if（第一次计算 Softmax）。

14：计算 $\boldsymbol{O}_i^{(j)}, \text{reduceMax}_1, \text{reduceMax}_1 = \text{Softmax}(S_{ij})$。

15：else。

16：将 reduceMax_{j-1} 从全局内存加载到 UB 中。

17：将 reduceSum_{j-1} 从全局内存加载到 UB 中。

18：计算 $\boldsymbol{O}_i^{(j)} = \text{softmaxflashv2}\left(\boldsymbol{S}_{ij}, \text{reduceMax}_{j-1}, \text{reduceMax}_{j-1}\right)$。

19：将 reduceMax_j 从 UB 搬出到全局内存中。

20：将 reduceSum_j 从 UB 搬出到全局内存中。

21：将 Dropmask 从全局内存中加载到 UB 中。

22：计算 $\boldsymbol{O}_i^{(j)} = \text{Dropout}\left(\boldsymbol{O}_i^{(j)}\right)$。

23：将 $\boldsymbol{O}_i^{(j)}$ 从 UB 搬出到全局内存中。

24：将 $\boldsymbol{O}_i^{(j)}$ 从全局内存加载到矩阵计算单元的局部内存 L1 缓冲区中。

25：在矩阵计算单元，计算 $\boldsymbol{O}_i^{(j)} = \text{Matmul}\left(\boldsymbol{O}_i^{(j)}, \boldsymbol{V}_j\right)$。

26：将 $\boldsymbol{O}_i^{(j)}$ 从矩阵计算单元的局部内存 L1 缓冲区搬出到全局内存中。

27：将 $\boldsymbol{O}_i^{(j)}$ 从全局内存加载到 UB 中。

28：将 $\boldsymbol{O}_i^{(j-1)}$ 从全局内存加载到 UB 中。

29：在向量计算单元，计算 $\boldsymbol{O}_i^{(j-1)} = \text{Mul}\left(\boldsymbol{O}_i^{(j-1)}, \text{reduceExp}\right)$。

30：在向量计算单元，计算 $\boldsymbol{O}_i^{(j)} = \text{Add}\left(\boldsymbol{O}_i^{(j-1)}, \boldsymbol{O}_i^{(j)}\right)$。

31：将 $\boldsymbol{O}_i^{(j)}$ 从 UB 搬出到全局内存中。

32：End for。

33：在向量计算单元，计算 $\boldsymbol{O}_i = \text{DIV}\left(\boldsymbol{O}_i, \text{reduceSum}\right)$。

34：End for。

6.3 自注意力算子前向传播的实现

为更好地阐述加速方案，本小节介绍一个简易版自注意力算子的实现，即不包含 mask 操作、dropout 操作、pse 操作，且输入 $\boldsymbol{Q}$ 和 $\boldsymbol{KV}$ 的序列长度相同。本小节将该算子的计算流程分成 4 部分，分别是矩阵切分、矩阵乘法计算、Softmax 计算、第二次矩阵乘法及输出合并计算。简易版自注意力算子主要架构如图 6-2 所示。

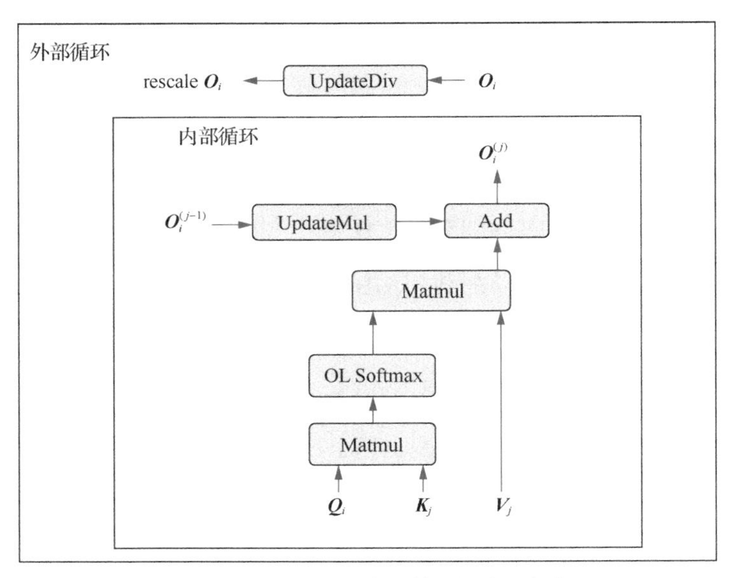

图 6-2 简易版自注意力算子的主要架构

6.3.1 矩阵切分

矩阵切分的目的是计算出每个 AI Core 需要计算的数据量，以及计算完这些数据量所需要的次数，即内外循环的次数。除此之外，根据 AI Core 的 ID 及当前的循环轮数也可以轻易地计算输入数据的偏移量，方便读取正确的输入进行计算。

矩阵切分的操作分为如下 5 步。

第一步，根据 shape 和硬件尺寸限制，分别计算出单核一次计算的 $\boldsymbol{Q}$ 和 $\boldsymbol{KV}$ 的序列长度大小，分别记为 sOuter 和 sInner。

第二步，判断是按照 batch 和多头数进行切分还是按照 batch、多头数和 Query 矩阵的序列长度进行切分，分别记为按 bn 切分和按 bns 切分，其中 b 为 batch、n 为多头数、s 为 $\boldsymbol{Q}$ 的序列长度。

第三步，如果按照 bn 切分矩阵，如程序清单 6-1 所示，其主要的切分逻辑为两步。

① 计算 b 与 CoreNum 的最大公约数 $b1$，即 b 维度的分块数。将 b 按照最大公约数 $b1$ 切分，结果记为 singleCoreBatchSize。

② 从 n 维度进行切分。AI Core 进行 b 维度切分后，用 CoreNum 除以 $b1$，得到此时 n 维度的分块数，记为 $n1$。用 n 除以 $n1$ 并向下取整，得到每个 AI Core 计算的数量 singleCoreHeadNumSize。此时若有无法整除的余下部分，就需要部分 AI Core 多处理一个头（head），这部分核被称为主核，而另一部分核被称为尾核。

程序清单 6-1 按照 bn 切分矩阵的代码示例

```
AttentionScoreCoreParams *params = &tilingData.attentionScoreCoreParams;

params->set_coreNum(coreNum);

params->set_b1(std::min(tilingData.baseParams.get_batchSize(), coreNum));
```

```
    //Gcd指代最大公约数,b1为batch上的分块数
    if (tilingData.baseParams.get_batchSize() < coreNum && coreNum % tilingData.
baseParams.get_batchSize() != 0) {
        params->set_b1(Gcd(coreNum, tilingData.baseParams.get_batchSize()));
    }
    if (tilingData.baseParams.get_batchSize() > coreNum && tilingData.baseParams.
get_batchSize() % coreNum != 0) {
        params->set_b1(Gcd(tilingData.baseParams.get_batchSize(), coreNum));
    }
    //单核上需要计算的批次大小
    params->set_singleCoreBatchSize(tilingData.baseParams.get_batchSize() /
params->get_b1());

    params->set_loopBatchNum(params->get_singleCoreBatchSize());
    //n1为headNum上的分块数
    params->set_n1(coreNum / params->get_b1());
    //单核上需要计算的headNumSize
    params->set_singleCoreHeadNumSizeTail(tilingData.baseParams.get_
headNumSize() / params->get_n1());
    //主核数量
    uint32_t remain = tilingData.baseParams.get_headNumSize() % params->get_n1();
    if (remain > 0) {
        params->set_formerNum(remain);
        params->set_tailNum(params->get_n1() - params->get_formerNum());
    params->set_singleCoreHeadNumSize(params->get_
singleCoreHeadNumSizeTail() + 1);
    } else {
        params->set_formerNum(params->get_n1());
        params->set_tailNum(0);
    params->set_singleCoreHeadNumSize(params->get_singleCoreHeadNumSizeTail());
    }
    params->set_loopHeadNum(params->get_singleCoreHeadNumSize());
params->set_loopHeadNumTail(params->get_singleCoreHeadNumSizeTail());
```

```
params->set_singleCoreSeqSize(tilingData.baseParams.get_seqSizeQ());
params->set_singleCoreSeqSizeTail(tilingData.baseParams.get_seqSizeQ());
params->set_singleCoreHeadSize(tilingData.baseParams.get_headSize());
```

如果按照 bns 切分，其主要的切分逻辑分为如下 3 步。

① 计算 b 与 CoreNum 的最大公约数 $b1$，即 b 维度的分块数。将 b 按照最大公约数 $b1$ 切分，结果记为 singleCoreBatchSize。

② 计算 n 与 CoreNum 除以 $b1$ 所得结果的最大公约数 $n1$，即 n 维度的分块数。将 n 按照最大公约数 $n1$ 切分，结果记为 singleCoreHeadNumSize。

③ 对 $\boldsymbol{Q}$ 的序列长度（seqSizeQ）进行切分，AI Core 进行了 $b \cdot n$ 维度的切分后，用 CoreNum 除以$(b1 \cdot n1)$，得到 s 维度的分块数，记为 $s1$。但是在 s 维度上的分块又不同于 b 维度和 n 维度上的分块，每个核上分到的 b 和 n 只要求为整数，但是序列长度要求必须为基本序列（大小为 seqBaseSize）的倍数。因此对 $\boldsymbol{Q}$ 的序列长度进行切分，需要先用 seqSizeQ 除以 seqBaseSize，得到 $\boldsymbol{Q}$ 是由多少个基本序列组成的，再用该值除以 $s1$，得到每个 AI Core 计算的基本序列数量，结果记为 singleCoreSeqSize。此时若有无法整除的余下部分，就需要部分 AI Core 多处理一个基本序列。这部分核被称为主核，而另一部分被称为尾核。

第四步，继续对 $\boldsymbol{Q}$ 进行切分，用单核上 $\boldsymbol{Q}$ 的序列长度除以 sOuter 并向上取整，计算得到 $\boldsymbol{Q}$ 的序列长度的分块数。

第五步，对 $\boldsymbol{KV}$ 进行切分，用 $\boldsymbol{KV}$ 的序列长度除以 sInner 并向上取整，计算得到 $\boldsymbol{KV}$ 的序列长度的分块数。

6.3.2 矩阵乘法计算

矩阵乘法 $\boldsymbol{QK}^{\mathrm{T}}$ 的计算需要调用 Matmul 高阶 API，流程是首先创建 Matmul 对象，然后定义左矩阵 $\boldsymbol{A}$、右矩阵 $\boldsymbol{B}$、Bias 和目标矩阵的内存逻辑位置、数据格式、数据类型。具体操作时，首先从局部内存申请空间，用于存储矩阵 $\boldsymbol{QK}^{\mathrm{T}}$ 的计算结果。因为单核内 $\boldsymbol{Q}$ 切分是按照 SOuterSize 进行切分，单核内 $\boldsymbol{K}$ 切分是按照 SInnerSize 进行切分，所以矩阵形状为[SOuterSize,SInnerSize]。接着设置参与矩阵计算的左右矩阵，分别是矩阵 $\boldsymbol{Q}$ 和矩阵 $\boldsymbol{K}$。矩阵 $\boldsymbol{Q}$ 和矩阵 $\boldsymbol{K}$ 都在全局内存中存储。由于主核和尾核参与计算的序列长度可能不同，还需要重新设置本次矩阵计算的 SingleM 和 SingleN。最后，采用异步模式获取本次计算的结果，通过 End 结束。$\boldsymbol{QK}^{\mathrm{T}}$ 矩阵乘法计算的参数示例如程序清单 6-2 所示。

程序清单 6-2　$\boldsymbol{QK}^{\mathrm{T}}$ 矩阵乘法计算的参数示例

```
//创建 Matmul 对象 mm
using a1Type = MatmulType<TPosition::GM, CubeFormat::ND, INPUT_T>;
using b1Type = MatmulType<TPosition::GM, CubeFormat::ND, INPUT_T, true>;
```

```
using bias1Type = MatmulType<TPosition::GM, CubeFormat::ND, float>;
using c1Type = MatmulType<TPosition::VECCALC, CubeFormat::ND, T>;
matmul::Matmul<a1Type, b1Type, c1Type, bias1Type> mm;
//准备输入和输出
LocalTensor<T> mmResUb = mmResQueue.AllocTensor<T>();
uint32_t shapeArray2[] = {singleProcessSOuterSize, SInnerSize};
mmResUb.SetShapeInfo(ShapeInfo(2, shapeArray2, DataFormat::ND));
  GlobalTensor<INPUT_T> queryGm;
GlobalTensor<INPUT_T> keyGm;
queryGm.SetGlobalBuffer((__gm__ INPUT_T *)query);
keyGm.SetGlobalBuffer((__gm__ INPUT_T *)key);
//设置矩阵乘法的左矩阵和右矩阵
    mm.SetTensorA(queryGm[tensorACoreOffset]);
    mm.SetTensorB(keyGm[tensorBCoreOffset + sInnerStart * singleProcessSInnerSize *
tilingData->attentionScoreOffestStrideParams.matmulHead], true);
//在不改变 tiling 的情况下，重新设置本次计算的 singleM/singleN/single
//在处理尾核时需要重新设置这些值
mm.SetTail(singleProcessSOuterSize, singleProcessSInnerSize);
//采用异步模式获取计算结果
mm.template Iterate<false>();
mm.template GetTensorC<false>(mmResUb, false, true);
mm.End();
```

之后调用Muls()这个向量乘以标量的接口，直接用乘以scaleValue代替除以$\sqrt{d}$操作，如程序清单6-3所示。

程序清单6-3 除以$\sqrt{d}$代码

```
Muls(mmResUb, mmResUb, static_cast<T>(tilingData->baseParams.scaleValue),
computeSize);
```

6.3.3 Softmax计算

计算Softmax部分，需要先判断是否只需要一次就能完成计算，因为如果可以一次完成计算，那么Native Softmax可以被当成1-pass算法，就不需要后续的Tiling优化了，此时直接调用Softmax接口就可以完成计算。如果不可以一次完成计算，那么计算如FlashAttention-2

Softmax 的计算一样，是一个迭代计算的过程。主体上使用 SoftmaxFlashV2 接口实现，输入为上文的局部内存中的向量 mmResUb，并通过参数方式传递。因为该计算的中间变量较多，首先需要为 Softmax 计算申请临时空间 apiTmpBuffer。然后需要考虑 ***Q*** 这一行循环是不是第一次计算，如果是就会保存计算的结果、行最大值（max）和行求和（sum）；如果不是，就需要上一次内部循环 Softmax 输出的 max 和 sum 作为输入来更新 max 和 sum 进行迭代计算。如果是 ***Q*** 这一行循环的最后一次计算，需要使用 EnQue 接口将计算结果 LocalTensor（sum 和 max）放入 softmaxOutQueue 的队列，并使用 DeQue 接口从 softmaxOutQueue 的队列中取出 LocalTensor（sum 和 max），再用 DataCopy 函数把结果 max 和 sum 从局部内存搬运到全局内存，使用 FreeTensor 将不再使用的 LocalTensor 进行回收。Softmax 计算操作的部分代码如程序清单 6-4 所示。

程序清单 6-4　Softmax 计算操作的部分代码

```
    template <typename INPUT_T, typename T, bool isBasicBlock>
    __aicore__ inline void FlashAttentionScore<INPUT_T, T, isBasicBlock>::
SoftmaxCompute(LocalTensor<T>
&mmResUb,LocalTensor<float> &softmaxMaxUb, LocalTensor<float> &softmaxSumUb,
LocalTensor<T> &softmaxExpUb, const bool isLast)
    {
        //申请临时空间
        LocalTensor<uint8_t> apiTmpBuffer = apiTmpBufferUb.Get<uint8_t>();
    SoftmaxFlashV2<T, true, true, isBasicBlock>(mmResUb, softmaxSumUb, softmaxMaxUb,
mmResUb, softmaxExpUb, softmaxSumUb, softmaxMaxUb, apiTmpBuffer,
softmaxFlashTilingData);
    //最后一次计算得到完整结果 max 和 sum,搬运到全局内存
        if (isLast) {
                softmaxOutQueue.EnQue(softmaxMaxUb);
                softmaxOutQueue.EnQue(softmaxSumUb);
                softmaxMaxUb = softmaxOutQueue.DeQue<float>();
                softmaxSumUb = softmaxOutQueue.DeQue<float>();
                DataCopy(softmaxMaxGm[softmaxOutOffset], softmaxMaxUb, softmaxMaxSize);
                DataCopy(softmaxSumGm[softmaxOutOffset], softmaxSumUb, softmaxSumSize);
                softmaxOutQueue.FreeTensor(softmaxMaxUb);
        }
    }
```

6.3.4　第二次矩阵乘法及输出合并计算

按照 FlashAttention-2 的优化思路，我们首先需要对上一个内部循环得到的结果，即局部内存中的向量 bmm2ResPreUb（伪代码中的 $\boldsymbol{O}_i^{(j-1)}$）进行更新。SoftmaxFlashV2 输出的局部内存中的向量 softmaxExpUb 对应伪代码中的 $\mathrm{e}^{\boldsymbol{m}_i^{(j-1)}-\boldsymbol{m}_i^{(j)}}$。这两者均作为参数输入使用向量计算的双目指令 Mul()接口得到的更新后的 $\boldsymbol{O}_i^{(j-1)}=\mathrm{diag}\left(\mathrm{e}^{\boldsymbol{m}_i^{(j-1)}-\boldsymbol{m}_i^{(j)}}\right)^{-1}\boldsymbol{O}_i^{(j-1)}$。需要注意的是，Mul()接口单次迭代最多能计算 256 字节的数据，所以需要多次迭代计算。当前数据类型单次迭代时能处理的元素个数最大值为 256 字节除以数据类型占用字节数。内部循环更新 $\boldsymbol{O}_i^{(j-1)}$ 的代码如程序清单 6-5 所示。

程序清单 6-5　内部循环更新 $O_i^{(j-1)}$ 的代码

```
    template <typename INPUT_T, typename T, bool isBasicBlock>
  __aicore__ inline void FlashAttentionScore<INPUT_T, T, isBasicBlock>::
UpdateVmul(LocalTensor<T> &softmaxExpUb,LocalTensor<T> &bmm2ResPreUb)
  {
      BinaryRepeatParams repeatParams;
      //单次迭代内数据连续读取和写入
      repeatParams.src0BlkStride = 0;
      //相邻迭代间数据连续读取和写入
      repeatParams.src0RepStride = 1;
      repeatParams.src1RepStride = tilingData->baseParams.headSize / typeByteNum;
      repeatParams.dstRepStride = tilingData->baseParams.headSize / typeByteNum;
      //重复计算次数为 headSize 除以单次迭代时能处理的元素个数最大值
      int32_t loop = tilingData->baseParams.headSize / (256 / sizeof(T));
      //不整除的遗留元素个数
      int32_t remain = tilingData->baseParams.headSize % (256 / sizeof(T));
      for (int i = 0; i < loop; i++) {
          Mul(bmm2ResPreUb[i * 256 / sizeof(T)], softmaxExpUb, bmm2ResPreUb[i * 256
/ sizeof(T)], 256 / sizeof(T),singleProcessSOuterSize, repeatParams);
      }
      if (remain) {
          Mul(bmm2ResPreUb[loop * 256 / sizeof(T)], softmaxExpUb,
bmm2ResPreUb[loop * 256 / sizeof(T)], remain,singleProcessSOuterSize, repeatParams);
```

```
        }
    }
```

更新上一步内部循环得到的结果后，我们想得到本次内部循环的结果，即进行第二次矩阵乘法。此处的乘法将以上得到的权重矩阵和 *V*（值）进行矩阵乘法，输入 *V* 矩阵在全局内存存储。矩阵乘法使用了 Matmul 高阶 API，先创建了 Matmul 对象，SetTensorA 为上一步得到的权重矩阵的部分 bmm2ResL1，存储在局部内存中；SetTensorB 为 *V* 矩阵参与计算的部分。因为单核内 *V* 切分是按照 SInnerSize 进行，通过 SetTail()接口在不改变 tiling 的情况下将 singleK 改为 singleProcessSInnerSize，然后进行矩阵乘法的核内切分。最后使用 GetTensorC 进行矩阵乘法并得到计算结果，通过 End 结束。第二次矩阵乘法的代码如程序清单 6-6 所示。

程序清单 6-6　第二次矩阵乘法的代码

```
//创建 Matmul 对象 bmm2
using a2Type = MatmulType<TPosition::VECCALC, CubeFormat::ND, INPUT_T>;
using b2Type = MatmulType<TPosition::GM, CubeFormat::ND, INPUT_T>;
using bias2Type = MatmulType<TPosition::GM, CubeFormat::ND, float>;
 using c2Type = MatmulType<TPosition::VECCALC, CubeFormat::ND, T>;
matmul::Matmul<a2Type, b2Type, c2Type, bias2Type> bmm2;
GlobalTensor<INPUT_T> valueGm;
valueGm.SetGlobalBuffer((__gm__ INPUT_T *)value);
bmm2.SetTensorA(mmResUb);
bmm2.SetTensorB(valueGm[offset]);
//在不改变 tiling 的情况下，重新设置本次计算的 singleM/singleN/single
//在处理尾核时需要重新设置这些值
bmm2.SetTail(-1, -1, singleProcessSInnerSize);
//采用异步模式获取计算结果
bmm2.template Iterate<false>();
bmm2.template GetTensorC<false>(bmm2ResPreUb, false, true);
bmm2.End();
```

通过向量计算的双目指令 Add()将新旧结果累加到 bmm2ResPreUb 中，存储在局部内存中。新旧结果累加代码如程序清单 6-7 所示。

程序清单 6-7　新旧结果累加代码

```
Add(bmm2ResPreUb, bmm2ResUb, bmm2ResPreUb, bmm2ResUbSize);
```

回顾前文 FlashAttention-2 伪代码中每次遍历完 $\boldsymbol{Q}$ 矩阵的一行，即一次外部循环，就需要更新 $\boldsymbol{O}_i$ 的 Softmax 分母。局部内存中的向量 bmm2resPreUb 对应伪代码中的 $\boldsymbol{O}_i^{(T_c)}$，SoftmaxFlashV2 输出中的局部内存中的向量 softmaxSumUb 对应伪代码中的 $\mathrm{diag}\left(\boldsymbol{l}_i^{(T_c)}\right)$，二者作为参数输入使用向量计算的双目指令 Div()接口更新 $\boldsymbol{O}_i=\mathrm{diag}\left(\boldsymbol{l}_i^{(T_c)}\right)^{-1}\boldsymbol{O}_i^{(T_c)}$。Div()接口单次迭代最多能计算 256 字节大小的数据，计算需要多次迭代。外部循环更新 $\boldsymbol{O}_i$ 的代码如程序清单 6-8 所示。

程序清单 6-8　外部循环更新 O_i 的代码

```
    BinaryRepeatParams repeatParams;
    repeatParams.src0BlkStride = 1;
    repeatParams.src0RepStride = tilingData->baseParams.headSize / typeByteNum;
    repeatParams.src1BlkStride = 0;
    repeatParams.src1RepStride = 1;
    repeatParams.dstRepStride = tilingData->baseParams.headSize / typeByteNum;
    int32_t loop = tilingData->baseParams.headSize / (256 / sizeof(T));
    int32_t remain = tilingData->baseParams.headSize % (256 / sizeof(T));
    for (int i = 0; i < loop; i++) {
              Div(bmm2ResPreUb[i * 256 / sizeof(T)], bmm2ResPreUb[i * 256 /
sizeof(T)], softmaxSumUb, 256 / sizeof(T),singleProcessSOuterSize, repeatParams);
    }
    if (remain) {
             Div(bmm2ResPreUb[loop * 256 / sizeof(T)], bmm2ResPreUb[loop * 256 /
sizeof(T)], softmaxSumUb, remain,singleProcessSOuterSize, repeatParams);
   }
   softmaxOutQueue.FreeTensor(softmaxSumUb);
```

得到结果后，我们希望对其进行线性变换，以改变其 shape，使其与输入 $\boldsymbol{Q}$ 的 shape 一致。首先需要使用EnQue将计算结果LocalTensor(bmm2ResPreUb)放入tmpMMResBmm2Queue的队列中，并使用 DeQue 接口从 tmpMMResBmm2Queue 的队列中取出 LocalTensor(bmm2ResPreUb)。然后用 DataCopyTranspose 函数改变结果 bmm2ResPreUb 的 shape，使其与输入一致。最后将其从局部内存搬运到全局内存，使用 FreeTensor 将不再使用的 LocalTensor 进行回收。改变输出 shape 并搬出输出的代码如程序清单 6-9 所示。

程序清单 6-9　改变输出 shape 并搬出输出的代码

```
   TransposeParams transposeParams;
```

```
    transposeParams.bIndex = batchBOffset;
    transposeParams.nIndex = batchNOffset;
    transposeParams.sIndex = sOuterOffset;
    transposeParams.hNIndex = 0;
    tmpMMResBmm2Queue.EnQue(bmm2ResPreUb);
    bmm2ResPreUb = tmpMMResBmm2Queue.DeQue<T>();
     if (tilingData->baseParams.transType == 0) {
            DataCopyTranspose<T>(attentionOutGm, bmm2ResPreUb, CopyTransposeType::
TRANSPOSE_ND_UB_GM,transposeParams, transposeTilingData);
     } else if (tilingData->baseParams.transType == 1) {
            DataCopyTranspose<T>(attentionOutGm, bmm2ResPreUb, CopyTransposeType::
TRANSPOSE_ND_UB_GM_SBH,transposeParams, transposeTilingData);
      }
     tmpMMResBmm2Queue.FreeTensor(bmm2ResPreUb);
```

6.4 自注意力算子的测试

本节主要介绍如何对 aclnnFlashAttentionScore 进行单算子 API 执行，包括如何根据源码生成算子 API，如何编写测试项目。

6.4.1 生成算子 API

生成算子 API 这个步骤不是必要的，因为算子库中存在 aclnnFlashAttentionScore 这个算子，可以直接调用。

获取 CANN 软件包和 communitysdk 包，然后进行安装，如命令行清单 6-1 所示。

命令行清单 6-1 安装 CANN 软件包和 communitysdk 包

```
//安装 CANN 软件包，安装完成后，CANN 开发套件的相关组件默认存储在
//“/usr/local/Ascend/ascend-toolkit/latest”路径下
 (x86_64)  ./Ascend-cann-toolkit_{software version}_linux-x86_64.run --install
 (aarch64) ./Ascend-cann-toolkit_{software version}_linux-aarch64.run --install
//安装 communitysdk 包（临时），路径与上面的安装目录一致，后缀加 opensdk
  (x86_64)  ./Ascend-cann-communitysdk_{software version}_linux-x86_64.run
--noexec --extract=/usr/local/Ascend/ascend-toolkit/latest/opensdk
```

```
    (aarch64) ./Ascend-cann-communitysdk_{software version}_linux-aarch64.run
--noexec --extract=/usr/local/Ascend/ascend-toolkit/latest/opensdk
```

安装完成后，设置 CANN 的运行环境变量并指定安装目录，如命令行清单 6-2 所示。

命令行清单 6-2 设置 CANN 的运行环境变量并指定安装目录

```
source /usr/local/Ascend/ascend-toolkit/set_env.sh
export ASCEND_HOME_PATH=/usr/local/Ascend/ascend-toolkit/latest
```

完成上述步骤后，可以通过编译 samples 中的任何一个算子检查安装是否成功。

如果直接调用算子库中的 aclnnFlashAttentionScore 算子，还需要安装 CANN 算子二进制软件包。二进制软件包依赖 CANN 开发套件包 Ascend-cann-toolkit_xxx.run，安装时确保已安装配套版本的 toolkit，并使用同一用户安装，如命令行清单 6-3 所示。

命令行清单 6-3 安装 CANN 算子二进制软件包

```
./ Ascend-cann-toolkit_xxx.run --install
```

安装完成后，默认安装路径如下，root 用户和非 root 用户可以分别查询是否已安装二进制算子包。

root 用户的查询路径为："/usr/local/Ascend/ascend-toolkit/latest/opp/built-in/op_impl/ai_core/tbe/kernel"。

非 root 用户的查询路径为："${HOME}/Ascend/ascend-toolkit/latest/opp/built-in/op_impl/ai_core/tbe/kernel"。

如果不直接调用算子库中的 aclnnFlashAttetionScore 算子进行测试，可以获取 aclnnFlashAttentionScore 源码后进入 ops_ascendc 目录打开 CMakePreset.json，编辑`ASCEND_CANN_PACKAGE_PATH`为软件包安装路径的 latest 目录，例如/usr/local/Ascend/ascend-toolkit/latest。修改后就可以进行编译了，如命令行清单 6-4 所示。

命令行清单 6-4 编译 aclnnFlashAttentionScore

```
Chmod +x build.sh //一般情况下 build.sh 是没有权限的，需要通过该指令添加权限
./build.sh
```

编译成功后，会在 build_out/autogen 中生成两个关键文件。这两个文件定义了算子 API。算子 API 的形式一般定义为两段式接口，如程序清单 6-10 所示。

程序清单 6-10 算子 API

```
    aclnnStatus aclnnXxxGetWorkspaceSize(const aclTensor *src,..., aclTensor *out,...,
uint64_t Workspacesize, aclOpExecutor **executor);
```

```
aclnnStatus aclnnXxx(void* workspace, int64 WorkspaceSize, aclOpExecutor* executor, aclrtStream stream);
```

生成算子 API 时需要注意以下两方面的事项。

第一，编译该算子需要的内存比较大，如果使用虚拟机进行编译，请确保内存设置足够大（16 GB 及以上）。

第二，运行 build.sh 要求有 CMake16.0 以上的版本，请确保 CMake 的版本满足要求。

6.4.2 编写测试项目

测试项目主要包含两个文件，即算子的调用代码（*.cpp）和算子的编译脚本（CMakeLists.txt）。

1. 算子的调用代码（*.cpp）

算子的调用代码有一部分是固定写法的代码，如程序清单 6-11 所示。

程序清单 6-11　固定写法的算子调用代码

```
#include <iostream>
#include <vector>
#include "acl/acl.h"
//导入定义算子 API 的头文件，这里有两种导入方法。无论是哪一种都会在 CMakeLists 文件中配置路
//径，以便能够找到该头文件
//第一种，算子 API 是通过编译获得的
#include "aclnn_flash_attention_score.h"
//第二种，算子 API 是调用算子库中的
#include "aclnnop/aclnn_flash_attention_score.h"
#define CHECK_RET(cond, return_expr) \
 do {                         \
   if (!(cond)) {             \
     return_expr;             \
   }                         \
 } while (0)

#define LOG_PRINT(message, ...)     \
 do {                        \
   printf(message, ##__VA_ARGS__); \
 } while (0)
```

```
int64_t GetShapeSize(const std::vector<int64_t>& shape) {
  int64_t shapeSize = 1;
  for (auto i : shape) {
    shapeSize *= i;
  }
  return shapeSize;
}
void PrintOutResult(std::vector<int64_t> &shape, void** deviceAddr) {
  auto size = GetShapeSize(shape);
  std::vector<float> resultData(size, 0);
  auto ret = aclrtMemcpy(resultData.data(), resultData.size() * sizeof
(resultData[0]), *deviceAddr, size * sizeof(resultData[0]), ACL_MEMCPY_DEVICE_
TO_HOST);
  CHECK_RET(ret == ACL_SUCCESS, LOG_PRINT("copy result from device to host failed.
ERROR: %d\n", ret); return);
  for (int64_t i = 0; i < size; i++) {
    LOG_PRINT("mean result[%ld] is: %f\n", i, resultData[i]);
  }
}
int Init(int32_t deviceId, aclrtStream* stream) {
  // 固定写法，AscendCL初始化
  auto ret = aclInit(nullptr);
  CHECK_RET(ret == ACL_SUCCESS, LOG_PRINT("aclInit failed. ERROR: %d\n", ret);
return ret);
  ret = aclrtSetDevice(deviceId);
  CHECK_RET(ret == ACL_SUCCESS, LOG_PRINT("aclrtSetDevice failed. ERROR: %d\n",
ret); return ret);
  ret = aclrtCreateStream(stream);
  CHECK_RET(ret == ACL_SUCCESS, LOG_PRINT("aclrtCreateStream failed. ERROR: %d\n",
ret); return ret);
  return 0;
}
```

```
template <typename T>
int CreateAclTensor(const std::vector<T>& hostData, const std::vector<int64_t>&
shape, void** deviceAddr, aclDataType dataType, aclTensor** tensor) {
    auto size = GetShapeSize(shape) * sizeof(T);
    // 调用 aclrtMalloc 申请 Device 侧内存
    auto ret = aclrtMalloc(deviceAddr, size, ACL_MEM_MALLOC_HUGE_FIRST);
    CHECK_RET(ret == ACL_SUCCESS, LOG_PRINT("aclrtMalloc failed. ERROR: %d\n", ret);
return ret);
    // 调用 aclrtMemcpy 将 Host 侧数据复制到 Device 侧内存上
    ret = aclrtMemcpy(*deviceAddr, size, hostData.data(), size, ACL_MEMCPY_
HOST_TO_DEVICE);
    CHECK_RET(ret == ACL_SUCCESS, LOG_PRINT("aclrtMemcpy failed. ERROR: %d\n", ret);
return ret);
    // 计算连续 tensor 的 strides
    std::vector<int64_t> strides(shape.size(), 1);
    for (int64_t i = shape.size() - 2; i >= 0; i--) {
      strides[i] = shape[i + 1] * strides[i + 1];
    }
    // 调用 aclCreateTensor 接口创建 aclTensor
    *tensor = aclCreateTensor(shape.data(), shape.size(), dataType, strides.data(),
0, aclFormat::ACL_FORMAT_ND, shape.data(), shape.size(), *deviceAddr);
    return 0;
  }
  int main() {
    // 1.（固定写法）Device/……初始化，参考 AscendCL 对外接口列表
    // 根据实际的 Device 填写 deviceId
    int32_t deviceId = 0;
    aclrtStream stream;
    auto ret = Init(deviceId, &stream);
    CHECK_RET(ret == ACL_SUCCESS, LOG_PRINT("Init acl failed. ERROR: %d\n", ret);
return ret);

    // 2. 构造输入与输出，需要根据 API 的接口自定义构造
```

```
    // TODO ……
    // 3. 调用 CANN 算子库 API，需要修改为具体的 API 名称
    uint64_t WorkspaceSize = 0;
    aclOpExecutor* executor;

    // 调用第一段接口
    // TODO ……
    // 根据第一段接口计算出的 WorkspaceSize 申请 Device 内存
    void* workspaceAddr = nullptr;
    if (WorkspaceSize > 0) {
      ret = aclrtMalloc(&workspaceAddr, WorkspaceSize, ACL_MEM_MALLOC_HUGE_FIRST);
      CHECK_RET(ret == ACL_SUCCESS, LOG_PRINT("allocate workspace failed. ERROR:
%d\n", ret); return ret);
    }
    // 调用第二段接口
    // TODO ……

    // 4.（固定写法）同步等待任务执行结束
    ret = aclrtSynchronizeStream(stream);
    CHECK_RET(ret == ACL_SUCCESS, LOG_PRINT("aclrtSynchronizeStream failed. ERROR:
%d\n", ret); return ret);
    // 5. 获取输出的值，将 Device 侧内存上的结果复制至 Host 侧，需要根据具体 API 的接口定义修改
    // TODO ……

    // 6. 释放 aclTensor 和 aclScalar，需要根据具体 API 的接口定义修改
    // TODO ……

    // 7. 释放 Device 资源
    // TODO ……
    if (WorkspaceSize > 0) {
      aclrtFree(workspaceAddr);
    }
```

```
    aclrtDestroyStream(stream);
    aclrtResetDevice(deviceId);
    aclFinalize();
    return 0;
}
```

以上代码均为固定写法，对于任何一个算子的调用代码都可以以此为模板。而对于某个特定的算子，首先需要根据 API 需求构造输入和输出，程序清单 6-12 所示为 aclnnFlashAttentionScore 输入和输出的构造。

程序清单 6-12　aclnnFlashAttentionScore 输入和输出的构造

```
// Query、Key、Value 数据排布格式支持从多种维度解读，其中 B（Batch）表示输入样本批次
//大小、S（Seq-Length）表示输入样本序列的长度、H（Head-Size）表示隐藏层的大小、N（Head-Num）
//表示多头数、D（Head-Dim）表示隐藏层最小的单元尺寸，且满足 D=H/N
char layOut[5] = {'S', 'B', 'H', 0}; //代表输入 Query、Key、Value 和输出 attentionOut
//的数据排布格式，支持 BSH、SBH、BSND、BNSD。本样例为 SBH
int64_t headNum = 1; //定义多头数
//设置输入 Query、Key、Value 和输出 attentionOut 的 shape
std::vector<int64_t> qShape = {256, 1, 128};
std::vector<int64_t> kShape = {256, 1, 128};
std::vector<int64_t> vShape = {256, 1, 128};
std::vector<int64_t> attentionOutShape = {256, 1, 128};

std::vector<int64_t> attenmaskShape = {256, 256};//公式中的 mask 为可选参数。数据
//类型支持 BOOL，数据格式支持 ND 格式，输入 shape 类型需要为[B,N,S,S]、[B,1,S,S]、[1,1,S,S]、
//[S,S]

//定义 Softmax 的归一化参数 rowsum 和 rowmax 的 shape，这两个参数将用于反向计算，所以前向需
//要将其作为输出
//该 shape 的定义为{B,N,S,perElementByBlk}
//B 为 batch，N 为多头数，S 为输入样本的序列长度
//perElementByBlk = 32 / sizeof(T),其中 32 为 NPU 向量计算单元最小计算单位的大小，
//T 为数据类型
std::vector<int64_t> softmaxMaxShape = {1, 1, 256, 8};
```

```
std::vector<int64_t> softmaxSumShape = {1, 1, 256, 8};

//Tensor 类型输入输出数据的创建流程，以输入参数 Query 举例
//1. 首先需要创建 3 个变量，分别表示 Host 侧的数据(qHostData)，Device 侧的地址(qDeviceAddr)
//以及 aclTensor 类型的数据(q)
//2. 其次调用 aclrtMalloc，根据 Device 侧的地址及 Query 的 shape 和数据类型分配 Device 侧的内存
//3. 再次调用 aclrtMemcpy 将 Host 侧的数据复制到 Device 侧的地址所对应的内存中
//4. 最后调用 aclCreateTensor 接口创建 aclTensor，aclTensor 为 Tensor 类的输入输出指定
//的类型

//定义所需要的输入输出的 Device 侧地址
void* qDeviceAddr = nullptr;
void* kDeviceAddr = nullptr;
void* vDeviceAddr = nullptr;
void* attenmaskDeviceAddr = nullptr;
void* attentionOutDeviceAddr = nullptr;
void* softmaxMaxDeviceAddr = nullptr;
void* softmaxSumDeviceAddr = nullptr;
//定义 aclTensor 类型的数据，根据 API 要求的参数进行定义
aclTensor* q = nullptr;
aclTensor* k = nullptr;
aclTensor* v = nullptr;
aclTensor* pse = nullptr;
aclTensor* dropMask = nullptr;
aclTensor* padding = nullptr;
aclTensor* attenmask = nullptr;
aclTensor* attentionOut = nullptr;
aclTensor* softmaxMax = nullptr;
aclTensor* softmaxSum = nullptr;
aclTensor* softmaxOut = nullptr;
//定义所需要的输入输出的 Host 侧数据
std::vector<short> qHostData(32768, 1);
std::vector<short> kHostData(32768, 1);
```

```
    std::vector<short> vHostData(32768, 1);
    std::vector<uint8_t> attenmaskHostData(65536, 0);
    std::vector<short> attentionOutHostData(32768, 0);
    std::vector<float> softmaxMaxHostData(2048, 3.0);
    std::vector<float> softmaxSumHostData(2048, 3.0);
    //调用 CreateAclTensor 为所需要的输入和输出的 aclTensor 类型的变量赋值
    ret = CreateAclTensor(qHostData, qShape, &qDeviceAddr, aclDataType::ACL_FLOAT16, &q);
    CHECK_RET(ret == ACL_SUCCESS, return ret);
    ret = CreateAclTensor(kHostData, kShape, &kDeviceAddr, aclDataType::ACL_FLOAT16, &k);
    CHECK_RET(ret == ACL_SUCCESS, return ret);
    ret = CreateAclTensor(vHostData, vShape, &vDeviceAddr, aclDataType::ACL_FLOAT16,
&v);
    CHECK_RET(ret == ACL_SUCCESS, return ret);
    ret = CreateAclTensor(attenmaskHostData, attenmaskShape, &attenmaskDeviceAddr,
aclDataType::ACL_UINT8, &attenmask);
    CHECK_RET(ret == ACL_SUCCESS, return ret);
    ret = CreateAclTensor(attentionOutHostData, attentionOutShape,
&attentionOutDeviceAddr, aclDataType::ACL_FLOAT16, &attentionOut);
    CHECK_RET(ret == ACL_SUCCESS, return ret);
    ret = CreateAclTensor(softmaxMaxHostData, softmaxMaxShape,
&softmaxMaxDeviceAddr, aclDataType::ACL_FLOAT, &softmaxMax);
    CHECK_RET(ret == ACL_SUCCESS, return ret);
    ret = CreateAclTensor(softmaxSumHostData, softmaxSumShape,
&softmaxSumDeviceAddr, aclDataType::ACL_FLOAT, &softmaxSum);
    CHECK_RET(ret == ACL_SUCCESS, return ret);

    //Host 侧的常数定义
    //这些常数主要用于 Host 侧的一些计算，如 tiling 的计算、shape 的推导等
    std::vector<int64_t> prefixOp = {0};
    aclIntArray *prefix = aclCreateIntArray(prefixOp.data(), 1);
    double scaleValue = 0.088388;
    double keepProb = 1;
    int64_t preTockens = 65536;
```

```
    int64_t nextTockens = 65536;
    int64_t innerPrecise = 0;
    int64_t sparseMod = 0;
```

根据上述对于输入和输出的构造，输入和输出可以被分成两类，分别是 aclTensor 类参数和常数类参数。aclTensor 类参数首先需要完成 Host 侧数据的定义，然后在 Device 侧分配内存并将 Host 侧的数据复制到 Device 侧，最后调用固定写法中的 aclCreateTensor 方法创建 aclTensor 参数。而对于常数类型的参数，只需要定义值即可，用于后续的 Host 侧的一些计算，如 tiling 的计算、shape 推导等。

构造完输入和输出后就可以计算 FlashAttention，首先通过调用 aclnnFlashAttentionScore-GetWorkspaceSize 获取计算所需要的空间大小，然后根据这个大小在 Device 侧申请内存，最后调用 aclnnFlashAttentionScore 进行 FlashAttention 的计算，如程序清单 6-13 所示。

程序清单 6-13　计算 FlashAttention

```
  //调用 CANN 算子库 API，需要修改为具体的 API 名称
  uint64_t WorkspaceSize = 0;
    aclOpExecutor* executor;

    // 调用 aclnnFlashAttentionScore 第一段接口
    ret = aclnnFlashAttentionScoreGetWorkspaceSize(q, k, v, pse, dropMask, padding,
attenmask, prefix, scaleValue, keepProb, preTockens, nextTockens, headNum, layOut,
innerPrecise, sparseMod, softmaxMax, softmaxSum, softmaxOut, attentionOut,
&WorkspaceSize, &executor);
    CHECK_RET(ret == ACL_SUCCESS, LOG_PRINT
("aclnnFlashAttentionScoreGetWorkspaceSize failed. ERROR: %d\n", ret); return ret);

    // 根据第一段接口计算出的 WorkspaceSize 申请 Device 侧内存
    void* workspaceAddr = nullptr;
    if (WorkspaceSize > 0) {
        ret = aclrtMalloc(&workspaceAddr, WorkspaceSize, ACL_MEM_MALLOC_HUGE_FIRST);
        CHECK_RET(ret == ACL_SUCCESS, LOG_PRINT("allocate workspace failed. ERROR:
%d\n", ret); return ret);
    }
    // 调用 aclnnFlashAttentionScore 第二段接口
```

```
    ret = aclnnFlashAttentionScore(workspaceAddr, WorkspaceSize, executor, stream);
    CHECK_RET(ret == ACL_SUCCESS, LOG_PRINT("aclnnFlashAttentionScore failed. ERROR:
%d\n", ret); return ret);
```

完成计算后，将输出结果从 Device 侧搬运到 Host 侧，最后释放资源，如程序清单 6-14 所示。

程序清单 6-14　收尾处理

```
  //获取输出的值，将 Device 侧内存上的结果搬运到 Host 侧
    PrintOutResult(attentionOutShape, &attentionOutDeviceAddr);
    PrintOutResult(softmaxMaxShape, &softmaxMaxDeviceAddr);
    PrintOutResult(softmaxSumShape, &softmaxSumDeviceAddr);
    //释放 aclTensor 和 aclScalar，需要根据具体 API 的接口定义修改
    aclDestroyTensor(q);
    aclDestroyTensor(k);
    aclDestroyTensor(v);
    aclDestroyTensor(attenmask);
    aclDestroyTensor(attentionOut);
    aclDestroyTensor(softmaxMax);
    aclDestroyTensor(softmaxSum);
    //释放 Device 侧资源
    aclrtFree(qDeviceAddr);
    aclrtFree(kDeviceAddr);
    aclrtFree(vDeviceAddr);
    aclrtFree(attenmaskDeviceAddr);
    aclrtFree(attentionOutDeviceAddr);
    aclrtFree(softmaxMaxDeviceAddr);
    aclrtFree(softmaxSumDeviceAddr);
```

2. 算子的编译脚本（CMakeLists.txt）

算子的编译脚本基本上就是一些固定的代码，如程序清单 6-15 所示。

程序清单 6-15　算子的编译脚本

```
# Copyright (c) Huawei Technologies Co., Ltd. 2019. All rights reserved.
```

```
# 设置 CMake 最低版本要求
cmake_minimum_required(VERSION 3.14)

# 设置工程名
project(flashattention) //自己设定工程名

# 添加编译选项
add_compile_options(-std=c++11)

# 设置编译选项
set(CMAKE_RUNTIME_OUTPUT_DIRECTORY  "./bin")
set(CMAKE_CXX_FLAGS_DEBUG "-fPIC -O0 -g -Wall")
set(CMAKE_CXX_FLAGS_RELEASE "-fPIC -O2 -Wall")
#设置编译后算子 API 存储的位置，如果调用算子库中的算子，则可以不用设置
set(AUTO_GEN_PATH "../../***/build_out/autogen")
# 设置可执行文件名（如 opapi_test），并指定待运行算子文件*.cpp 的所在目录。如果调用算子库中
# 的算子，则可以不用设置包含算子 API 定义的 cpp 文件
add_executable(opapi_test
                test_flashattention.cpp
${AUTO_GEN_PATH}/aclnn_flash_attention_score.cpp)

# 设置 ASCEND_PATH（CANN 包目录）和 INCLUDE_BASE_DIR（头文件目录）
if(NOT "$ENV{ASCEND_CUSTOM_PATH}" STREQUAL "")    //编译前检查一下该环境变量的值
    set(ASCEND_PATH $ENV{ASCEND_CUSTOM_PATH})
else()
    set(ASCEND_PATH "/usr/local/Ascend/")//这里最好设置成真实的 CANN 安装路径
endif()
set(INCLUDE_BASE_DIR "${ASCEND_PATH}/include")
# 添加头文件的搜索路径，如果调用算子库中的算子，则不需要添加 AUTO_GEN_PATH
include_directories(
    ${INCLUDE_BASE_DIR}
    ${INCLUDE_BASE_DIR}/aclnn
    ${AUTO_GEN_PATH}
```

```
)

# 设置链接的库文件路径
target_link_libraries(opapi_test PRIVATE
                      ${ASCEND_PATH}/lib64/libascendcl.so
                      ${ASCEND_PATH}/lib64/libnnopbase.so
                      ${ASCEND_PATH}/lib64/libopapi.so)

# 可执行文件在 CMakeLists 文件所在目录的 bin 目录下
install(TARGETS opapi_test DESTINATION ${CMAKE_RUNTIME_OUTPUT_DIRECTORY})
```

6.4.3 编译与运行

自注意力算子在编译与运行前要准备好算子的调用代码（*.cpp）和编译脚本（CMakeLists.txt）。首先进入 CMakeLists.txt 所在目录，新建 build 目录存放生成的编译文件。然后进入 CMakeLists.txt 所在目录，执行 cmake 命令编译，再执行 make 命令生成可执行文件。编译成功后，会在当前目录的 bin 目录下生成可执行文件，以上述代码为例，该可执行文件的名称为 opapi_test。最后进入 bin 目录，运行可执行文件 opapi_test。完整的编译与运行指令如程序清单 6-16 所示。

程序清单 6-16　完整的编译与运行指令

```
mkdir -p build
cmake ./ -DCMAKE_CXX_COMPILER=g++ -DCMAKE_SKIP_RPATH=TRUE
make
cd bin
./opapi_test
```

6.5 小结

本章介绍了 Ascend C 大模型中扮演重要角色的自注意力机制，以及自注意力算子在昇腾 AI 处理器上使用 Ascend C 实现的计算优化。首先阐述了自注意力机制的重要性及计算挑战，为了打破计算限制，基于 GPU 发展出了 FlashAttention、FlashAttention-2 及 Flash-Decoding。随后介绍了在昇腾 AI 处理器上如何对自注意力机制进行优化，给出了在昇腾 AI 处理器上自注意力机制的前向优化实现思路。最后结合部分源码介绍了前向优化的具体实现过程。至此，我们对于自注意力机制及其优化方案有了比较完整的认识，尤其是 Ascend C 如何在昇腾 AI 处理器上开展针对复杂算子的优化方案。

6.6 测验题

1. [多选]在训练场景中，采用了 FlashAttention 算法来高效地实现自注意力计算，3 个核心的输入变量分别是哪些？（　　）

A. 查询（Query, Q）　　B. 键（Key, K）

C. 值（Value, V）　　D. 缩放参数（Scale, $d^{-0.5}$）

2. [多选]FlashAttention 实现整体流程包含以下哪些步骤？（　　）

A. 前向传播 Host 侧开发　　B. 前向传播 Kernel 侧开发

C. 反向传播 Host 侧开发　　D. 反向传播 Kernel 侧开发

3. [多选]Tiling 参数设计中的 baseParams 负责什么内容？（　　）

A. 存储输入数据的基本属性

B. shape 大小

C. 数据类型

D. 存储主核和尾核在核内计算时的相关信息

4. [多选]softmaxMax 的输出 shape 为一个四维张量，其维度由哪些部分组成？（　　）

A. 批次大小（b）　　B. 多头数（n）

C. 序列长度（s）　　D. 32 字节/数据类型占用字节数

6.7 实践题

1. 请解释什么是“Vector-Bound”问题，并讨论如何通过算法调整或重新设计来解决这个问题，从而提升矩阵计算单元的利用率。

2. 请描述在昇腾 AI 处理器上优化自注意力机制的前向过程。请分别具体说明 Host 侧和 Kernel 侧在前向优化中的主要职责。